Mickaël Launay

Die Regenschirm-Formel

Mickaël Launay

Die Regenschirm-Formel

oder Die Kunst, die Welt mit
klarem Verstand zu betrachten

Aus dem Französischen von Ursula Held
Mit Illustrationen von Chloé Bouchaour

C.H.Beck

Titel der französischen Originalausgabe:
Le théorème du parapluie. Ou l'art d'oberserver le monde dans le bons sens
© Flammarion, Paris, 2019

Zuerst erschienen 2019 bei Editions Flammarion S. A., Paris

Für die deutsche Ausgabe:
© Verlag C.H.Beck oHG, München 2020
www.chbeck.de
Umschlaggestaltung und Composing: geviert.com, Michaela Kneißl
Satz: Fotosatz Amann, Memmingen
Druck und Bindung: GGP Media GmbH, Pößneck
Gedruckt auf säurefreiem und alterungsbeständigem Papier
Printed in Germany
ISBN 978 3 406 75648 1

myclimate
klimaneutral produziert
www.chbeck.de/nachhaltig

Inhalt

Einleitung 7

Teil 1 Das Supermarkt-Gesetz
Das Benfordsche Gesetz 11 – Multiplikatives Denken 17 – Unser Sinn für Zahlen 23 – Schriftgelehrte ohne Null und Komma 34 – Die logarithmische Brücke 41 – Warum ist die Welt multiplikativ? 51

Teil 2 Äpfel und Monde
Der höchste Gipfel der Welt 59 – Was sind Zahlen? 66 – Vom Nutzen eines Regenschirms 75 – Alles fällt immer aufeinander zu 80 – Der Erfolg der Gravitation 89 – Die Gestalt der Erde 96

Teil 3 Die verschlungenen Pfade des Unendlichen
Über die Länge von Grenzen 105 – Das Unermessliche und das Unendliche 111 – Das Unendliche und die Schokolade 119 – Die Peano-Kurve 129 – Die drei Dimensionen des Euklid von Alexandria 135 – In Richtung vierte Dimension und darüber hinaus 142 – Die fraktale Dimension 147

Teil 4 Die Kunst der Uneindeutigkeit
Das fünfte Postulat Euklids 155 – Die Illusion der Farben 164 – Die Mathematik der Verwechslung 171 – Richtig folgern, ohne zu wissen, wovon man spricht 179 – Die verformte Geometrie der Piloten 186 – Die Lösung des Problems 197

Teil 5 Die Abgründe von Raum und Zeit
Wie schnell sind Sie unterwegs? 205 – Die spezielle Relativität 214 – Die Idee der Raumzeit 222 – $E = mc^2$ 234 – Die Allgemeine Relativitätstheorie 244 – Auf der Suche nach Schwarzen Löchern 256

Zur Vertiefung 269

Einleitung

Im Jahr 1980 gaben Mitarbeiter des Grenobler Forschungsinstituts für Mathematikdidaktik einer Schülergruppe folgendes Rätsel auf:

Auf einem Schiff sind 26 Schafe und 10 Ziegen. Wie alt ist der Kapitän?

Eine komische Frage. Was kann das Alter des Kapitäns mit der Anzahl Schafe und Ziegen zu tun haben? Doch von den knapp zweihundert befragten Kindern im Alter von sieben bis acht Jahren hatten 75 % eine Antwort parat. Viele zählten einfach die genannten Zahlen zusammen und erhielten 36. Als derselbe Test aber bei Neun- bis Zehnjährigen durchgeführt wurde, gab es meist Protest und viele Schüler verweigerten die Antwort. Nur noch 20 % lieferten widerspruchslos ein Ergebnis. In den zwei Jahren hatte sich also ein kritischer Geist herausgebildet. Die älteren Kinder bewiesen Scharfblick und konnten den Sinn ihres Tuns hinterfragen.

Als ich selbst in dem Alter dieser Kinder war, hatte ich eine gewisse Freude an solchen Fallstrick-Rätseln. Fragen, die das Gehirn rattern lassen, aber im Grunde eher Scherze als mathematische Probleme sind. Eines meiner Lieblingsrätsel lautete:

Ein Orchester aus 50 Musikern spielt Beethovens 9. Sinfonie in 70 Minuten. Welche Zeit braucht ein Orchester aus 100 Musikern für dasselbe Stück?

Zum Glück hängt die Dauer einer Symphonie nicht von der Anzahl der Musiker ab und es bleibt bei 70 Minuten. Besonders gut gefiel mir auch die Frage: *Was ist schwerer? Ein Kilo Federn oder ein Kilo Blei?* Auch hier gilt natürlich: Ein Kilo bleibt ein Kilo.

Was ich damals nicht wusste: Wenn man anfängt, den Sinn der Dinge zu hinterfragen, führt einen das womöglich viel weiter, als man sich vorstellen kann. Mit der Zeit entdeckte ich immer mehr Unterschwelliges im Sinn der Worte, ich sah immer mehr Unzulänglichkeiten in meinem Verständnis der Welt. Natürlich stolpert man als Erwachsener nicht in dieselben Fallen wie als Kind. Wir sollten aber nicht glauben, dass wir vor allen Irrtümern gefeit wären, die uns auflauern. Unsere Intuition kann uns täuschen, unsere Annahmen können sich als falsch herausstellen. Als inzwischen 35-Jähriger kann ich sagen, dass seit meiner Grundschulzeit nicht ein Jahr meines Lebens vergangen ist, in dem ich nicht über Dinge ins Stutzen gerate wäre, die ich zu wissen glaubte.

Wenn wir die Welt begreifen möchten, wenn wir neugierig auf das uns umgebende Universum sind, dann riskieren wir, durcheinandergebracht zu werden. Im Grunde haben die großen Wissenschaftler der Geschichte nichts anderes getan als die Kinder, die sich weigerten, das Alter des Kapitäns zu benennen. Sie haben angezweifelt, was ihnen vor Augen lag, und sich bemüht, weiter zu schauen. Sie haben gegen die bestehende Ordnung rebelliert. Die Wissenschaft ist das ideale Terrain, um Dinge infrage zu stellen, und die Mathematik bietet uns hierfür ein wirkungsvolles Werkzeug.

Mathematik bedeutet, hinter die Kulissen der Welt zu treten. Wir schleichen uns hinter die Bühne und schauen uns die riesigen Zahnräder an, die unsere Welt bewegen. Es ist ein faszinierendes, aber auch verwirrendes Schauspiel. Die Realität widersetzt sich unseren Sinnen und unserer Intuition. Sie will nicht dem Bild entsprechen, das wir von ihr haben. Sie stellt unsere Annahmen und innersten Überzeugungen auf den Kopf. Unscheinbare Details können große Geheimnisse verbergen und kindliche Scherzfragen erweisen sich manchmal als überraschend tiefgründig.

Ich habe noch ein Rätsel:

Wenn vier Hühner in vier Tagen vier Eier legen, wie viele Eier legen dann acht Hühner in acht Tagen?

Ich lasse Sie eine Weile darüber nachdenken, wir kommen darauf zurück. Eines kann ich aber jetzt schon verraten: Als ich mit zehn Jahren zum ersten Mal über diese Frage nachgrübelte, ahnte ich nicht, dass sie mir eines Tages helfen würde, die berühmteste Formel aller Zeiten zu begreifen.

Wenn Sie mir also eine Weile folgen möchten, schlage ich vor, dass wir mit dem Abenteuer beginnen. Es kann gut sein, dass der Weg manchmal schwerfällt, schließlich ändert man nicht mit einem Fingerschnipp seine Denkweise. Es gilt, Zweifel zu überwinden und Gedanken reifen zu lassen. Aber bleiben Sie dran, die Freude am Begreifen macht die eingegangenen Mühen tausendmal wett. Hinter dieser Seite beginnt unsere Reise in die Mathematik, auf der wir einige der schönsten verborgenen Mechanismen unserer Welt entdecken werden. Heben Sie noch einmal den Blick und schauen Sie sich an, was Sie umgibt: Nach unserer Erkundung sehen Sie die Welt – Ihre Welt – womöglich ganz anders.

1.

Das Supermarkt-Gesetz

Das Benfordsche Gesetz

Reisen in das Reich der Mathematik beginnen manchmal an ganz unscheinbaren Orten.

Zu Beginn wollen wir uns in den Laden an der Ecke begeben. Sicher gibt es einen bei Ihnen in der Nähe, in dem Sie regelmäßig einkaufen. Ob es sich dabei um einen Riesensupermarkt oder einen Dorfladen handelt, spielt keine Rolle. Man muss dort nur eine Auswahl der täglich benötigten Grundnahrungsmittel finden.

Die Szene ist Ihnen bekannt. Sie sind Hunderte, vielleicht gar Tausende Male hier gewesen. Sie kennen die Gänge, die Regale, das rhythmische Piepen an der Kasse. Kunden laufen auf und ab und sammeln mechanisch Milchkartons oder Konserven ein. Wir aber wollen dieses Mal nichts kaufen: Wir sind als Beobachter hier.

Denn an diesem Ort versteckt sich ein besonders faszinierendes mathematisches Goldstück. Und zwar direkt vor unseren Augen. All die Jahre hat es dort gelauert und sich nicht einmal getarnt: Sie können es jetzt in diesem Moment sehen. Eine kleine Absonderlichkeit. Eines dieser unauffälligen Details, die wir direkt vor der Nase haben und die uns doch meist entgehen. Einen aufmerksamen Beobachter können sie jedoch durchaus stutzig machen. Greifen wir also zum Smartphone oder Notizblock und schauen auch wir genauer hin.

Sehen Sie sich einmal die Preise an, die sich in den Regalen aneinanderreihen: 2,30 € ... 1,08 € ... 12,49 € ... 3,53 € ... All diese Zahlen erscheinen uns vollkommen zufällig, wenn wir sie rasch hintereinander lesen. 1,81 €... 22,90 €... 0,64 €... Die Preisspanne reicht von wenigen Cents bis zu Dutzenden Euros. Aber auf diese Information haben wir es gar nicht abgesehen. Vergessen wir ganz einfach die Kommas, Nullen und alle nachfolgenden Zahlen. Bei jedem Preis schauen wir nur auf die erste Ziffer, denn nur sie ist für unser Experiment entscheidend.

Da haben wir etwa ein Netz Rosenkohl für 1,54 €: Notieren wir eine 1. Ein paar Regale weiter sehen wir einen Deostick für 3,49 €: Ins Heft kommt eine 3. Ein Camembert à 250 Gramm für 1,99 €. Also wieder eine 1. Eine beschichtete Pfanne für 45,90 €: Zum ersten Mal zwei Stellen vor dem Komma, aber das spielt keine Rolle, es geht uns nur um die erste Zahl und wir notieren also eine 4. Eine Tüte Erdnüsse für 0,75 €: Die erste für uns wichtige Zahl ist die 7.

Schlendern wir also eine Weile durch die Gänge und lassen unsere zufällige Zahlenreihe anwachsen: 1 3 1 4 7 9 2 2 1 7 9 8 1 1 3 1 1 1 8 1 1 2 1 2 1 1 9 1 4 7 1 6 1 5 9 2 2 1 3 2 2 2 1 2 2 6... Irgendwann werden wir stutzig: Unsere Zahlengirlande sieht irgendwie seltsam aus. Die Ziffern sind ungleich verteilt, die Reihe besteht hauptsächlich aus Einsen und Zweien und wird nur hier und da von einer 3, 4, 5, 6, 7, 8 und 9 unterbrochen. Als wenn wir unbewusst nur auf die niedrigsten Preise geschaut hätten. Da stimmt doch was nicht.

Jetzt sind wir als gewissenhafte Statistiker gefragt. Vermeiden wir jede Art von Voreingenommenheit, gehen wir ganz systematisch vor. Dazu wählen wir beliebig einzelne Regale aus und schreiben dieses Mal ohne Ausnahme alle Preise aller Produkte auf. Das ist mühselig, aber wir möchten der Sache ja auf den Grund gehen.

Eine Stunde später ist unser Heft mit einer Zahlenpolonaise angefüllt, die sich über mehrere Seiten zieht: Zeit für eine Bilanz. Nach dem Durchzählen ist das Urteil unwiderruflich, die Tendenz hat sich bestätigt. Wir haben die Preise von über eintausend Produkten notiert und beinahe ein Drittel beginnt mit einer 1! Ein gutes Viertel beginnt mit einer 2, und je höher die Zahl, desto seltener taucht sie auf.

Wir kommen damit auf folgende Verteilung:*

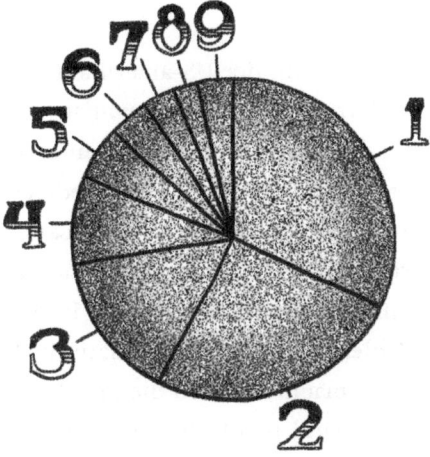

Nun ist nicht mehr an Zufall oder eine unbewusste Auswahl der Produkte zu glauben. Die Ahnung ist zur Tatsache geworden, der wir uns beugen: Die ersten Ziffern der Preise in einem Supermarkt sind nicht gleichmäßig verteilt. Kleine Zahlen sind deutlich stärker vertreten.

Wie kommt es zu diesem Ungleichgewicht? Auf ebendiese Frage wollte ich hinaus. Welchem Gesetz der Supermärkte, des Handels oder der Wirtschaft folgen Supermarktpreise, um dieses seltsame Ergebnis hervorzubringen? Warum sind die ersten Ziffern nicht gleich verteilt? Ist die Mathematik nicht verpflichtet, allen Zahlen die gleiche Aufmerksamkeit zukommen zu lassen? Mathematik müsste doch unvoreingenommen und vorliebslos sein. Und doch bestätigen die Fakten das genaue Gegenteil. Im Supermarkt hat die Mathematik ihre Günstlinge. Sie heißen 1 und 2.

* Auf diese Ergebnisse bin ich bei einer Zählung im Januar 2019 gekommen. 1226 nach beschriebener Methode notierte Preise verteilten sich wie folgt auf die Ziffern: 1 : 391 (31,9 %), 2 : 315 (25,7 %), 3 : 182 (14,8 %), 4 : 108 (8,8 %), 5 : 66 (5,4 %), 6 : 50 (4,1 %), 7 : 40 (3,3 %), 8 : 30 (2,4 %), 9 : 44 (3,6 %).

Wir haben beobachtet. Wir haben festgestellt. Jetzt heißt es: nachdenken, analysieren und Schlüsse ziehen. Die Daten haben wir gesammelt, nehmen wir sie nun genauer unter die Lupe.

Im März 1938 veröffentlichte der US-amerikanische Ingenieur und Physiker Frank Benford *The Law of Anomalous Numbers* (Das Gesetz der anomalen Zahlen). In dem Artikel untersuchte er numerische Daten aus über zwanzigtausend verschiedenartigen Erhebungen. In seinen Tabellen findet man etwa die Länge der Flüsse der Welt, die Bevölkerungszahlen verschiedener amerikanischer Städte, die Masse der bekannten Atome, zufällig aus Informationsbroschüren entnommene Zahlen oder auch mathematische Konstanten. Und bei allen diesen Daten macht Benford die gleiche Beobachtung wie wir: Die ersten Ziffern sind nicht gleichmäßig verteilt. Etwa 30 % der Zahlen beginnen mit einer 1, 18 % mit einer 2. Der Prozentsatz nimmt stetig ab, bis wir bei der Ziffer 9 anlangen, mit der nur 5 % der Werte beginnen.

Benford ist nicht auf die Idee gekommen, seine Statistik im Supermarkt zu überprüfen. Aber Sie werden zugeben, dass seine Resultate den unseren auffällig ähneln. Natürlich weicht die prozentuale Verteilung etwas ab, aber im Ganzen ist die Übereinstimmung doch frappierend.

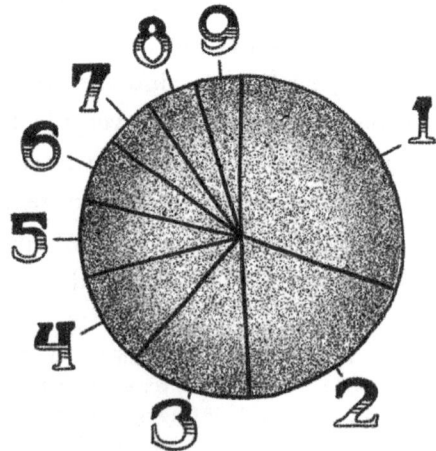

Benfords Studie beweist, dass die von uns gesammelten Daten kein Einzelereignis sind. Sie sind nicht spezifisch für die Funktionsweise eines Supermarkts, sondern fügen sich in eine viel weitreichendere Tendenz ein. Nach der Veröffentlichung von Benfords Artikel beobachteten viele Wissenschaftler ebendiese Verteilung in zahlreichen, ganz unterschiedlichen Kontexten.

So zum Beispiel in der Demografie. Von den 203 Ländern, die unser Planet Erde zählt, haben 62, also 30,5 %, eine Bevölkerungsmenge, die mit einer 1 beginnt – vom bevölkerungsreichsten Land China mit 1,4 Milliarden Menschen über Mexiko mit 122 Millionen Menschen, dem Senegal mit 13 Millionen bis zum Inselstaat Tuvalu mit 10 800 Einwohnern. Dagegen gibt es nur 14 Länder, deren Bevölkerungszahl mit einer 9 beginnt – das entspricht 6,9 %.

Oder bevorzugen Sie die Astronomie? Von den acht Planten, welche die Erde umkreisen, haben vier einen äquatorialen Durchmesser, der mit einer 1 beginnt. Jupiter misst 142 984 Kilometer, Saturn 120 536, die Erde 12 756, Venus 12 104. Die Sonne hat einen Äquator von 1 392 000 km. Falls Ihnen eine Probe aus neun Himmelskörpern zu klein erscheint, können wir gerne Zwergplaneten, Satelliten, Asteroiden und Kometen hinzufügen und gelangen doch zur selben Feststellung: Die 1 überwiegt.

Wenn man einmal auf das Phänomen aufmerksam geworden ist, hagelt es Beispiele. Man nehme eine Liste mit Zahlen aus einem beliebigen Kontext, schaue sich die ersten Ziffern an und wieder steht es einem vor Augen. Die Benford-Verteilung taucht immer und überall auf. Weit entfernt davon, eine Ausnahme zu sein, erscheint sie als natürliche, allgegenwärtige statistische Regel. Und paradoxerweise ist die gleichmäßige Verteilung, die uns doch viel selbstverständlicher und intuitiver vorkommen könnte, offenbar nicht in der Welt vorhanden.

Angesichts dieser Größenordnung können wir also nicht mehr von einer Absonderlichkeit im Supermarkt sprechen. Was wir hier entdeckt haben, ist eine vollwertige Regel, die nicht nur in zahlreichen menschlichen Tätigkeitsfeldern auftaucht, sondern der Natur selbst innewohnt und ihren innersten Aufbau bestimmt. Mit ihrer Entdeckung gewinnen wir einen tiefen Einblick in unsere Welt und ihre Funktionsweise.

Der Einfluss der Benford-Verteilung ist so stark, dass wir sie reproduzieren, ohne uns dessen bewusst zu sein. Die Menschen, die in Supermärkten die Preise festlegen, sprechen sich nicht ab und haben meist noch nie von einem Frank Benford gehört. Und doch – als würden sie von einer Macht gelenkt, die größer ist als sie – folgen sie dieser Regel. Genauso wie die Einwohnerzahl der Länder, die Länge der Flüsse und der Durchmesser der Planeten.

1938 nannte Frank Benford die von ihm beobachtete Verteilung das «Gesetz der anomalen Zahlen». Doch ist das Gesetz so allgegenwärtig, dass der Name uns unpassend erscheint. Eine Anomalität ist immer subjektiv, sie existiert nur für diejenigen, die sich darüber wundern. Für die Natur dagegen ist die Verteilungsregel offenbar selbstverständlich und vollkommen gebräuchlich. Das Benfordsche Gesetz ist nur so lange anomal, wie wir es nicht verstanden haben. Und wir haben die ernste Absicht, es zu verstehen.

In welche Richtung geht es nun weiter? Wie können wir den Schleier der Anomalität heben und das Rätsel in eine Tatsache verwandeln?

Das Benfordsche Gesetz ist nicht schwer zu verstehen, aber es ist auch nicht in wenigen Zeilen erklärt. Die zugrunde liegende Mathematik ist einfach, aber tiefschürfend. Hier wird keine Aha-Lösung angeboten à la: «Ach, so ist das! Jetzt hab ich's!»

Nein, wir müssen unser Verständnis der Zahlen und unsere Art zu zählen ganz neu denken. Wenn uns das Benfordsche Gesetz nicht einleuchtet, dann deshalb, weil wir in die falsche Richtung denken. Wir müssen lernen, mit anderen Augen auf das zu schauen, was uns wohlbekannt vorkommt. Wir müssen uns selbst infrage stellen.

Eine Reise in die Welt, die uns Frank Benford eröffnet, übersteht man nicht unbeschadet. Sein Gesetz verändert uns. Wenn Sie es einmal begriffen haben, wird Ihre Denkweise eine andere sein.

Multiplikatives Denken

Viele Situationen im Alltagsleben raunen uns insgeheim zu, dass wir mit Zahlen Probleme haben. Dass da irgendetwas hakt.

An dieser Stelle möchte ich eine kleine Anekdote erzählen. Vor einigen Jahren saß ich mit Freunden bei einem Spieleabend und es kam die Idee auf, uns selbsterdachte Quizfragen aus der Welt der Wissenschaft zu stellen. Es wurden also zwei Teams gebildet und wir testeten gegenseitig unser Wissen – von der Mathematik über die Biologie und Informatik bis zur Geologie. Für jede Frage überlegten sich beide Teams eine Antwort, und diejenigen, die der richtigen Lösung am nächsten waren, bekamen den Punkt. Einfache, eindeutige Spielregeln also. So schien es zumindest, bis nach einigen Runden eine astronomische Frage eine unerwartete Auseinandersetzung hervorrief.

Die Frage lautete, wie groß der Abstand zwischen Erde und Mond sei.

In unserem Team kannte niemand die exakte Antwort, aber nach einer kurzen Besprechung einigten wir uns schließlich auf 800 000 km. Im gegnerischen Team schien es zu größeren Diskussionen zu kommen, dann aber verkündete man auf einen Schlag die Antwort: 10 km!

Offenbar kannte die andere Seite sich noch weniger mit Astronomie aus als wir. Der Gipfel des Mount Everest, des höchsten Bergs der Erde, liegt auf knapp 9 km. Wenn der Mond nur 10 km entfernt wäre, könnte man den Erdtrabanten dort oben gleichsam berühren! Eine absurde Antwort. Den Punkt sah ich klar bei uns.

Doch die Auflösung erwies sich als ziemlich beunruhigend. Tatsächlich ist der Mond 384 000 km von der Erde entfernt. Durch einfache Subtraktion stellte sich heraus, dass wir uns um 416 000 km vertan hatten, während das gegnerische Team nur 383 990 km danebenlag.

Ich blinzelte ungläubig und rechnete alles noch einmal im Kopf durch: Es stimmte. Ich machte sogar eine kleine Zeichnung auf einer Papierserviette, um mich endgültig zu überzeugen.

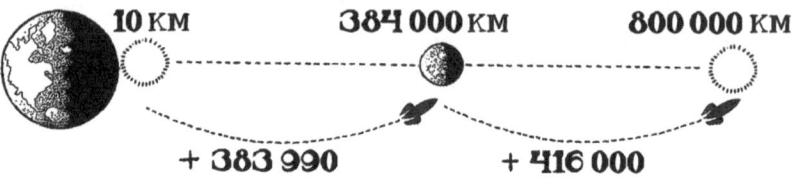

Es gab keinen Zweifel: Die Antwort des anderen Teams war näher an der Wahrheit als unsere. Sie hatten gewonnen. Ich musste die Rechnung noch mehrmals im Kopf durchgehen, doch es war nichts einzuwenden. Die Mathematik hatte ein klares Urteil gesprochen.

Aber finden Sie nicht auch, dass die Situation etwas Ungerechtes hat? Mag sein, dass ich wie ein schlechter Verlierer dastehe, aber haben Sie nicht auch den Eindruck, dass unsere Antwort trotz der eindeutigen Zahlen die überlegtere war? Sie war doch viel gerechtfertigter und im gewissen Sinne weniger falsch als die der anderen.

Warum kommt es uns in diesem Fall so vor, als würde die Mathematik uns widersprechen? Warum entscheidet das Rechenergebnis für die weniger einleuchtende Antwort?

Vielleicht lautet die angemessenere Frage: Haben wir die Mathematik, deren wir uns bedienen, eigentlich richtig begriffen? Denn die Mathematik irrt sich nie – es ist nur so, dass die Menschen sie manchmal unpassend anwenden.

Wenn man ein bisschen gräbt, fallen einem viele ähnlich geartete Situationen ein. Eine Katze zum Beispiel ist im Durchschnitt 25 cm groß, ein Labrador etwa 60 cm, und bestimmte Bakterien messen ein Tausendstel Millimeter. Man kann also sagen, dass eine Katze größenmäßig näher an einem Bakterium ist als an einem Labrador. Denn zwischen der Katze und dem Bakterium sind es 25 cm Unterschied, zwischen der Katze und dem Hund aber 35 cm.

Doch noch einmal: Das Urteil der Zahlen widerspricht unserer natürlichen Wahrnehmung der Realität. Katze und Hund gehören demselben Kontext an. Sie spielen zusammen oder treten zumindest in Beziehung. Sie sehen sich, riechen sich und wissen von der Existenz des anderen. Eine Katze aber, die nicht zufällig Biologie studiert hat, weiß nicht, dass es Bakterien gibt. Die Kleinstlebewesen gehören nicht zu ihrer Welt, sie sind nicht sichtbar, nicht wahrnehmbar.

Diese Sichtweise führt uns zu vielen anderen Zusammenhängen, die der Intuition entgegenstehen und doch mathematisch exakt sind. Die Oberflächentemperatur der Sonne ist näher an 5 °C als an 15 000 °C. Die Einwohnerzahl von Paris ist näher an der von einem Dorf mit zwölf Leutchen als an der New Yorks. Wenn man den Mars wiegt, wird man feststellen, dass seine Masse näher an der eines Tischtennisballs ist als an der Masse der Erde.

Wie beim Benfordschen Gesetz stoßen wir uns auch bei diesen Gegenüberstellungen an den Zahlen, weil wir verkehrt denken. Denn wir wenden mathematische Werkzeuge an, die wir in diesem für sie unpassenden Kontext nicht begreifen.

Wie aber lassen sich intuitive Vorstellungen in die Mathematik einbringen? Die Antwort hierzu liegt in dem Konzept der Größenordnung.

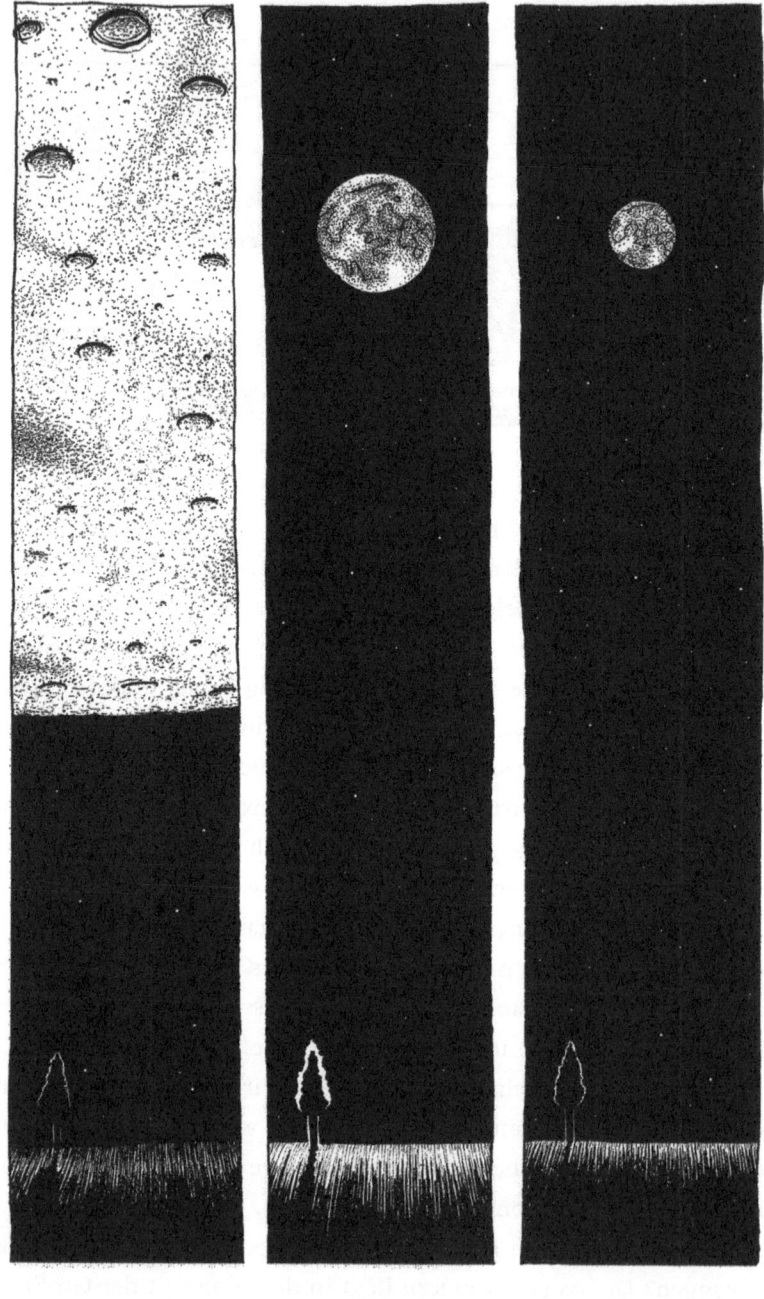

10 km   **384 000 km**   **800 000 km**

Die Grundidee ist einfach, hat aber eine erschreckend große Wirkung. In Größenordnungen denken heißt, mit Multiplikationen statt mit Additionen zu denken.

Wenn man etwa die Zahlen 2 und 10 vergleichen möchte, kann man dies auf zwei verschiedene Arten tun. Nämlich additiv: Wie viel müssen wir zu 2 dazutun, um 10 zu erhalten? Antwort: 8. Oder multiplikativ: Mit was muss man 2 malnehmen, um 10 zu bekommen? Hier lautet die Antwort: 5. Den additiven Abstand zwischen zwei Zahlen erhält man durch Subtraktion: $10 - 2 = 8$. Den multiplikativen Abstand durch Division: $10 \div 2 = 5$.

Wenn man sagt, dass zwei Mengen dieselbe Größenordnung haben, dann sind sie sich aus multiplikativer Sicht nahe.

Die Vorstellung mag einem anfangs seltsam erscheinen, aber wenn man einmal begonnen hat, multiplikativ zu denken, wird einem schnell bewusst, dass dieser Ansatz in zahlreichen Alltagssituationen viel eher unserer Intuition entspricht.

Kehren wir zu unserem Wissenschafts-Fragespiel zurück. Hätte ich damals klar gesehen, hätte ich Einspruch gegen den Punktgewinn der anderen einlegen können, denn: Der Mond ist 384 000 km von der Erde entfernt, unser Team schätzte die Distanz aber auf 800 000 km, also etwa das Zweifache. Dividiert man, so stellt man fest, dass unsere Antwort genau 2,08 Mal zu groß war. Das gegnerische Team aber hatte 10 km geantwortet, was 38 400 Mal kleiner als der tatsächliche Abstand ist! Aus dieser Sicht hätten natürlich wir gewonnen, und zwar haushoch. Diese Entscheidung entspricht viel eher unserer spontanen Wahrnehmung.

Das Gleiche gilt für alle vorangegangenen Beispiele. Multiplikativ gesehen ist die Größe der Katze näher an der des Hundes als an der Größe der Bakterie, die Masse des Planeten Mars näher an der Masse der Erde als an der eines Tischtennisballs, und die Einwohnerzahl von Paris näher an der von New York als an der eines zwölfköpfigen Dorfes und so weiter.

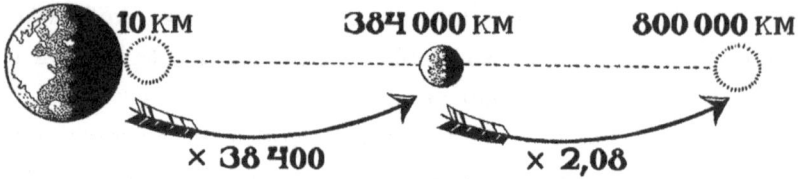

Wenn wir – in welchem Kontext auch immer – zwei Zahlen miteinander vergleichen, denken wir meist spontan multiplikativ. Wenn Ihr Supermarkt ein Produkt, das 200 Euro kostet, um 8 Euro verteuert, wird Sie das sicher ärgern, aber noch viel wütender würde Sie machen, wenn dieselben 8 Euro auf ein Produkt aufgeschlagen würden, dass nur 2 Euro kostet. In diesem Fall betrüge die Teuerung das Fünffache. Das wäre mehr als ein Ärgernis, das wäre glatter Betrug. Und doch ist die Preiserhöhung dieselbe.

Der additive Vergleich ist ein bloßes Gedankenspiel. Er entspricht nicht unserem intuitiven Denken, er wird unserem Gefühl übergestülpt und lenkt unsere mögliche Interaktion mit der Welt. Auch unsere Sinne, mit der wir unsere Umwelt wahrnehmen, scheinen multiplikativ zu funktionieren.

Wenn ich Ihnen die Augen verbinden und Ihnen einen Gegenstand von 10 g in die eine und einen Gegenstand von 20 g in die andere Hand geben würde, könnten Sie mir sofort sagen, welcher der beiden schwerer ist. Wenn Sie aber ein Gewicht von 10 kg und ein Gewicht von 10,10 kg heben müssten, würde es Ihnen viel schwerer fallen, beide auseinanderzuhalten. Und doch ist der Gewichtsunterschied derselbe, nämlich 10 g. Oder sagen wir lieber: Die additive Differenz ist dieselbe, denn aus multiplikativer Sicht ist die Abweichung enorm: Um von 10 g auf 20 g zu kommen, nimmt man das Doppelte, während es im zweiten Fall nur einen Unterschied von 0,1 % zwischen den Massen gibt.

Für unser Sehen gilt das Gleiche. Haben Sie schon einmal am helllichten Tag das Licht angemacht? Wenn die Sonne das Zimmer bereits in Licht taucht, verändert sich dadurch gleichsam nichts. Die Lichtmenge erscheint dieselbe, ob die Lampe nun leuchtet oder nicht. Wenn Sie das Licht aber bei Nacht anschalten, durchbricht es die Dunkelheit und erfüllt das Zimmer. Es lässt Sie erkennen, was einen Augenblick zuvor unsichtbar im Finsteren lag.

Und doch liefert die Lampe ja nachts nicht mehr Licht als tagsüber. Sie gibt in beiden Fällen gleich viele Strahlen ab. Aus additiver Sicht wird also in beiden Situationen dieselbe Lichtmenge hinzugefügt. Aber unsere Augen nehmen nicht den additiven, sondern den relativen, also multiplikativen Zusammenhang wahr. Am helllichten Tag ist das Licht der Lampe winzig im Vergleich mit der Sonne, nachts aber dominiert es.

Gehen Sie Ihre Sinne – Tasten, Sehen, Schmecken, Hören, Riechen – einmal genauer durch. Überlegen Sie auch, wie Sie vergangene Zeit, zurückgelegte Wege und die Intensität Ihrer Empfindungen wahrnehmen. Alle diese auf uns einströmenden Eindrücke lassen sich viel besser einordnen, wenn wir multiplikativ statt additiv denken.

Unser Sinn für Zahlen

Um Ihr Gefühl für Zahlen zu testen, schlage ich ein kleines Experiment vor. Schauen Sie sich untenstehende Linie an, auf der zwei Punkte markiert sind: Tausend und eine Milliarde.

Und nun versuchen Sie, möglichst spontan folgende Frage zu beantworten: An welche Stelle auf dieser Linie würden Sie eine Million setzen? Befürchten Sie nicht, einen Fehler zu machen, es gibt keine falsche Antwort. Wir wollen nur herausbekommen, wie Ihr Instinkt für große Zahlen funktioniert.

Also, haben Sie den Finger auf den Punkt gelegt, an dem sich Ihrer Ansicht nach die Million befindet? Dann schauen wir mal, was das zu bedeuten hat.

Wahrscheinlich sind Ihnen nach dem Lesen der Frage mehrere Gedanken durch den Kopf gegangen. Bestimmt hatten Sie gleich im ersten Moment eine spontane Eingebung. Eine unreflektierte Idee. Und dann haben sich Ihre Überlegungen nach und nach verfeinert. Sie haben Ihre Erinnerung danach befragt, was Sie über die Zahlen Tausend, eine Million und eine Milliarde wissen, und sicher hat sich Ihr Finger dann ein wenig bewegt. Oder auch erheblich verschoben. Nach links oder nach rechts? Vielleicht ist Ihnen auch durch den Kopf gegangen, worum es bisher ging. Hatten Sie vielleicht den Eindruck, die Frage wäre nicht präzise genug formuliert und es gäbe da einen Fallstrick? Haben Sie additiv oder multiplikativ gedacht? Und ändert das etwas an Ihrer Entscheidung?

Die Gedankengänge sind individuell verschieden, aber eine der häufigsten Reaktionen besteht darin, die Million anfangs etwa auf der Mitte zwischen Tausend und einer Milliarde zu platzieren. Oder auch ein wenig links davon, da einem rasch bewusst wird, dass eine Million eigentlich näher an Tausend als an einer Milliarde sein muss. Und je länger die Überlegung voranschreitet, desto weiter nach links verschiebt sich der Millionenpunkt und landet schließlich nahe der Tausend.

Und wo steht er nun richtig? Die Antwort mag überraschen, aber in diesem Maßstab klebt die Million förmlich an der Tausend. Die beiden Punkte sind mit bloßem Auge kaum zu unterscheiden, sie verschmelzen mit der Null, wenn man diese links hinzufügt.

Natürlich ist eine Million absolut gesehen eine große Zahl, aber man muss ja bedenken, dass eine Milliarde noch das Tausendfache von ihr ist! So erscheint in diesem Maßstab selbst eine Million als kleine Größe. Wenn Sie auf der Null stehen würden und die Milliarde wäre einen Kilometer entfernt, dann befände sich die Million nur einen Meter und die Tausend gerade einmal einen Millimeter neben Ihnen. Aus der Ferne erscheint es dann so, als würden Null, Tausend und eine Million gleichsam übereinanderliegen.

Und doch gilt hier das Gleiche wie bei der Entfernung von Erde und Mond: Das Urteil der traditionellen Mathematik widerspricht unserer Intuition. Wenn man nämlich die Zahlen in Ziffern schreibt, sieht es eben doch so aus, als würde sich die Million in der Mitte zwischen Tausend und einer Milliarde befinden:

Tausend: 1000
Million: 1 000 000
Milliarde: 1 000 000 000

Eine Million hat drei Nullen mehr als die Tausend und drei Nullen weniger als die Milliarde. Rein optisch, ohne Rücksicht auf den Zahlenwert, nur mit Blick auf die Länge der geschriebenen Zahl, könnte man also durchaus versucht sein, die Million in die Mitte zu setzen. Es ist somit auch unser Zahlensystem, das uns multiplikativ denken lässt. Der optische Eindruck wäre ein ganz anderer, wenn wir römische Ziffern schreiben oder Striche aneinanderreihen würden. In unserem Einheitensystem mit Zehnern, Hundertern, Tausendern, usw. entspricht das Hinzufügen einer Null der Multiplikation mit zehn, wodurch eine Verwirrung zwischen Addition und Multiplikation entsteht.

Wenn wir die Zahlen nun einfach auf einer multiplikativ angelegten Achse darstellen, dann liegt die Million genau in der Mitte zwischen Tausend und einer Milliarde. Nach rechts wie nach links beträgt der multiplikative Abstand 1000.

Seltsamerweise ist dieses Phänomen der großen Zahlen in einem gewohnteren Zahlenbereich nicht wahrnehmbar. Wenn ich Sie gebeten hätte, die 50 auf einer Achse von 1 bis 100 einzutragen, hätten Sie sie, ohne zu zögern, in die Mitte gesetzt.

Selbst aus unseren Zahlworten spricht der Konflikt zwischen additiver und multiplikativer Denkweise. Die Zehner nämlich haben alle Eigennahmen: zwanzig, dreißig, vierzig ... Mit jedem Schritt zählt man 10 dazu, der Abstand ist additiv.

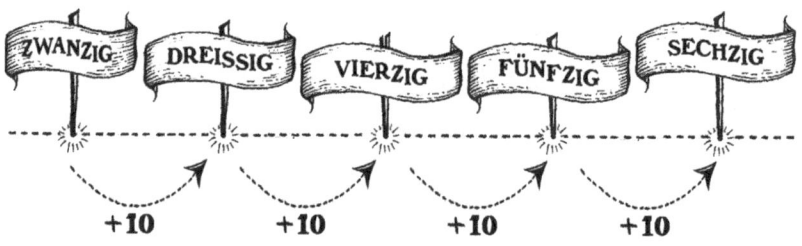

Bis zur Hundert funktioniert die Sprache additiv.

Wenn wir aber darüber hinausgehen, stolpern wir ins Reich der Multiplikation. Für die 200 oder die 300 gibt es kein eigenes Wort, wir sagen einfach «zwei Hundert» oder «drei Hundert» – so als hätten wir vorher von «zwei-zehn» oder «sieben-zehn» statt von «zwanzig» und «siebzig» gesprochen. Neue Namen treten nun im multiplikativen Rhythmus auf – Tausend, Million, Milliarde, Billion, Billiarde... – und bezeichnen jeweils eine tausendmal größere Zahl.

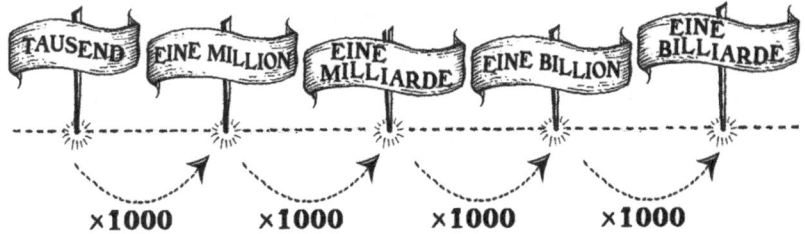

Setzten wir diese Zahlen auf eine klassische additive Achse, würden sich alle an die Null drängen und im Vergleich zur letzten winzig erscheinen. Gegen eine Billion ist eine Milliarde verschwindend klein, die Billion aber wiederum ist unbedeutend gegenüber einer Billiarde und so weiter.

Der Übergang im Zahlenvokabular geschieht gleichsam unbemerkt, wenn wir als Kinder in der Schule den Zahlenraum kennenlernen. Und doch hat er immensen Einfluss auf unsere Denkweise. Unsere Mengenwahrnehmung ist weder intuitiv noch objektiv. Sie ist tief geprägt von der Art und Weise, wie wir Mathematik erlernt haben.

Wäre es denn möglich, unser Wissen und unsere kulturelle Prägung einen Moment abzulegen, um zu einer ursprünglichen Zahlenwahrnehmung zurückzukehren? Wie würden wir denken, wenn wir nicht seit der Kindheit mit vorgefertigten Zahlensystemen zu tun gehabt hätten?

Um das herauszufinden, wäre es interessant, Menschen zu befragen, die dieser Prägung entgangen sind. Man könnte zum Beispiel mit Kindern sprechen, die noch so jung sind, dass sie nicht besonders tief in die Zahlenlehre vorgedrungen sind. Oder aber man wendet sich an autochthone, isolierte Völker, deren Zugang zu Zahlen so weit von unserer Vorstellung entfernt ist, dass sie von unseren Konditionierungen und Vorannahmen frei sind.

In den 2000er Jahren haben Forscherteams verschiedene Untersuchungen zu dieser Thematik durchgeführt. Dazu wurden Tests ersonnen, die meiner oben gestellten Frage nach der Position der Million gar nicht unähnlich sind. Diese legte man US-amerikanischen Kleinkindern vor, aber auch Angehörigen des Munduruku-Volks, das im Regenwald Nordbrasiliens lebt. Die Sprache der Munduruku besitzt keine Wörter, um Zahlen über 5 auszudrücken – somit unterscheidet sich ihre Mengenwahrnehmung radikal von der unseren.

Den Probanden wurde eine von zwei Zahlen begrenzte Achse gezeigt, und sie wurden gebeten, dieser Spanne weitere Zahlen hinzuzufügen. Natürlich mussten diese Zahlen so dargestellt werden, dass sie auch für absolut mathematikfremde Menschen verständlich waren. Hierzu testete man verschiedene Methoden, etwa eine Visualisierung mit Punktetafeln oder auch eine Hörbarmachung mit einer Reihe von Signalen. Sobald die Regeln verstanden waren, konnte der Test beginnen.

Die Ergebnisse fielen übereinstimmend und eindeutig aus: Die Zahlen der Kinder und der Munduruku wurden intuitiv eher multiplikativ als additiv wahrgenommen. Auf einer Skala von 1 bis 10 ordneten die Munduruku die restlichen Zahlen folgendermaßen an:

Natürlich ist das nicht ganz richtig. Der Test funktioniert sehr intuitiv und es ist nicht ganz leicht, mit einem Blick eine bestimmte Anzahl Punkte zu erfassen. Man sieht, dass ein Großteil der Befragten die 5 hinter die 6 gesetzt hat! Aber dieser Fehler soll uns nicht interessieren. Viel wichtiger ist die Beobachtung, dass sich die kleinen Zahlen am Anfang ausbreiten, während sich die größeren am Ende häufen – als wären kleine Zahlen wie 1 oder 2 bedeutender als große wie 8 oder 9. Die kleinen nehmen fast den ganzen Raum ein, während die großen sich drängen müssen.

Finden Sie nicht auch, dass diese Darstellung an das Benfordsche Gesetz erinnert? Ist das nur Zufall oder verbirgt sich hier eine wichtige Entdeckung? Im Moment ergibt sich keine spontane Verbindung zwischen beiden Phänomenen, aber behalten wir die Idee im Kopf – wir haben später Gelegenheit, darauf zurückzukommen.

Die oben beobachtete Tendenz bestätigt sich in allen durchgeführten Varianten des Tests, also auch bei größeren Zahlen bis 100 und den befragten Kindern. Zum Beispiel setzen Kinder die 10 auf einer Achse von 1 bis 100 oftmals in die Mitte. Ein ziemlich verblüffendes Ergebnis, wenn man bedenkt, dass die 10 tatsächlich genau zwischen 1 und 100 liegt, wenn man multiplikativ denkt.

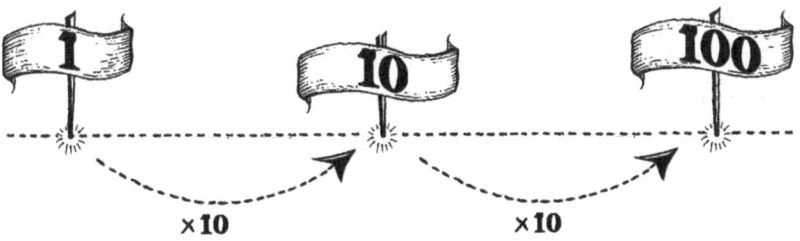

Und wenn wir das Ganze noch weiterführen?

Im Laufe des 20. Jahrhunderts haben verschiedene Experimente bewiesen, dass sich die multiplikative Wahrnehmung von Zahlen auch außerhalb der menschlichen Interaktion feststellen lässt. Sie ist wohl nicht nur im Gehirn des Homo sapiens verankert.

Viele Tiere haben einen natürlichen Sinn für Mengen: Ob es nun darum geht, die Nahrungsvorräte zu schätzen oder die Anzahl der Fressfeinde, die es zu meiden gilt. Im Vergleich zu den Möglichkeiten des Menschen arbeitet dieser Sinn nur annähernd und begrenzt, deswegen ist er aber nicht weniger erstaunlich.

Bei Untersuchungen mit Tieren sind die Versuchsprotokolle und die Auswertung der erhaltenen Ergebnisse viel weniger eindeutig und sollten mit Vorsicht genossen werden. Mit Pferden, Vögeln oder Schimpansen kann man eben nicht klar kommunizieren, man kann ihnen die Regeln des Experiments nicht erklären oder ihnen begreiflich machen, was durch das Erfüllen der Aufgabe erreicht werden soll. Dennoch wurden erstaunliche Beobachtungen gemacht und es erscheint gut möglich, dass bestimmte Tiere Zahlen multiplikativ wahrnehmen.

Folgendes zum Beispiel ließ sich bei einem Versuch mit Ratten feststellen. Hierzu setzte man eine Handvoll der Nager in Käfige, in denen sich zwei Hebel befanden. Die Forscher ließen die Ratten in regelmäßigen Abständen eine Reihe von Signaltönen hören. Manchmal zwei, manchmal acht. Wenn das Signal nur zwei Mal ertönte, erhielten die Ratten Futter, wenn sie auf den ersten Hebel drückten. Bei acht Tönen lieferte der zweite Hebel die Belohnung. Nach einer Zeit des Anlernens verstanden die Nager schließlich das Prinzip und aktivierten je nach Anzahl der Töne den richtigen Hebel.

Erst jetzt, nachdem die Tiere mit den Hebeln umzugehen wussten, konnte das eigentliche Experiment beginnen. Denn was würde passieren, wenn man die Ratten ein Signal hören ließ, das weder aus zwei noch aus acht Tönen bestand? Bei drei Tönen liefen die Ratten nach kurzem Zögern zum ersten Hebel, so wie sie es zuvor bei zwei Tönen getan hatten. Bei fünf, sechs oder sieben Tönen entschieden sie – wie bei dem achtstelligen Signal – für den zweiten Hebel. Bei vier Tönen aber zeigten sie sich vollkommen verwirrt! Die eine Hälfte der getesteten Ratten lief zum ersten Hebel, die andere zum zweiten. Als würde die Zahl vier auch für sie genau zwischen der zwei und der acht liegen und ihre Entscheidung daher willkürlich machen.

Sie ahnen sicher, welche Schlussfolgerung sich daraus ergibt: Multiplikativ gesehen befindet sich die 4 auf der Mitte zwischen 2 und 8. Hätten die Ratten additiv gedacht, dann hätte die 5 sie in Verwirrung stürzen müssen. Aber es war die 4, die sie zögern ließ.

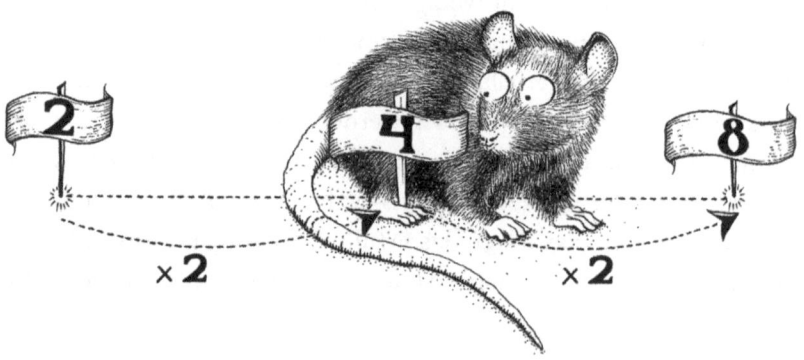

Ähnliche Experimente wurden mit anderen Zahlen als 2 und 8 und mit anderen Tieren als Ratten durchgeführt. Natürlich lässt sich schwer sagen, was tatsächlich in dem Kopf der kleinen Tiere vorgeht, und die Fehlermarge ist recht groß. Sicher ist aber, dass die Tiere eher im Bereich der multiplikativen Mitte zögerten, während die additive Mitte sie nicht verwirrte.

So weit wir auch dem Ursprung unserer Zahlenwahrnehmung in den Tiefen unseres Gehirns nachspüren, wir stoßen doch immer auf dasselbe Resultat: Unser Mengensinn funktioniert spontan und von Grund auf multiplikativ.

Dabei ist klar, dass kein menschliches und erst recht kein tierisches Gehirn ohne mathematische Anleitung korrekte Rechnungen vollziehen kann. Der multiplikative Gedankengang ist unbewusst und ungenau. Seine Ergebnisse sind spontan und intuitiv – so wie Sie einer unreflektierten Eingebung folgten, als Sie die Million mittig zwischen die Tausend und eine Milliarde setzen wollten. Aus diesen Reaktionen spricht kein mathematisches Wissen, sie sind ein offenbar angeborener Mechanismus des Gehirns, der uns zu einer ersten annähernd multiplikativen Einschätzung von Mengen bringt.

Als ähnliche Tests mit erwachsenen US-Amerikanern durchgeführt wurden, stellte sich klar heraus, dass die multiplikative Intuition in dem Maße zurücktritt, wie das schulische und mathematische Wissen wächst. Bei den Zahlen von 1 bis 10 folgen Erwachsene ganz klar der additiven Aufteilung. Doch die multiplikative Wahrnehmung ist nicht ganz verschwunden und taucht immer mal wieder auf, wenn wir es mit großen, uns ungewohnten Zahlen zu tun haben.

Additives Zählen ist also keine so spontane und natürliche Sache wie gedacht. Im Grunde handelt es sich um eine Angewohnheit, die wir im Laufe der Kindheit erlernen. In seinem Artikel aus dem Jahr 1938 schreibt Benford: «Wir sind so gewohnt, die Dinge nach dem Muster 1, 2, 3, 4, ... zu zählen und also zu meinen, sie wären nach einem natürlichen Schema angeordnet, dass die Vorstellung, 1, 2, 4, 8, ... könnte eine natürlichere Anordnung sein, nicht so leicht akzeptiert wird.»

Sie selbst haben wahrscheinlich beim Lesen dieser Zeilen Schwierigkeiten, es zu glauben. Es ist schwer, sich von der additiven Reihung zu verabschieden, nachdem der Geist so viele Jahre von ihr geformt wurde. Lesen Sie noch ein paar Seiten weiter und versuchen Sie, sich auf die Idee einzulassen. Sie werden sehen, wie erhebend es ist, eine neue Denkweise zu entdecken – oder auch wiederzuentdecken.

Eine Frage stellt sich natürlich: Wenn unsere Intuition multiplikativ funktioniert und diese Herangehensweise auch besser geeignet ist, die uns umgebende Welt darzustellen, warum bemühen wir uns dann, sie aus unseren Köpfen zu vertreiben? Warum stülpen wir uns eine additive Sicht auf, die nicht so richtig zur Welt passen will? Haben uns die Mathematiklehrer den gesunden Menschenverstand ausgeredet, um ihn durch eine künstliche und unzutreffende Denkweise zu ersetzen?

Müssen wir uns der Addition widersetzen?

Die Antwort lautet Nein. Die additive Herangehensweise an sich ist nicht zu verwerfen. Sie ist in vielen Situationen sogar ausgesprochen nützlich. Wenn Sie demnächst im Supermarkt an der Kasse stehen, sind Sie sicher froh, wenn die Preise nicht multipliziert werden. Trotz der Dinge, die wir im Vorangegangenen besprochen haben, ist es wahrscheinlich nicht nötig, Sie davon zu überzeugen, dass Addition und Subtraktion in unserem Alltag durchaus präsent sind – weniger als angenommen, aber immerhin sind sie nicht wegzudenken.

Im Übrigen kommt die Multiplikation nicht ohne die Addition aus. Unsere Intuition mag grob multiplikativ arbeiten, aber das bedeutet nicht, dass die Mathematik der Multiplikation einfacher zu verstehen wäre. Ohne mathematische Bildung ist es unmöglich, unsere spontane Auffassung so auszubauen, dass sie ihr volles

Potenzial entfalten kann. Um die Multiplikation in der Tiefe zu begreifen, ist es daher unabdinglich, sich die Idee der Addition anzueignen.

Was ist nun die beste Art, zwei Zahlen zu vergleichen? Auf diese Frage gibt es keine absolute, definitive Antwort. Im Grunde kann hier nur der Kontext entscheiden – doch selbst dann fällt eine Festlegung manchmal schwer. Denn es bleiben immer mehrdeutige Situationen, in denen sich mehrere richtige Wege anbieten. Addition und Subtraktion stehen im Grunde für zwei verschiedene, aber komplementäre Sichtweisen auf Zahlen.

Diese Feststellung klingt wie ein Scheitern. Ist die Mathematik denn nicht verpflichtet, präzise und definitive Antworten zu liefern? Wie kann eine exakte Wissenschaft mit einem vagen «kommt darauf an» antworten? Hinter diesem scheinbaren Widerspruch versteckt sich die ganze schöpferische Uneindeutigkeit der Mathematik. Dieses «kommt darauf an» setzt sich bis ins Unendliche fort. Es eröffnet ein Feld der Freiheit und des Ideenreichtums. Mathematik ist plural, vielfarbig und relativ. Und das ist auch gut so.

Wer diese Relativität akzeptiert und mit ihr zu spielen lernt, dem eröffnet sich eine unerschöpfliche und beglückende Quelle von Entdeckungen und Ideen. Die Mathematik bietet uns tausend verschiedene Werkzeuge, ein und dieselbe Frage zu bearbeiten. Diese Werkzeuge sind wie die Tasten eines Klaviers. Sie zu kennen ist Musiklehre, sie zu spielen ist Kunst. Die Frage, ob man zwei Zahlen besser über die Addition oder die Multiplikation vergleicht, kommt der Überlegung gleich, ob man ein Stück lieber in G-Dur oder in a-Moll komponiert. Wir treffen immer eine Entscheidung. Vielleicht ist es nicht immer die beste, aber das soll uns nicht zurückhalten.

Wer gerne Klavier spielt, muss nicht gleich ein Mozart sein. Wer gerne mit Mathematik spielt, muss kein Einstein sein. Haben Sie keine Scheu. Je mehr Sie spielen, desto deutlicher stellen sich Ihre Vorlieben und Stärken heraus. Und desto eindrucksvoller wird die Musik der Zahlen Ihren Geist beflügeln.

Schriftgelehrte ohne
Null und Komma

Unsere Untersuchung hat nun einen Punkt erreicht, an dem es notwendig wird, ein wenig in der Vergangenheit unserer Forschungsobjekte zu wühlen: Um nachzuvollziehen, was es mit der komplementären Rivalität zwischen Addition und Multiplikation auf sich hat, müssen wir zum Ursprung der Mathematik zurückkehren. Woher stammen die Rechenarten? Welche Geschichte haben sie, und wie sind sie zu dem geworden, was sie heute sind?

Schließen Sie kurz die Augen, holen Sie tief Luft – und schon fliegen wir los. Es geht in den Nahen Osten, in die Region des heutigen Irak. Dort tauchen wir in eine verworrene Vergangenheit ein, die ganz erstaunliche Geheimnisse über Zahlen und Rechenoperationen bereithält.

Wir haben uns also vier Jahrtausende zurückbewegt.

In den fruchtbaren Ebenen Babyloniens erblüht eine der ersten Zivilisationen. Schon seit mehreren Jahrhunderten wachsen an den Ufern von Euphrat und Tigris schöne und reiche Städte empor, mit den typischen Häusern aus rotem und ockerfarbenem Lehm. Die größten Ansiedlungen haben bereits mehrere Zehntausend Einwohner. Die Menschen dort sprechen meist Akkamisch, in das sich aber auch andere Sprachen mischen. Die Schrift wurde schon vor mehr als tausend Jahren erfunden, und so wurde das Wissen von Generation zu Generation weitergegeben und vermehrt. Es hat sich eine komplexe Verwaltungsstruktur herausgebildet, der Handel entwickelt sich in rasantem Tempo.

Hier, im Herzen der antiken Städte, sind die ersten Schriftgelehrtenschulen entstanden, die sich der qualifizierten Wissensvermittlung widmeten. Bis dahin lernte man vorwiegend praktisch, indem man ein bestimmtes Handwerk ausübte. Eltern gaben ihr Wissen an ihre Kinder weiter, Handwerker und Händler unterwiesen ihre Lehrlinge oder tauschten sich untereinander aus. Zwar waren in den vergangenen Jahrhunderten hier und da Schulen aufgetaucht, doch blieben sie ein Randphänomen ohne organisierte Struktur. Zum Ende des 3. Jahrtausends v. Chr. bildete sich ein geordnetes Bildungssystem heraus und in allen großen Städten der Region vermehrten sich die Edubbas oder «Tafelhäuser».

Genau in so eine Edubba begeben wir uns jetzt. Wir stehen am Ufer des Euphrats, vor den Toren Nippurs. Die Stadt erstreckt sich über gut einen Quadratkilometer. In ihrer Mitte thront das Ekur, das «Berghaus», und zieht Durchreisende in seinen Bann. Wir umrunden es in westlicher Richtung und erreichen den Tempel der Inanna, der Göttin der Liebe und des Krieges. Entlang der Tempelmauern fließt der Kanal, das Rufen der Händler und Fährleute an seinen Ufern schallt bis in die umliegenden Straßen.

Wir folgen dem Wasser zweihundert Meter, dann wenden wir uns nach links. Nun befinden wir uns im Viertel der Schriftgelehrten. Auf der kleinen Anhöhe etwas abseits des Zentrums sammeln sich einige Dutzend niedrige Behausungen mit ebenso vielen offenen Höfen. In viertausend Jahren wird man an dieser Stelle Tausende Tontafeln finden, bedeckt mit den feinen, dichtgedrängten Schriftzeichen der hier lernenden Schüler, und die Archäologen werden dem Ort den Namen «Tafelhügel» geben.

Die Edubbas von Nippur sind in ganz Mesopotamien bekannt. Hier konzentrieren sich die aktivsten und einflussreichsten Schulen. In jedem der kleinen Höfe sitzen Schülergruppen und füllen ihre Tontafeln mit den knappen, präzisen Zeichen der Keilschrift. Für sie haben ihre Lehrer die ersten Schulpläne der Geschichte entworfen. In allen Schulen Mesopotamiens werden dieselben Dinge gelehrt wie in Nippur. Nach und nach wird den Schülern nahegebracht, was ein ordentlicher Schriftgelehrter wissen muss. Sie lernen die Bildungssprache Sumerisch, sie fertigen Abschriften, Schreibübungen und eigene Texte an. Und sie kommen in Kontakt mit den fortschrittlichsten Wissenschaften ihrer Zeit. Wozu natürlich auch die Mathematik gehört.

Die Mathematik der Schriftgelehrten ist nicht die Mathematik der Straße. So wie das Sumerische vor allem von Gebildeten und nicht vom gemeinen Volk gesprochen wird, haben die Gelehrten auch ihr besonderes Zahlensystem, das sich von jenem unterscheidet, das die Händler und Hirten bei ihren Alltagsgeschäften verwenden. Und mit ebendiesem System kommen die Mesopotamier gleichsam unbeabsichtigt in den Genuss des multiplikativen Denkens.

Schauen wir uns doch eine dieser Edubbas genauer an. Die Schüler sind im Hof. Sie hocken in der sengenden Hitze auf dem Boden und arbeiten an ihren Rechenaufgaben. In der rechten Hand halten sie ihren Calamus, ein angespitztes Schilfrohr, das sie in den frischen, weichen Ton drücken. Manchmal steht einer von ihnen auf und geht zum Brunnen, um mit ein wenig Wasser die Oberfläche seiner Tafel anzufeuchten oder einen Fehler auszuwischen.

Die Schrift der Sumerer unterscheidet sich stark von der unseren, ihr Zahlensystem aber ist erstaunlich modern und ähnelt unserer heutigen Darstellung. Beim Stellenwertsystem hängt der Wert einer Zahl von ihrer Stelle in der Ziffernfolge ab.

Wenn wir beispielsweise 123 schreiben, wissen wir, dass damit drei Einer, zwei Zehner und ein Hunderter gemeint sind. Jede Stelle hat einen zehnmal höheren Wert als die rechts von ihr. Die mesopotamische Zählung funktioniert genauso, bis auf ein wichtiges Detail: Jede Stelle hat einen sechzigmal höheren Wert als die rechts von ihr. Im Sexagesimalsystem wird also mit der Basis 60 gezählt.

Beim Blick auf die Tafel eines Schülers sehen Sie, dass er eben die 123 geschrieben hat. Beziehungsweise I II III in den Symbolen der Keilschrift. Die Zahl besteht also aus drei Einern, zwei Sechzigern und einmal sechzig Sechzigern (das sind dreitausendsechshundert). Damit ist die Zahl gemeint, die in unserem Dezimalsystem 3723 (1 × 3600 + 2 × 60 + 3 × 1) geschrieben würde.

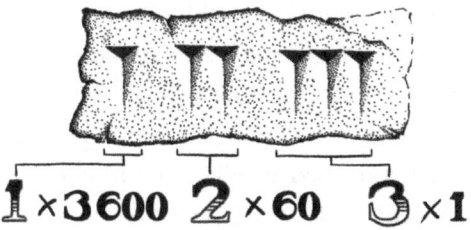

Das Sexagesimalsystem war fast zweitausend Jahre im Gebrauch, bis zum Untergang der mesopotamischen Kultur. Trotz seiner bemerkenswerten Effizienz und erstaunlichen Modernität musste es mit zwei Mängeln auskommen. Denn die Gelehrten aus Nippur waren nicht auf die Idee gekommen, eine Null oder ein Komma zu erfinden.

Sicher sind Sie noch nicht ganz sattelfest beim Umgang mit der Keilschrift und der sexagesimalen Notierung, daher verdeutlichen wir uns die Konsequenzen dieser beiden Fehlstellen, indem wir das Problem auf unser Dezimalsystem übertragen. Was würden wir tun, wenn wir ohne Null und Komma auskommen müssten? Schauen Sie sich einmal folgendes Beispiel an:

12   120   1200   12 000   1,2   0,0012

Und jetzt lassen wir Nullen und Kommas weg:

12   12   12   12   12   12

Schon ist die Verwirrung perfekt!

Die Zahlen sind nicht mehr zu unterscheiden. Die 12, die 120 und die 1,2 schreiben sich auf dieselbe Weise. Gleiches gilt für die Zahlen 540, 5400 und 0,54 oder 9900, 990 und 9,9. Da ihnen die Vorstellung der Null und des Kommas fehlte und sie über keine andere Notation mit dieser Funktion verfügten, hatten die mesopotamischen Schreiber mit einem großen Problem zu kämpfen: In ihrem System teilten sich verschiedene Zahlen dieselbe Schreibung!

Man verzeiht ihnen diese Ungeschicklichkeit aber schnell, wenn man bedenkt, welche Wunder die Mesopotamier mit ihren Zahlen vollbringen konnten: Ihre effiziente Verwaltung war gefürchtet und ihre architektonischen Berechnungen und topografischen Vermessungen beeindruckend präzise. Mit erstaunlicher Genauigkeit maßen sie astronomische Entfernungen und beschrieben Himmelsphänomene. Sie erlangten Kenntnisse der abstrakten Mathematik, die mit ihrer Kultur verschwanden und erst tausend Jahre später wiederentdeckt werden sollten. Das Fehlen von Nullen und Kommas hat sie also offensichtlich nicht aufhalten können.

Und doch ist das ja kein kleines Problem. Wie wurde es gelöst? Wie kann man Rechnungen ausführen, wenn man nicht einmal weiß, um welche Zahlen es geht?

Die mesopotamischen Schriftgelehrten haben sich äußerst elegant aus dieser misslichen Lage befreit. Nicht nur hat sie das Nullenproblem nicht aufhalten können, es hat sie sogar beflügelt, indem sie es zu ihrem Vorteil nutzten! Durch eine einfache wie geniale Idee hat die Mehrdeutigkeit ihrer Zahlennotation es ihnen ermöglicht, die Eigenschaften der Multiplikation auszuschöpfen.

Urteilen Sie selbst. Versetzen Sie sich in die Lage eines angehenden Schriftgelehrten. Nehmen Sie sich eine frische Tontafel und einen Calamus und setzen Sie sich zu den anderen Schülern in den Hof. Heute wird der Gruppe folgende Multiplikationsaufgabe gestellt: 12 × 8. Sie schreiben die Zahlen in Keilschrift auf die Tontafel* und beginnen zu grübeln. Wie soll das gehen? Der Rechenweg ist kein Problem, Sie haben Multiplikationstafeln und beherrschen die Methode, die Ihnen Ihr Lehrer beigebracht hat. Aber bevor man zu rechnen beginnt, muss man ja erst einmal wissen, was es zu rechnen

---

* Der Einfachheit halber schreiben wir die Beispiele in unserem gewohnten Dezimalsystem – sämtliche Folgerungen gelten aber auch für die entsprechenden Rechnungen in sexagesimaler Keilschriftnotation.

gilt! Durch die Mehrdeutigkeit Ihres Zahlensystems haben Sie keine Ahnung, welchen Wert 12 und 8 haben. Vielleicht ist die 12 in Wahrheit eine 120. Oder eine 1200. Oder auch eine 0,12. Und die 8 könnte wiederum eine 8,80 oder 0,8 sein. Wenn man im Geiste ein Komma oder Nullen einfügt, ergeben sich unzählige Möglichkeiten, diese Multiplikation zu deuten. Und jetzt verlangt man von Ihnen ein Ergebnis!

Unter diesen Bedingungen erscheint die Aufgabe unlösbar. Und doch ereignet sich ein mathematisches Wunder. Schauen wir einmal, was sich ergibt, wenn wir verschiedene Deutungen der Rechnung testen:

$12 \times 8 = 96$
$120 \times 8 = 960$
$1200 \times 8 = 9600$
$1,2 \times 80 = 96$
$0,12 \times 0,8 = 0,096$

Die Ergebnisse dieser Multiplikationen lauten 96, 960, 9600 und 0,096. Und ohne Nullen und Kommas schreiben sich alle diese Zahlen: 96! Irrtum ausgeschlossen. Die Antwort muss 96 heißen, wofür auch immer 96 steht.

Das ist eine der verwirrenden und zugleich scharfsinnigen Tugenden der Mathematik: Es ist möglich, wahre Dinge zu sagen, ohne zu wissen, wovon man spricht. Die Schriftgelehrten multiplizierten die Zahlen ohne Nullen und Kommas und erhielten Ergebnisse ohne Nullen und Kommas. Sie wussten nicht, von welchen Zahlen sie sprachen, und doch waren ihre Lösungen immer richtig!

Indem sie diese Eigenschaft ausnutzten, förderten die Mesopotamier ein Phänomen zutage, das die Wissenschaft viele Jahrhunderte später als «Invarianz» bezeichnen sollte. Eine invariante Größe verändert sich nicht, sie bleibt auch unter wechselnden Bedingungen immer dieselbe.

In unserem Fall bleibt das Ergebnis von 12 × 8 immer 96 – ohne Rücksicht auf Kommas und Nullen. Invarianzen trifft man in vielen wissenschaftlichen Bereichen an. Auch wir werden im Laufe unserer mathematischen Entdeckungsreise noch einige kennenlernen. Wenn man den Finger auf einen solchen Zusammenhang legen kann, stellt sich unweigerlich das erhebende Gefühl ein, etwas Bedeutendes und Wertvolles entdeckt, ein Geheimnis gelüftet zu haben. Eine Invarianz hebt hervor, was als verschieden wahrgenommene Dinge vereint. Diese Gemeinsamkeit ist wie ein unsichtbares, im Hintergrund arbeitendes Rädchen, das, einmal ans Licht gebracht, freudig und zufrieden stimmt, da man begriffen hat, wie die Dinge wirklich funktionieren.

Die mesopotamischen Schriftgelehrten wussten so gut mit ihrem invarianten Zahlensystem umzugehen, dass sie beinahe zweitausend Jahre ganz ohne Nullen und Kommas auskamen. Im dritten Jahrhundert v. Chr. aber erfand man schließlich ein Symbol für die Null, die fortan ⪸ geschrieben wurde. Diese verspätete Einfügung hatte dann aber keine Zeit, sich wirklich zu entwickeln. Die schon im Abstieg befindliche mesopotamische Kultur und die Keilschrift mit ihrer sexagesimalen Zählung standen kurz vor ihrem Verschwinden.

Für uns wird es nun Zeit, die Ufer des Euphrats zu verlassen, um einen neuen Zeitsprung zu vollführen. Noch ein paar Zeilen weiter, und Nippur wird es nicht mehr geben. Was bleibt, sind ein paar Ruinen in der windigen Wüste und vergrabene Tontafeln, die Archäologen bergen werden.

Doch das soll uns nicht bekümmern.

Die wirklichen Helden dieser Geschichte sind nämlich nicht die Menschen und auch nicht ihre Kulturen. Es sind die unsterblichen guten Ideen. Sie schlummern manchmal über Jahrtausende unter der Oberfläche und warten auf ihre Stunde – immer bereit, im passenden Moment im Kopf eines neugierigen und genialen Menschen in Erscheinung zu treten. Die Null wird in Indien wieder auftauchen, etwa um 300 n. Chr., als das Dezimalsystem erfunden wird, das wir übernommen haben.

Die erstaunliche Invarianz bei Multiplikationen wiederum wird Jahrhunderte später einen merkwürdigen schottischen Gelehrten zu neuen Ideen anspornen und so die Entwicklung der modernen Wissenschaft vorantreiben. Außerdem wird sie Frank Benford die mathematischen Werkzeuge an die Hand geben, die ihn sein Gesetz erkennen lassen.

Die logarithmische Brücke

Das Wohnviertel Merchiston im Herzen von Edinburgh ist eine friedliche Gegend. Die ruhigen Straßen sind gesäumt von großen Villen mit ordentlichen Gärten, nur wenige Minuten vom Zentrum der Hauptstadt entfernt bilden sie eine Enklave der Monotonie. Der Kulturschock zwischen den turbulenten Ufern des Euphrats und der schottischen Stille fällt also ziemlich brutal aus.

Mich bewegt es immer, wenn ich in die Vergangenheit schaue und mir den Staffellauf der Wissenschaftsgeschichte vor Augen halte. Man erkennt, wie alle Menschen weltweit – trotz der Unterschiede, die sie von den anderen trennen könnten – ihren Teil zur Erkenntnis beigetragen haben. Und ja, genau hier geht unsere Geschichte weiter. In Merchiston haben die Mesopotamier ihren Nachfolger gefunden.

Ein paar Straßen weiter erwartet uns unsere nächste Reisebekanntschaft.

Wenn wir nach Süden Richtung Morningside laufen, stoßen wir auf die Universität Napier, an der jedes Jahr mehr als 25 000 junge Menschen Informatik, Theaterwissenschaft oder Kriminologie studieren. Der Rundgang zeigt uns eine ziemlich deprimierende Betonmoderne, die von großen Fensterfronten durchbrochen wird. Wenn wir uns aber in die Mitte des Campus vorwagen und zwischen die abweisenden Fassaden treten, offenbart die Universität ihr wahres

Juwel. Bedrohlich eingeschlossen von jüngeren Gebäuden, thront dort der Merchiston Tower.

Der quadratische Wohnturm aus fleckigen alten Steinen hat nur vereinzelt kleine, tiefliegende Fenster. Sein Zinnendach verleiht dem Bauwerk die stolze Erhabenheit von Mauern, die wissen, dass sie schon tausendmal hätten einstürzen können. Einst war der Turm Teil einer kleinen Burganlage.

Im Jahr 1550 wurde hier John Napier geboren. Er sollte der Universität ihren Namen geben und die Mathematik um eine Rechenoperation bereichern, welche die Wissenschaft revolutionierte.

Napier war ein außergewöhnlicher Mensch. Wie viele Wissenschaftler seiner Epoche beschäftigte er sich mit verschiedenen Disziplinen, von der Theologie über die Astronomie bis zur Mathematik. Man erzählt sich eine Anekdote über ihn, die zwar nichts mit Mathematik zu tun hat, aber einen schönen Einblick in seine Persönlichkeit gibt.

Sein Nachbar, ein gewisser Roslin, züchtete Tauben, die ausflogen und das Saatgut von Napiers Feldern aufpickten. Der wütende Napier warnte seinen Nachbarn, er würde die Viecher beschlagnahmen, wenn er nicht dafür Sorge trage, dass sie auf Roslins Grundstück blieben. Doch der lachte ihm ins Gesicht und meinte, er könne ja gerne versuchen, die Tauben zu fangen. Am nächsten Morgen musste er jedoch verdattert zuschauen, wie der Mathematiker mit einem großen Sack umherlief und die Saatdiebe einfach einsammelte, ohne dass diese zu fliehen versuchten. Napier hatte nämlich am Abend vorher mit Brandy getränkte Körner auf seinem Feld verteilt. Die Tauben waren so betrunken, dass sie nicht mehr fliegen konnten und sich einfach einsacken ließen.

Gut möglich, dass diese Geschichte eine Legende ist, und doch lehrt sie uns: John Napier war ein Experte in der Kunst, Probleme mit unerwarteten Mitteln zu lösen. Manchmal genügt es schon, die Perspektive zu verändern, um auf eine Lösung zu kommen. Die verworrensten Situationen können sich als Kinderspiel herausstellen,

Die logarithmische Brücke

wenn man sie aus dem richtigen Blickwinkel betrachtet. Wenn man nicht flink genug für die Tauben ist, muss man die Tauben eben weniger flink machen. Es geht nicht immer darum, klüger oder stärker oder schneller zu sein, um große Probleme zu lösen. Man muss vor allem erfinderisch sein.

Dieses Denken gegen den Strich stellte Napier in den Dienst der Mathematik und erfand eine ebenso geniale wie revolutionäre Rechenoperation. Sie sollte bis zum Ende des 20. Jahrhunderts Generationen von Wissenschaftlern das Leben erleichtern. Napiers Erfindung ist nämlich in der Lage, Multiplikationen in Additionen umzuwandeln.

Napier kam auf die Idee, eine multiplikative und eine additive Achse parallel gegenüberzustellen. Auf der ersten wird jeder Wert mit dem davor mal zwei genommen. Auf der zweiten steigt der Wert jeweils um eins.

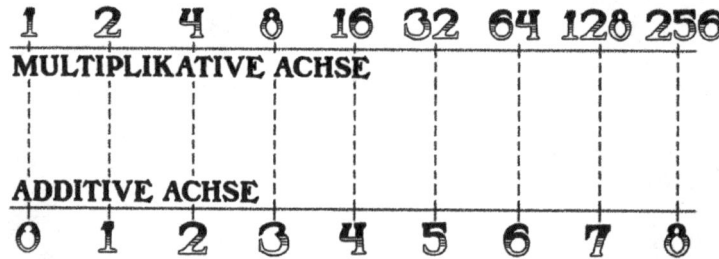

Mit dieser Darstellung schuf der schottische Mathematiker eine Brücke zwischen der Welt der Addition und der Welt der Multiplikation. Mithilfe des einfachen Schemas wurde es mit einem Mal möglich, von der einen Seite auf die andere zu wechseln. Die Grenzen waren offen! Der 8 auf der oberen Achse entspricht die 3 auf der unteren. Der unteren 5 die obere 32 und so fort. Und den oberen Multiplikationen entsprechen die unteren Additionen.

Am besten erfasst man das Prinzip, wenn man einfach eine Auf-

Die logarithmische Brücke

gabe rechnet. Stellen Sie sich vor, Sie möchten die Multiplikation 8 × 16 ausführen. Folgen Sie dazu dieser Anleitung:

1. Überführen Sie die Operation in die additive Welt:
   Aus 8 × 16 wird 3 + 4.
2. Rechnen Sie 3 + 4 = 7.
3. Überführen Sie Ihr Ergebnis in die multiplikative Welt:
   Aus 7 wird 128.

Und damit haben Sie die Lösung: 8 × 16 = 128. Schematisch dargestellt folgen unsere Überlegungen diesem Weg:

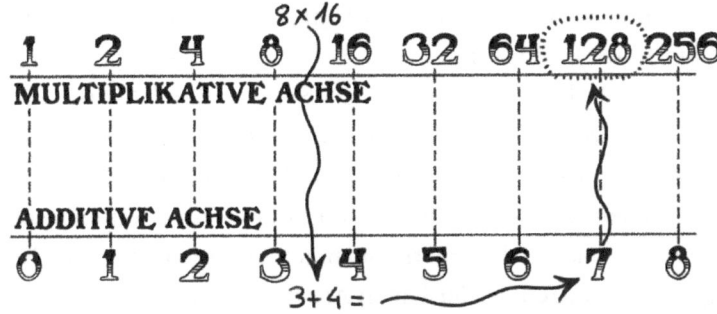

Wenn das mal keine Hexerei ist! Die Entsprechung ist einfach zu schön, um wahr zu sein, und doch funktioniert sie einwandfrei. Rechnen Sie ruhig andere Beispiele durch, die 8 und die 16 sind kein Sonderfall. Napiers Vorgehensweise liefert stets das korrekte Ergebnis.

Sicher, unser Beispiel ist nicht besonders kompliziert, da 8 und 16 einfache Zahlen sind. Aber stellen Sie sich einmal vor, Sie müssten komplexere Zahlen wie 2,43 und 78,35 multiplizieren. Und stellen Sie sich auch vor, auf Ihrem Schreibtisch läge ein noch viel genaueres Verzeichnis der additiv-multiplikativen Entsprechungen. Sie suchen also die Zahlen in Ihrer Liste und verwandeln die Multiplikation 2,43 × 78,35 in die Addition 1,281 + 6,292. Die Summe haben Sie im Nu gebildet: 7,573. Dieses Ergebnis übertragen Sie ins Multiplikative und erhalten 190,4. Auf diese Weise haben Sie die recht komplizierte Multiplikation in weniger als dreißig Sekunden gelöst. Wahrscheinlich hätte es über eine Minute gedauert, die Multiplikation direkt, ohne die Brücke in die Addition, zu lösen.

John Napier arbeitete über zwanzig Jahre an der Entwicklung dieser Theorie und fertigte ausführliche Additions-/Multiplikationstafeln an. Natürlich nicht mit einer Rechenmaschine, sondern schriftlich, per Hand. Seine Ergebnisse veröffentlichte er 1614 in dem Aufsatz *Mirifici logarithmorum canonis descriptio*, zu Deutsch die «Beschreibung des wunderbaren Kanons der Logarithmen». Den Begriff «Logarithmus*» erfand er, um die Verbindung zwischen der multiplikativen und der additiven Welt hervorzuheben. Genau gesagt ist der Logarithmus die Übertragung von der multiplikativen auf die additive Achse: Der Logarithmus von 8 ist 3, der Logarithmus von 16 ist 4 und so fort.

Im ersten Teil seiner Schrift stellt Napier seine Theorie vor. Er gibt eine Definition des Logarithmus und beschreibt seine mathematischen Eigenschaften. Die zweite Hälfte besteht dann allein aus Zahlentabellen, die sich über knapp einhundert Seiten erstrecken. Diese Logarithmustafeln benötigt man, um die entsprechenden Rechnungen auszuführen. In der ersten Ausgabe listete Napier 5400 Zahlen auf. Wer auf der Suche nach einem Logarithmus war, musste also nur die Seiten durchblättern und fand das Ergebnis in wenigen Sekunden.

Um ehrlich zu sein, sind die Ergebnisse, die man mithilfe von Napiers Tafeln erhält, nur annähernd genau, denn es werden nur Logarithmen mit drei bis vier Stellen hinter dem Komma aufgelistet. Wer ein Ergebnis mit möglichst kleiner Fehlermarge suchte, stand also vor einem Problem. Doch für die meisten astronomischen oder architektonischen Berechnungen der Zeit reichte die Genauigkeit der Tafeln vollkommen aus.

---

* Das Wort besteht aus den griechischen Wortstämmen λόγος, *lógos*, das unter anderem «Verhältnis» bedeutet, und ἀριθμός, *arithmós*, für «Zahl».

Die logarithmische Brücke

Es gibt jedoch einen weiteren Einwand gegen die Nützlichkeit der Listen: Zahlen sind unendlich. So beeindruckend Napiers Tafeln auch sein mögen, sie können niemals eine unendliche Zahl von Logarithmen enthalten. Man muss sich also auf einen Bereich beschränken und das Verzeichnis an einem gewissen Punkt beenden. Die Methode umfasst also nicht alle möglichen und denkbaren Multiplikationen.

Und wenn! Denn in diesem Moment tritt die erstaunliche Invarianz der mesopotamischen Schriftgelehrten aus dem Dunkel der Zeit. Es ist nämlich gar nicht notwendig, alle Logarithmen aller Zahlen zu kennen, um alle Multiplikationen auszuführen. Es genügt, etwa sämtliche Logarithmen der Zahlen 1 bis 1000 zu haben und dann ohne Rücksicht auf Nullen und Kommas zu rechnen.

Stellen Sie sich vor, Sie müssten 1,28 und 2500 multiplizieren. Wenn man die Nullen und Kommas weglässt, findet man die Zahlen auch im aufgelisteten Bereich der Logarithmustabellen. Sie werden zu 128 und 25. Anhand der Tafel erhalten wir das Multiplikationsergebnis 32 (weiterhin ohne Nullen und Kommas). Nun muss das Ergebnis nur noch in die richtige Größenordnung übertragen werden, indem wir Kommas und Nullen an die richtigen Stellen setzen: 1,28 × 2500 = 3200. Mit ein wenig Übung erlaubt Ihnen diese Technik, sämtliche Multiplikationen in wenigen Augenblicken auszuführen.

Im Zeitalter der Computer und elektronischen Rechner ist es wahrscheinlich schwer zu ermessen, welche gewaltige Neuerung Napiers Logarithmen für seine Zeit bedeuteten. Für uns ist die Verbindung zwischen Addition und Multiplikation vielleicht nur eine hübsche Kuriosität. Eine amüsante und sicher auch lehrreiche Sicht auf die Dinge, aber nicht weiter von Bedeutung. Doch in den Jahren nach ihrer Entdeckung breiteten sich die Logarithmen rasend schnell in der gesamten Wissenschaftswelt aus und wurden zu einem der wichtigsten Werkzeuge von Fachleuten aller Bereiche. Sie kamen auch außerhalb der Schulen und Universitäten zum Einsatz, denn viele Berufsfelder – etwa Architektur, Buchhaltung und Verwaltung – kommen ja nicht ohne ausführliche Berechnungen aus. Bis in die zweite Hälfte des 20. Jahrhunderts hatte fast jeder Schüler eine Logarithmustafel im Ranzen.

Nach Napier setzten sich immer wieder Mathematiker daran, noch genauere und noch vollständigere Verzeichnisse zu erstellen. Die Ende des 19. Jahrhunderts veröffentlichten Logarithmustafeln von Camille Bouvart und Alfred Ratinet wurden mehr als siebzigmal aufgelegt und waren über knapp ein Jahrhundert ein Bestseller der Mathematikgeschichte!

Der Erfolg dieser Bücher wird verständlich, wenn man sich anschaut, welche Berge von Rechnungen die Wissenschaftler dieser Zeit bewältigen mussten. Und damit sind keine interessanten mathematischen Herausforderungen gemeint, die gründliches Nachdenken und einen gewissen Forschergeist erfordern. Nein, die Rede ist von langweiligen und gemeinen Routinerechnungen. Aufgaben ohne Spannung, die man im Grunde beherrscht, die aber einen irren Zeitaufwand bedeuten. Jeder Mathematiker kann $2{,}35847 \times 78{,}3564$ rechnen, da ist nichts dabei, aber es dauert. Wenn man sich mit Astronomie beschäftigt, kann es leicht einmal sein, dass sich Dutzende, ja Hunderte gleichförmige Multiplikationen aneinanderreihen, bis man zum gesuchten Ergebnis gelangt.

Heute erledigen Computer diese Rechnungen, zu Napiers Zeiten musste das alles schriftlich geschehen, mit Papier und Feder, manchmal auch mit Unterstützung eines Abakus. Man stelle sich vor, welche Zeitersparnis die Logarithmustafeln für diese Gelehrten bedeuteten. Was man sonst über einen ganzen Tag mühsam errechnete, ergab sich nun innerhalb von zwei bis drei Stunden! Ende des 18. Jahrhunderts versicherte Pierre-Simon Laplace, einer der größten Mathematiker seiner Zeit, die Logarithmen hätten das Leben der Astronomen gleichsam verdoppelt, da ihnen die Fehler und die Mühsal langwieriger Rechnungen erspart geblieben seien.

Ende des 20. Jahrhunderts verloren die Logarithmen schließlich ihren praktischen Nutzen. Durch die Verbreitung elektronischer Geräte hat es heute niemand mehr nötig, in Napiers Tafeln nachzuschlagen, um langwierige Rechnungen durchzuführen. Doch wie der Phönix der Mathematik sind die Logarithmen ihrer Asche entstiegen, um in anderen Bereichen Anwendung zu finden. Dabei geht es nicht mehr um ein vereinfachtes Rechenverfahren, sondern um ein vertieftes Verständnis. Wie wir gesehen haben, ist das von uns bewohnte Universum weitgehend multiplikativ organisiert und die Wissenschaft muss des Öfteren von der multiplikativen Welt in die additive Welt wechseln. Dazu nutzt sie wie gehabt die über vierhundert Jahre alte Brücke aus Napiers Logarithmen.

Es ist an vielen Stellen hilfreich, die Dinge in logarithmische Verhältnisse zu setzen. Die Richterskala, mit der die Stärke von Erdbeben gemessen wird, ist hierfür ein gutes Beispiel. Ein Anstieg von einem Grad auf dieser Skala entspricht in Wahrheit einer zehnfach höheren Amplitude der Erschütterung. Bei einem Beben der Stärke 7 erzittert die Erde also zehnmal heftiger als bei einem Beben der Stärke 6. Der stärkste gemessene Ausschlag wurde am 22. Mai 1960 im chilenischen Valdivia gemessen. Mit einer Stärke von 9,5 hatte das Beben also eine millionenfach höhere Amplitude als gewöhnliche Erderschütterungen der Stärke 3,5, die wir Menschen kaum wahrnehmen.

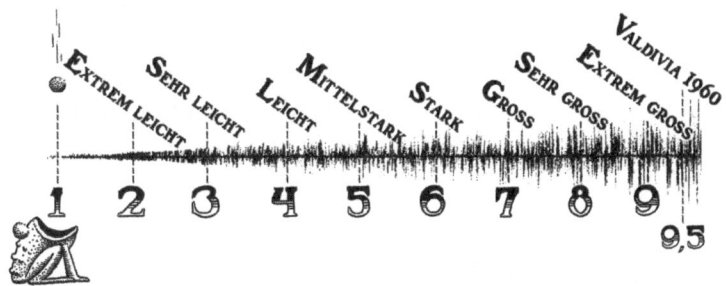

Die Anwendung einer logarithmischen Skala ermöglicht eine viel bessere Übersicht über die Intervalle der gemessenen Beben. Würden dieselben Erschütterungen auf eine additive Achse gesetzt, so würden sich alle Amplituden von 1 bis 7 um einen Punkt drängen und die Lesbarkeit der Darstellung wäre stark eingeschränkt.

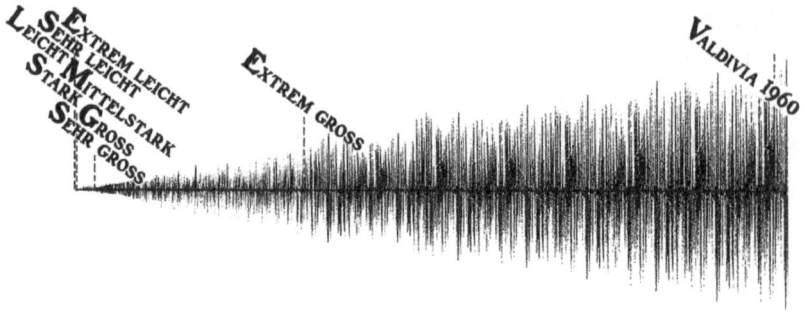

Auf der langen Liste der physikalischen Phänomene, die mithilfe einer logarithmischen Skala gemessen werden, findet man so unterschiedliche Dinge wie die Tonstärke in Dezibel, den Säuregehalt einer Lösung mittels pH-Wert oder auch die Leuchtintensität der Sterne.

Eine weitere geläufige Anwendung ist die musikalische Tonleiter. Ein Ton wird über die Frequenz der Luftvibration bestimmt, mit der er sich ausbreitet. Die verschiedenen Cs, die sich auf einem Klavier anschlagen lassen, haben eine aufsteigende Frequenz von 55, 110, 220, 440, 880, 1760 und 3520 Schwingungen pro Sekunde. Bei zwei Tönen, die eine Oktave auseinanderliegen, ruft der höhere also eine doppelt so schnelle Vibration hervor. Diese multiplikative Verteilung der Töne wird besonders gut sichtbar, wenn man sich das Griffbrett einer Gitarre anschaut. Es wird durch Bundstäbchen unterteilt, deren Abstände nicht einheitlich, sondern multiplikativ verteilt sind und zum Gitarrenkopf hin immer weiter werden.

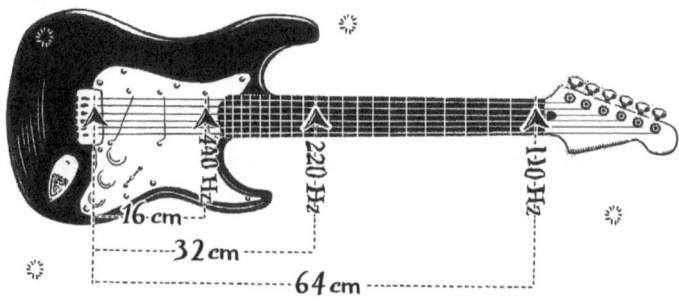

Spielt man zwei Töne, zwischen denen eine Oktave liegt, erklingt der tiefere Ton, wenn man die Saite an einem Punkt anschlägt, der doppelt so weit vom Steg entfernt ist wie der Punkt, an dem man dieselbe Saite für den höheren Ton anschlägt. Auf der fünften Saite liegt das *a* mit 110 Schwingungen 64 cm vom Steg entfernt, das 220er *a* wiederum befindet sich auf der Mitte, bei 32 cm. Um ein 440er *a* auf derselben Saite zu spielen, müsste man sie bei 16 cm anschlagen, für ein 880er *a* bei 8 cm. Das gilt zumindest in der Theorie, denn diese Bewegungen sind zu kompliziert und man spielt die beiden letzten *a* meist auf einer anderen Saite.

Es ist gut möglich, dass John Napier trotz seiner immensen Vorstellungskraft bei der Veröffentlichung seiner Ergebnisse nicht ahnte, wie stark seine wunderbaren Logarithmen die Welt einst beeinflussen sollten.

Mit dem Aufkommen der Logarithmen halten wir nunmehr alle mathematischen Puzzleteile in der Hand, um das Benfordsche Gesetz zu begreifen. Jetzt müssen wir nur noch auf das Geistesgenie warten, das sie zusammenfügt. Der letzte Akt unserer Entdeckungsreise spielt in den Vereinigten Staaten.

Warum ist die Welt multiplikativ?

Falls Sie einen alten Computer besitzen, der über Jahre in intensivem Gebrauch war, haben Sie vielleicht festgestellt, dass die Buchstaben der Tastatur nicht gleichmäßig abgenutzt sind. Das E und die Leertaste sind schneller verschlissen als etwa das X oder Q, die noch nach Jahren wie neu aussehen.

Das ist nicht besonders verwunderlich. Die Tasten kommen verstärkt zum Einsatz, da ihre Buchstaben in Texten am häufigsten verwendet werden. In einem deutschsprachigen Text ohne besondere Stilmerkmale wird das E zu 17,4 % gebraucht, während etwa ein J nur zu 0,27 % vorkommt. Im Internet kann man Ersatztasten für

Computer bestellen: Wenig überraschend sind die Topseller E, N und I.

Das Phänomen der ungleichen Abnutzung lässt sich in vielen Bereichen beobachten. Auch Gitarrenspieler bemerken, dass die Saiten sich unterschiedlich abnutzen – je nachdem, welche Akkorde in ihrem Repertoire am häufigsten vorkommen. Die meisten Vierfarbstifte werden weggeworfen, obwohl die grüne und die rote Mine noch schreiben – die blaue und die schwarze dagegen sind schon leer.

Einen ähnlichen Effekt stellten Wissenschaftler der vergangenen Jahrhunderte fest, als ihnen auffiel, dass die vorderen Seiten ihrer Logarithmustafeln viel abgenutzter waren als die hinteren. Zahlen, die mit 1, 2 oder 3 beginnen, wurden viel öfter nachgeschlagen als Zahlen, die mit 7, 8 oder 9 beginnen. Und das ohne jede bewusste Absicht, kleinere Zahlen vorzuziehen. Es schien, als würde die Natur selbst für dieses Ungleichgewicht sorgen, indem sie den Wissenschaftlern nur bestimmte Zahlen zur Untersuchung vorlegte.

Diese Beobachtung hätte die Wissenschaftler hellhörig machen können, doch die meisten fanden, das Phänomen sei keiner weiteren Erforschung wert. Es ist ganz leicht, das Offensichtliche zu übersehen, wenn man nicht danach sucht. So hatte die Fachwelt über drei Jahrhunderte das Benfordsche Gesetz buchstäblich vor Augen, aber niemand sah es.

So musste man das Ende des 19. Jahrhunderts abwarten, bis sich der Schleier dieses Rätsels zaghaft lüftete.

Im Dezember 1881 veröffentlichte der kanadische Astronom und Mathematiker Simon Newcomb einen Artikel mit dem Titel *Note on the Frequency of Use oft he Different Digits in Natural Numbers* (Notiz über die Häufigkeit der Nutzung verschiedener Ziffern in natürlichen Zahlen). Der nur zwei Seiten lange Beitrag erschien im *American Journal of Mathematics*. Newcomb weist darin auf die unterschiedliche Abnutzung seiner Logarithmustafeln hin und präsentiert die Frage nach der ungleichen Verteilung erster Ziffern als eine Kuriosität, die er dann in wenigen Zeilen auflöst.

Schade nur, dass seine Entdeckung so gut wie unbemerkt blieb. Nun ist die Mathematik, die hinter diesem Phänomen steckt, recht einfach und in Expertenaugen von keinem besonderen Interesse. Doch sind nicht die Berechnungen entscheidend, sondern das, was sie über die Welt aussagen. Im Jahr 1881 begriff anscheinend niemand, dass Simon Newcomb einen Lichtstrahl auf eines der riesigen Zahnräder richtete, die sich in den Kulissen des Universums drehen. Wir müssen uns weitere gut fünfzig Jahre gedulden, bis Frank Benford die Reichweite dieser Entdeckung ermisst und einen ausführlichen, rund zwanzig Seiten umfassenden Artikel dazu verfasst.

Trotz der Leichtigkeit seiner «Notiz» ist Newcombs Beitrag absolut lehrreich und verdient, dass man sich eine Weile mit ihm beschäftigt. Newcomb kommt darin zu einer einfachen Schlussfolgerung: Die Zahlen der Welt sind regelmäßig verteilt, aber eben aus multiplikativer Sicht!

In einer Tabelle mit Daten von einer beliebigen Naturerscheinung findet man demnach genauso viele Zahlen zwischen 1 und 2 wie zwischen 2 und 4 sowie 4 und 8. Ganz einfach, weil die Abstände multiplikativ betrachtet gleich sind. Sie ergeben ein Intervall, bei dem bei jedem Schritt verdoppelt wird. Daraus folgt natürlich, dass Zahlen, die mit 1 oder 2 beginnen, häufiger vorkommen als Zahlen, die mit 7, 8 oder 9 beginnen.

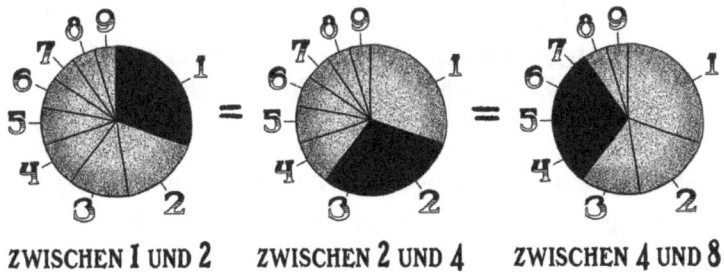

ZWISCHEN 1 UND 2   ZWISCHEN 2 UND 4   ZWISCHEN 4 UND 8

Wenn wir den Eindruck haben, dass die Ziffern nicht gleichmäßig verteilt sind, liegt das also daran, dass wir uns nicht die richtige Information anschauen, denn ihre Logarithmen sind sehr wohl regelmäßig verteilt. Nehmen wir uns noch einmal die Liste mit den Supermarktpreisen, den Durchmessern der Planeten des Sonnensystems oder auch den Längen der Flüsse der Welt vor und bestimmen die Logarithmen der gesammelten Werte: Wir erhalten gleich viele Zahlen, die mit 1, 2, 3, 4, 5, 6, 7, 8 oder 9 beginnen. Napiers Logarithmen gelingt es, die multiplikative Verteilung der Welt umzuwandeln und in unsere additive Darstellung der Zahlen einzupassen.

Auf dieser Grundlage berechnet Simon Newcomb nun die theoretische Verteilung der ersten Ziffern – und hurra! Seine Annahme deckt sich wunderbar mit der tatsächlichen Verteilung, die Frank Benford fünfzig Jahre später feststellen sollte. Es stimmt Wissenschaftler immer sehr zufrieden und glücklich, wenn die Theorie den Ergebnissen konkreter Untersuchungen entspricht. Denn dann fühlen wir uns darin bestärkt, dass wir die Ereignisse richtig verstanden haben.

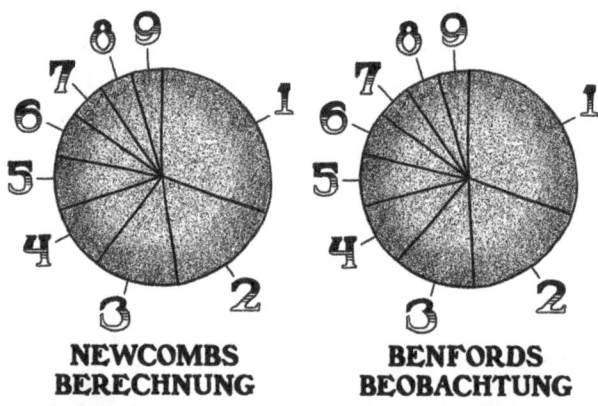

NEWCOMBS BERECHNUNG **BENFORDS BEOBACHTUNG**

Es bleibt noch eine letzte Frage. Die Welt ist also offenbar der Multiplikation zugeneigt – aber warum? Wieso zieht die Realität ausgerechnet diese Verteilung den anderen vor?

Die Antwort können wir nicht in der Natur selbst, sondern nur in unserem Blick auf die Natur finden. Das Benfordsche Gesetz ist universell und es gibt keinen Grund, warum es von unserer Sichtweise abhängig sein könnte.

Französische Geografen messen die Länge von Flüssen in Kilometern, britische Geografen dagegen in Meilen. Je nachdem, auf welcher Seite des Ärmelkanals man sich befindet, ist der Nil also 6650 km oder 4130 Meilen lang. Damit haben wir als Anfangsziffer einmal die 6 und einmal die 4. Sämtliche Längen sämtlicher Flüsse der Welt verändern ihre Anfangsziffer abhängig davon, in welcher Einheit sie gemessen werden. Man könnte nun meinen, dieser Unterschied würde die weltweite Verteilung der ersten Ziffern kippen und britische Wissenschaftler müssten ihre Logarithmentafeln anders abnutzen als französische. Aber das ist nicht der Fall.

Kilometer und Meilen sind eine menschliche Erfindung und der Natur ist es herzlich egal, in welcher beliebigen Einheit wir sie vermessen. Die Länge eines einzelnen Flusses mag in Frankreich und in Großbritannien verschiedene Anfangsziffern haben, wenn man aber die Längen aller Flüsse der Welt auflistet, sollte die Verteilung der ersten Ziffern dieselbe sein.

Anders gesagt: Das Benfordsche Gesetz ist invariant. So wie das Ergebnis einer mesopotamischen Multiplikation unabhängig von fehlenden Nullen und Kommas identisch bleibt, so wie der Anteil des Buchstabens E in einem Text immer etwa 15 % beträgt, ganz gleich, um welches Thema es geht, genauso bleibt die Verteilung der ersten Ziffern gleich und richtet sich nicht danach, wie wir die Natur vermessen und unsere Daten sammeln.

Wenn man auf die Idee käme, in Supermärkten verschiedener Länder Daten zu sammeln, würde man feststellen, dass das Benfordsche Gesetz sich nicht darum schert, ob man in Euro, Yuan, Dollar oder Dinar zählt. Es bleibt für alle Währungen gleich.

Die Umwandlung der Einheit – ob von Kilometer in Meilen, von Euro in Dinar oder was auch immer – geschieht über eine Multiplikation. Ein Fluss, der doppelt so lang ist wie ein anderer, bleibt doppelt so lang, ganz gleich in welcher Einheit. Ein dreimal so teurer Käse bleibt dreimal so teuer, egal in welcher Währung. Die Umwandlung der Einheit lässt die multiplikativen Verhältnisse unverändert. In einer Tabelle mit beliebigen Daten sind also die Zahlen zwischen 1 und 2, 2 und 4, 4 und 8 gleich stark vertreten. Immer ist es diese multiplikative Verteilung, die es zu beachten gilt. Genau darum ist die Welt multiplikativ. Genau darum sind logarithmische Skalen so zutreffend. Genau darum widerspricht unser Zahlensystem immer wieder unserer Intuition. Genau darum ist das Benfordsche Gesetz wahr, schön und universell.

In den Jahren nach seiner Veröffentlichung sollte das Benfordsche Gesetz hier und da konkrete Anwendung finden.

Der US-amerikanische Ökonom Hal Varian schlug 1972 etwa vor, es zur Aufdeckung von Betrug zu verwenden. Das Prinzip ist einfach: Wenn Betrüger Daten zu ihrem Gunsten fälschen, stellen sie sich dabei nicht besonders geschickt an. Die ausgedachten Zahlen folgen nicht der von uns festgestellten Verteilung der ersten Ziffern. So kommen bei gefälschten Zahlen öfter als gewöhnlich die Anfangsziffern 5 und 6 vor. Vielleicht denken die Betrüger, Zahlen mittleren Werts seien weniger auffällig oder gebräuchlicher als Zahlen, die mit einer 1 oder 9 beginnen. Diese Annahme sorgt dafür, dass viel mehr Fünfen und Sechsen verwendet werden, als nach der Benfordschen Verteilung richtig wären. Durch die relativ starke Abweichung fallen mögliche Betrüger kaum auf. Die Methode kommt etwa zum Einsatz, wenn unrichtige Angaben in Steuererklärungen aufgespürt oder Stimmenmanipulationen bei Wahlen enttarnt werden sollen.

Doch seien wir ehrlich: Abgesehen von diesen wenigen Anwendungsmöglichkeiten hat das Benfordsche Gesetz keine großen Konsequenzen für unseren Alltag. Es ist sicher interessant, dass die Preise in unserem Supermarkt dem Prinzip unterworfen sind, doch besonders nützen tut uns diese Erkenntnis nicht. Genauso wenig wie das Wissen, dass ihm Bevölkerungszahlen, Flusslängen und Sternhelligkeit folgen. Ob wir das nun gut oder schade finden, bleibt uns überlassen.

Immerhin halten die Wege, auf die uns unsere Neugier führt, einige Überraschungen bereit. Natürlich kann allein das Begreifen befriedigend sein. Es ist eine schöne Erfahrung, eine intellektuelle Herausforderung einfach aus Wissbegier und Forscherelan, ohne konkrete Absicht gemeistert zu haben. Aber selbst die scheinbar unnützesten Dinge verbergen manchmal ein unerwartetes Potenzial. Mathematische Lehrsätze sind keinesfalls zu unterschätzen.

Denn es kann gut sein, dass sich eines Tages, wenn man am wenigsten damit rechnet, auf einmal konkrete Anwendungen ergeben. Sie werden uns in den Schoß fallen wie reife, süße Früchte.

2.
Äpfel und Monde

Der höchste Gipfel der Welt

Der Vulkan Chimborasso befindet sich im Herzen der ecuadorianischen Sierra. Seine massive, einzeln aufragende Gestalt beherrscht das umliegende Hochland. Fast fünfzehn Jahrhunderte ist es nun her, dass der Berg zuletzt Feuer gespuckt hat und seine brodelnde Lava in der eisigen Stille des ewigen Schnees verglommen ist. Und doch hat der Vulkan seitdem nicht an Ruhm eingebüßt. Etwas abseits der Westkordillere erhebt sich sein massiger, stumpfer Gipfel über der Kulisse des Andenhochlands und überragt die Landschaft mit 6263 Metern Höhe. Der Chimborasso ist der höchste Berg Ecuadors. Alpinisten aus aller Welt haben sich auf seinen Gipfel hinaufgewagt, Vikunjas grasen seelenruhig an seinen Hängen, das Land hat den Berg zu seinem stolzen Symbol erkoren und ihn auf Wappen und Nationalflagge abgebildet.

In die vielen Superlative, zu denen der Chimborasso Dichter und Topografen zu Recht anstiftet, hat sich ein Titel eingeschlichen, der den Ruhm des Vulkans ins Fantastische steigert: Manche Reiseführer behaupten nämlich glatt, der Chimborasso sei der höchste Berg der Welt. Ja, der Welt. Wer wie die meisten in der Schule eingetrichtert bekommen hat, dass der Mount Everest 8848 Meter misst, kann eine solche Lüge natürlich nicht hinnehmen. Dem ecuadorianischen Vulkan fehlen gut zwei Kilometer, um mit dem nepalesischen Giganten rivalisieren zu können. Der Schwindel ist zu unverschämt, um glaubhaft zu sein, und man muss sich fragen, wie man uns einen solchen Bären aufbinden kann!

Doch wie so oft ist die Wahrheit aufregender und erfinderischer als die Definition des Lexikons. Die Realität besitzt größeren Einfallsreichtum als wir, und wir müssen einmal mehr unsere Überzeugungen revidieren.

Dazu muss man wissen, dass die Erde nicht ganz rund ist. Unser Planet ist an den Polen etwas abgeflacht, um den Äquator aber wölbt er sich leicht nach außen. Der Mount Everest ist zwar der höchste Berg über dem Meeresspiegel, doch liegt er auf einem so weit vom Äquator entfernten Breitengrad, dass der Meeresspiegel dort global betrachtet weniger hoch ist als in Ecuador. Wenn man vom Erdmittelpunkt misst, ist der Gipfel des Everest 6382,6 km entfernt, der Chimborasso aber 6384,4 km. Der Chimborasso überragt den Everest um zwei Kilometer!

Die Frage nach dem höchsten Gipfel der Erde ist also nicht so leicht zu klären wie gedacht. Losgelöst von jedem Kontext ist sie schlecht gestellt und erlaubt keine klare und eindeutige Antwort. Zunächst ist der Begriff der Höhe zu definieren – wir treffen damit eine Wahl, er ergibt sich nicht von selbst. Es sind etwa Situationen denkbar, in denen weder der Meeresspiegel noch der Erdmittelpunkt als Bezugspunkt dienen und man eher betrachten möchte, wie hoch eine Erhebung aus der Umgebung aufragt, wobei mit dieser umgebenden Fläche auch der Meeresboden gemeint sein kann. In diesem Fall ist weder der Everest noch der Chimborasso der Sieger, sondern der Mauna Kea, ein hawaiianischer Vulkan: Sein Gipfel liegt 4207 Meter über dem Meeresspiegel, sein Fuß weitere 10 210 Meter unter der Oberfläche des Pazifiks.

Wenn Fische Geografen wären, wären sie sicher zuerst auf diese Definition gekommen. Es hätte für sie keinen Sinn ergeben, die Null mit der Oberfläche des Meeres gleichzusetzen, in dessen Tiefen sie sich doch bewegen. Wir sind schließlich auch nicht auf die Idee gekommen, Höhen ab der Atmosphäre zu messen, die sich kilometerweit über unseren Köpfen befindet. Dabei wäre dies eine absolut gerechtfertigte vierte Definition, die den anderen objektiv in nichts nachsteht.

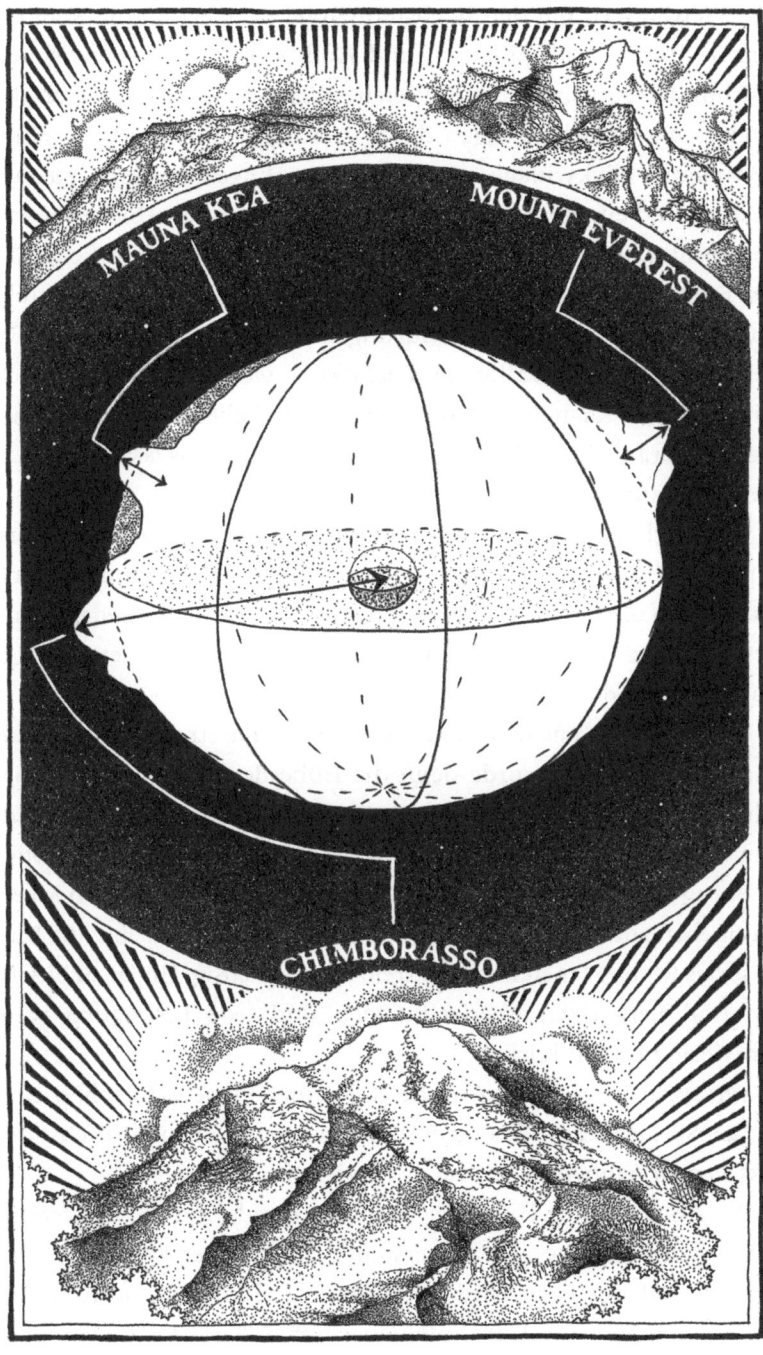

Der Wettbewerb um den höchsten Gipfel erinnert an die Konkurrenz zwischen Multiplikation und Addition. In den vergangenen Jahrhunderten haben sich zahlreiche Wissenschaftler aus allen Bereichen mit Entscheidungen dieser Art abgemüht. Die Wahl eines bestimmten Blickwinkels ermöglicht erst, Dinge zu messen, zu analysieren und einzuordnen. Man glättet gleichsam die Unebenheiten der Realität, um die großen Linien herauszustellen. Aber die gefällten Entscheidungen bergen auch eine Gefahr, denn sie vermitteln uns die Illusion, etwas durchdrungen zu haben. Gewonnene Erkenntnisse können maßlos und gefährlich werden, wenn man sich zu sehr an sie klammert. Betrachten wir sie lieber als Meilensteine, die uns voranbringen – die wir aber auch hinter uns lassen müssen, um weiterzukommen.

In der Planetologie etwa könnte man darauf kommen, das Konzept der Höhe auf andere Gestirne auszuweiten. Dann nämlich würde sich die höchste Erhebung des Sonnensystems auf dem Mars befinden, wo der Vulkan Olympus Mons 21 229 Meter emporragt. Dagegen sind die Berge der Erde harmlose Hügel.

Und doch stimmt uns diese Information misstrauisch. Mit welchem Bezugspunkt wurde denn die Höhe des Olympus Mons bestimmt? In Bezug auf den Planetenkern? Dann aber geriete der Vulkan ins Hintertreffen, denn der Mars ist kleiner als die Erde. Oder in Bezug zum Meeresspiegel? Aber auf dem Mars gibt es kein Meer! Dann eben zur umgebenden Fläche. Das könnte gehen, aber die Umrisse des Roten Planeten sind extrem unregelmäßig. Hügel, Schluchten und Bergketten überlagern sich und jede Festlegung wäre schwierig und willkürlich.

Versetzen Sie sich kurz in die Lage eines Planetenforschers und stellen Sie sich folgende Frage: Wie würden Sie einen möglichst objektiven Höhenbegriff für den Mars definieren?

Die Antwort liegt keineswegs auf der Hand, und um die Vereinbarung der Astronomen zu verstehen, braucht es Kenntnisse der Physik. Auf der Erde wird mit zunehmender Höhe die Atemluft immer knapper. Auf dem Gipfel eines hohen Bergs kann man nicht

Der höchste Gipfel der Welt 63

so gut atmen wie auf Meeresniveau. Mithilfe eines Barometers lässt sich dieser Luftdruck messen, sodann lässt sich die Atmosphäre in übereinanderliegende Schichten einteilen. Auf Meereshöhe beträgt der mittlere Luftdruck 1013 Hektopascal,* in 2000 Metern Höhe liegt er nur noch bei 795 hPa, auf 8000 Metern fällt er auf 356 hPa.

Denkt man diese Zuordnung andersherum, lässt sich Höhe über den Druck bestimmen, und genau das haben die Wissenschaftler auf dem Mars getan. Das Nullniveau ist hier die Höhe, auf der ein atmosphärischer Druck von 6,1 hPa herrscht. Das ist natürlich viel weniger als auf der Erde, denn die Atmosphäre des Roten Planeten ist bei weitem nicht so dicht. Wenn man dieselbe Festlegung für die Erde getroffen hätte, läge das Nullniveau 35 km über unseren Köpfen! Das ist dreimal höher als die Flughöhe von Langstreckenflugzeugen und weit, weit über den Gipfeln von Chimborasso, Mount Everest und Mauna Kea. Aber warum eigentlich nicht? Dann könnten wir sagen, dass wir in der Erde leben statt auf ihr. Wir würden in der Atmosphäre wohnen, so wie die Fische im Meer und die Würmer in der Erde.

Doch auch diese Definition bleibt schwammig, denn die Atmosphäre hat keine klare Grenze. Der Druck nimmt mit der Höhe ab

---

* Hektopascal (hPa) ist die Einheit, in der man Druck misst, genauso wie man Entfernungen in Kilometern und Zeit in Stunden misst.

und geht im interstellaren Raum gegen null. Die Geokorona ist die weiteste beobachtete Grenze unserer Atmosphäre und liegt 630 000 Kilometer entfernt – das ist fast doppelt so weit wie die Strecke, die uns vom Mond trennt. Dann befände sich der Mond also auch unter der Erdoberfläche? Eine verrückte Sicht der Dinge. Niemand hat je ernsthaft erwogen, diese Definition zu verwenden. Dabei ist sie ganz objektiv betrachtet nicht schlechter oder besser als die anderen Festlegungen. Weniger praktisch natürlich, aber nicht weniger gerechtfertigt.

Um nun endgültig jede Hoffnung auf eine universelle Definition von Höhe zu zerstreuen, lenken wir unseren Blick auf Himmelskörper, die keine Sphäre besitzen, etwa den Kometen Tschuri, den Asteroiden Ryugu oder das transneptunische Objekt Ultima Thule.

Diese drei Himmelskörper wurden 2014, 2018 und 2019 von Weltraumsonden besucht. Auf den beiden ersten waren sogar Roboter unterwegs, die Experimente durchführten. Die an der Mission beteiligten Ingenieure mussten herausfinden, wie weit ihre Sonden bei der Annäherung an die Himmelskörper von deren Oberfläche entfernt waren, damit sie bei der Landung nicht zerschlugen. Es galt also, eine Definition von Höhe zu finden. Und dazu gab es kein Patentrezept. Tschuri, Ryugu und Ultima Thule haben kein Meer, keinen Kern, keine Atmosphäre. Bedingt durch ihre absonderlichen Formen mussten die Forscher sich vortasten und für jeden Schritt eine neue Herangehensweise schaffen.

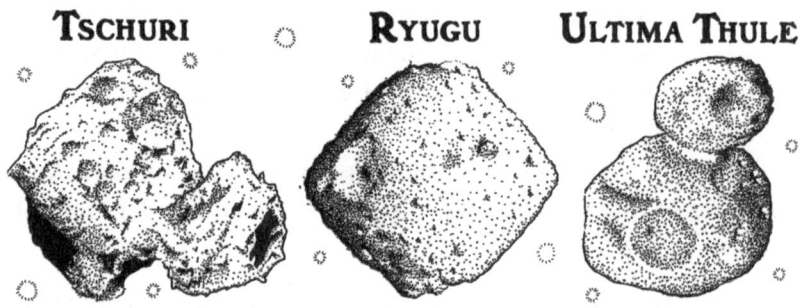

Bei alldem ist Höhe nur ein Beispiel unter vielen. Angesichts derart komplexer Situationen erscheint jeder Versuch, Ordnung in unsere Beschreibung der Realität zu bringen, unfassbar kompliziert. Wie fällt man da im richtigen Moment die richtige Entscheidung? Welche Kriterien wendet man an, und aus welchem Grund? Bis zu welchem Punkt darf man sich mit einer ungenügenden oder subjektiven Definition zufriedengeben, und ab wann sollte man sich von ihr verabschieden? Woran soll man sich festhalten, wenn alles relativ erscheint? Wie soll man Wissenschaft betreiben, wenn einem die Welt wie Wasser durch die Hände rinnt, wenn sich die Welt unserem Zugriff ständig entzieht?

Diese Fragen sind ebenso aufregend wie beängstigend. Der Prozess des Verstehens durchläuft mehrere Phasen. Zuerst ist da der Eindruck, etwas erfasst zu haben. Wir treffen eine intuitive, ungefähre Beobachtung: Manche Berge sind höher als andere. Anschließend ergibt sich die Notwendigkeit, unseren Eindruck durch Messergebnisse und Definitionen zu untermauern. Wir messen Höhe also in Metern ab dem Meeresspiegel. Diese Definition begleitet uns eine ganze Weile und bringt uns voran. Sie leitet uns in unseren Überlegungen und Studien. Und das tut sie so gut, dass sie uns irgendwann an den Punkt bringt, an dem sie uns zeigt, dass sie nicht mehr weiterführt und wir uns von ihr verabschieden müssen. Wir haben dann den heiklen Punkt des Loslassens erreicht. Eine unangenehme, aber auch berauschende Erfahrung. Die Dinge sind so präzise geworden, dass sie wieder unklar werden. Wir haben so viel begriffen, dass wir nun auch begreifen, dass wir eben doch nicht richtig begreifen. Wie bei einem schönen Foto, das wir uns ganz nah anschauen und schließlich nur noch Pixel vor Augen haben.

Die Frage nach einer objektiven Höhe ist bei genauer Betrachtung eben auch nur Schaum auf dem Meer und lenkt von den wirklichen Fragen ab. Im Grunde ist es doch nicht wichtig, den höchsten Gipfel der Erde mit Absolutheit festzustellen. Höhe ist ein Scheinproblem, ein Täuschungsmanöver, ein Trugbild. Stattdessen treiben uns nun andere, reizvollere Fragen um: Warum sind die verschiedenen Definitionen von Höhe nicht deckungsgleich? Warum ist die Erde nicht rund? Warum sollte sie das sein? Ist ihre Form ein Produkt des Zufalls oder waren da Naturgesetze am Werk? Wo ist unter diesen Bedingungen oben und unten? Wie soll man sich mit diesen Fragen wissenschaftlich beschäftigen, wenn sie anfangs so einfach erscheinen, aber immer komplexer werden, sobald man ihnen nahe rückt?

So, wie die Anomalität der Supermärkte uns auf den Pfad zum Benfordschen Gesetz geführt hat, so ist auch die Widersprüchlichkeit gemessener Höhen nur das Detail, das unsere Aufmerksamkeit wecken will. Das wahre Abenteuer beginnt dahinter. Dann los! Auf unserem Weg liegen schöne und spannende Dinge.

Was sind Zahlen?

Verlassen wir eine Weile die Höhen des Chimborasso und schauen uns an, welche Pfade Wissenschaftler früherer Zeiten für uns geebnet haben. Lange vor uns hatten auch sie mit Zweifeln und Irrtümern zu kämpfen. Manchmal haben diese Blockaden sie über Jahrhunderte im Fortkommen gehindert, bis jemand einen Durchschlupf entdeckte und die Klettersteige des Denkens markiert und gesichert werden konnten.

Die Mathematik bietet ein ganzes Arsenal von Konzepten zur Entschlüsselung der Welt. Eines der wichtigsten davon sind die Zahlen. Mit ihnen zählt, misst und rechnet man, und jede Wissenschaft, die etwas erreichen will, muss sie sich zu ihren Verbündeten machen.

Natürlich wissen Sie bereits, was Zahlen sind. Sie begegnen ihnen jeden Tag. Zahlen sind so sehr Teil unseres Lebens, dass wir sie oft gar nicht mehr bewusst wahrnehmen. Wir werfen einen Blick auf die Uhr, wir bezahlen an der Supermarktkasse, wir schauen im Auto auf den Tacho, wir lesen nach, wie hoch ein Berg ist – Zahlen sind überall! Selbst hier oben auf der Seite ... Doch die Zahlen, mit

Was sind Zahlen? 67

denen Mathematiker arbeiten, sind ganz anderer Art als die, mit denen wir im Alltag zu tun haben, und es lohnt tatsächlich, einen Augenblick über die scheinbar unbedeutende Frage nachzudenken, was Zahlen eigentlich sind.

Wenn man die Frage rein grammatisch stellt, dann lautet die Antwort in den meisten Sprachen: Zahlen sind Adjektive. Das bedeutet, dass sie einem Nomen beigestellt sind und dessen Anzahl angeben, so wie andere Adjektive Farbe, Form oder eine andere Eigenschaft ausdrücken. Eine Zahl ist immer eine Zahl von irgendetwas. Wenn ich etwa sage, dass in diesem Satz einundsiebzig Vokale und hundertzehn Konsonanten vorkommen,* dann sind die Adjektive «einundsiebzig» und «hundertzehn» dazu da, die Nomen «Vokale» und «Konsonanten» näher zu bestimmen. Ihre Bedeutung erhalten sie nur durch die Nomen, mit denen sie verbunden sind.

Einige seltene Sprachen verleihen Zahlen einen anderen Status. In der Sprache der Maori werden Mengen wie Verben betrachtet, also wie Tätigkeiten eines Subjekts und nicht wie passive Eigenschaften. Wenn das Französische ähnlich verfahren würde, hätte Alexandre Dumas *Die dreienden Musketiere* (obwohl sie ja mit d'Artagnan eigentlich vier waren), und Jules Verne *Die zwanzigtausenden Meilen unter dem Meer* geschrieben, und ich könnte Ihnen versichern, dass die Buchstaben dieses Satzes zweihundertvierundsechzigen. Unsere Sicht auf die Zahlen wäre eine radikal andere, wenn wir Mengen in einer so konstruierten Sprache denken würden.

Die Mathematiker haben sich aber einen noch anderen Ansatz überlegt. Für sie sind Zahlen weder Adjektive noch Verben, sondern Nomen. In der Welt der Mathematik nehmen sie den wichtigsten Platz ein. Eine Zahl ist keine Anzahl von ... Drei ist nicht drei Tage und nicht drei Kilometer oder drei irgendwas. Drei ist drei. Punkt.

---

* Was auch stimmt!

Die Ersten, die sich auf diesen Pfad begaben, waren die Mesopotamier: Sie trennten die Zahl von dem, was gezählt wird. Für die Schriftgelehrten, deren Bekanntschaft wir in Nippur gemacht haben, schreibt sich die Zahl zwölf <𒐖, und das unabhängig davon, ob man Schafe, Kühe oder etwas anderes zählt. Das war nicht immer so. Zu Beginn der Schriftkultur schrieb sich die Zwölf in «zwölf Schafe» anders als die Zwölf in «zwölf Kühe». Mit diesem ersten Abstraktionsschritt begann die Mathematik, sich als eigene Disziplin zu behaupten.

Der zweite Schritt erfolgte, als Wissenschaftler immer mehr dazu übergingen, Zahlen zu verwenden, ohne dass diese eine Anzahl von irgendetwas darstellen sollten. Zwölf konnte also einfach nur zwölf sein, ohne etwas zu zählen. Dieser Schritt vollzog sich in kleinen, unscheinbaren Etappen und brauchte Jahrhunderte, um sich zu entwickeln und auszureifen.

Noch heute fassen die meisten Menschen Zahlen als Mengen auf. Wenn ich Ihnen sage: $3 + 5 = 8$, dann stellen Sie sich diese Gleichung wahrscheinlich als Bestätigung dafür vor, dass man «acht irgendwas» erhält, wenn man zu «drei irgendwas» «fünf irgendwas» hinzufügt. Man muss gar nicht genau wissen, was dieses «irgendwas» sein könnte, aber es ist doch schwer vorstellbar, dass es gar kein «irgendwas» geben könnte! Unser Verstand interpretiert Zahlen weiterhin als Mengen. Dabei kann man die Gleichung $3 + 5 = 8$ durchaus als reine mathematische Wahrheit behandeln, die nicht zwangsweise einen Bezug zur physischen Welt hat.

Dieser Gedanke ist schwer zu fassen und doch unheimlich kraftvoll, denn erst in der Freiheit der Abstraktion entfalten die Zahlen ihr ganzes Potenzial. Üben wir uns also darin, Zahlen für das zu nehmen, was sie sind – nur dann werden sie Kräfte offenbaren, die sich die Gelehrten von Nippur niemals hätten vorstellen können.

Um das Reich der Zahlen in seinem ganzen Ausmaß zu ermessen, fängt man am besten mit konkreten Beispielen an. Nehmen wir etwa Lebensmittel. Austern und Spaghetti haben etwas gemeinsam: Es

Was sind Zahlen?

gibt sie in verschiedenen Größen, und diese Größen werden üblicherweise mit einer Zahlenskala wiedergegeben. Doch ist da ein wichtiger Unterschied zwischen den beiden Skalen: Sie verlaufen nicht in dieselbe Richtung. Kleine Zahlen bezeichnen die größten Austern und die dünnsten Spaghetti.

Diese Gegenläufigkeit irritiert – wer wie ich ein sehr ordnungsliebender Mensch ist, empfindet sie gar als störend. So sehr, dass man den Nummerierern von Lebensmitteln dringend nahelegen möchte, sich doch bitte untereinander zu einigen. Aber denken wir einmal kurz nach: Welche der beiden Rangfolgen erscheint uns natürlicher? Wenn Sie eine der beiden Skalen ändern dürften, würden Sie dann eher die Austern oder die Spaghetti anders einordnen?

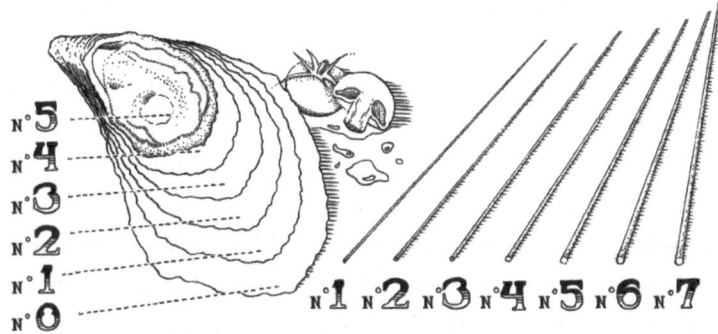

Bei der Befragung verschiedener Personen fällt die Antwort komischerweise nicht immer gleich aus.* Die beiden Nummerierungen entsprechen zwei verschiedenen Denkweisen, von denen keine objektiv besser oder korrekter wäre. Bei den Spaghetti steht die Zahl in Relation zur Größe. Bei dickeren Spaghetti ist die Zahl größer, was ja auch logisch erscheint. Austern dagegen werden nach Rangfolge sortiert. Bei einem Wettbewerb ist der erste Platz besser als

---

* Bei einer informellen Befragung über Twitter, die ich im April 2019 unter 5700 Personen durchgeführt habe, erklärten 63 %, sie fänden die Nummerierung der Spaghetti einleuchtender, 19 % stimmten für die Austern, 18 % enthielten sich.

der zweite, auch wenn die 1 kleiner ist als die 2. Nummer 1 sind die größten und werden daher besser bewertet als Austern der Nummern 2 und 3.

Wir könnten unsere Zweifel an dieser Stelle noch weitertreiben und zu dem Schluss kommen, dass die Subjektivität dieser Zahlen ihren Betrug aufdeckt: Es sind falsche Zahlen! Zahlen, die eigentlich gar keine Zahlen sein müssten. Sie bilden eine willkürliche Rangfolge, die in keinem notwendigen Zusammenhang mit ihrem Wert steht. Es würde überhaupt keinen Sinn ergeben, mit diesen Zahlen rechnen zu wollen. Eine Auster Nr. 2 und eine Auster Nr. 3 ergeben ja keine Auster Nr. 5. Außerdem ändern sich die Bezugsgrößen mit der Austernart: Eine Europäische Auster Nr. 2 hat nicht das gleiche Gewicht wie eine Pazifische Felsenauster Nr. 2. Auch die Einteilung von Spaghetti ist nicht standardisiert: Die verschiedenen Marken verwenden nicht exakt dieselbe Norm.

Ehrlich gesagt bräuchten viele in unserem Alltag vorkommenden Zahlen gar keine Zahlen zu sein, um ihre Rolle zu erfüllen. Viele sind einfach subjektive, willkürliche Kombinationen: Hausnummern, Postleitzahlen, Telefonnummern, Kontoverbindungen. Alle diese Zahlen könnten gut und gerne durch Buchstaben oder andere Symbole ersetzt werden. Dann würden wir in der Musterstraße G in URFKH Musterstadt wohnen und neuen Bekannten unsere Telefonlettern geben. An der Art, wie wir diese Informationen nutzen, würde sich damit nichts ändern.

Fast könnte man bedauern, dass wir uns in so vielen trivialen Situationen mit einem Zahlenwirrwarr herumschlagen müssen. Es gibt aber auch Unterteilungen, die erfolgreich ohne numerische Skalen auskommen. Die Töne der Musik hätte man ja auch mit 1, 2, 3, 4, 5, 6 und 7 bezeichnen können, aber nein, wir nennen sie c, d, e, f, g, a, h. Autokennzeichen verwenden Buchstaben und Zahlen, Kleidergrößen werden oftmals statt in Zahlen auch in S, M, L und XL angegeben.

Nummernfolgen, die uns dort begegnen, wo sie eigentlich nicht nötig sind, bestätigen uns jedoch eindrücklich, dass Zahlen nicht zwangsläufig mit einer Menge verbunden sein müssen. Diese Nummern zählen nichts. Telefonnummern geben keine Anzahl von irgendwas an. Diese Ungebundenheit ist eine grundlegende Eigenschaft von Zahlen.

Ein noch eindringlicheres Beispiel sind Temperaturangaben. 1742 ersann der schwedische Astronom Anders Celsius ein neuartiges Thermometer für seine meteorologischen Studien und landete damit einen solchen Erfolg, dass die entsprechende Temperaturskala nach ihm benannt wurde. Noch heute sind die meisten unserer Thermometer in Grad Celsius unterteilt.

Dabei ist eines bemerkenswert: Die Skala von Celsius' Thermometer lief in die entgegengesetzte Richtung! Für den schwedischen Wissenschaftler bedeutete eine höhere Temperatur größere Kälte. Auf seiner Skala gefriert Wasser bei 100 und kocht bei 0 Grad! Wir sind es so gewohnt, die Dinge andersherum zu betrachten, dass wir diese Sichtweise nicht nur verwirrend finden, sondern für glattweg falsch halten. Aber denken wir mal nach: Fällt Ihnen auch nur ein Argument dafür ein, dass es exakter oder richtiger wäre, wenn die Temperatur mit zunehmender Wärme statt mit zunehmender Kälte steigt? Wie die Skala ausgerichtet wird, ist eine willkürliche Entscheidung. Wir müssen uns daher von vorgefassten Denkmustern freimachen.

Es gibt verschiedene Beispiele für Situationen, in denen die Gewohnheiten verschoben sind. In einigen Ländern der südlichen Hemisphäre, etwa in Australien oder Neuseeland, findet man Landkarten, auf denen Norden nach unten zeigt. Für einen Bewohner der westlichen Welt ist es schwierig, eine solche Karte ohne ein gewisses Unbehagen zu betrachten. Unser Gehirn versucht beinahe gegen unseren Willen, die Karte umzudrehen. Ganz ähnlich muss es den ersten Manga-Fans gegangen sein, die ihre Comics auf einmal von hinten nach vorne lesen mussten. Es braucht sicher eine gewisse Zeit, bis man sich daran gewöhnt hat, die Seiten in umgekehrter Leserichtung umzublättern.

Genauso überraschen wird Sie sicher, dass der folgende Absatz bustrophedon geschrieben ist, also mit zeilenweise abwechselnder Schreibrichtung, und sich in Serpentinen liest: eine Zeile von links nach rechts, die nächste von rechts nach links, und so fort. Verschiedene alte Sprachen wie etwa das Griechische oder Etruskische zeigten anfangs eine bustrophedische Schreibweise.

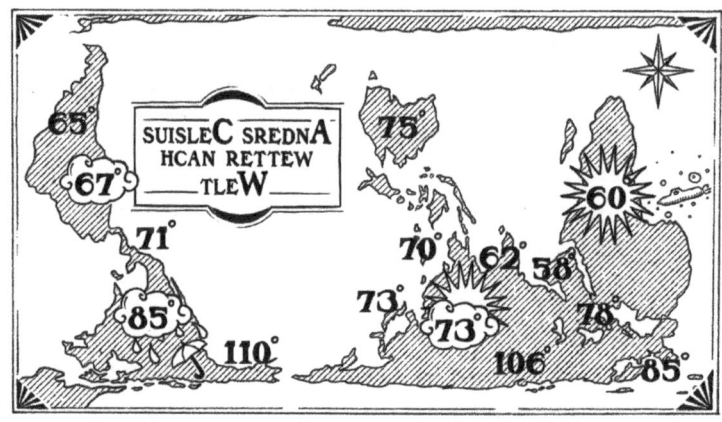

Aber kehren wir zur Frage der Temperatur zurück. Wir messen sie anhand einer Zahlenskala, aber es ist sicher eine legitime Frage, ob man nicht auch anders hätte entscheiden können. Hätte man nicht auch Buchstaben nehmen können oder eine andere spezifische Einteilung? Es ist doch so: Wenn man einen Topf 10 °C warmes Wasser in einen Topf mit 20 °C warmem Wasser gießt, gibt es nichts zusammenzurechnen, nie und nimmer erhalten wir 30 °C warmes Wasser! Die Temperatur der Mischung wird eher 15 °C betragen, also in der Mitte zwischen beiden liegen. Wo sind nun die 20 °C und die 10 °C geblieben, die wir vor dem Zusammenmischen einzeln zur Verfügung hatten? Wie konnten diese Werte verschwinden, obgleich wir nichts weggenommen, sondern nur zusammengefügt haben? All dies scheint den einfachsten Rechengesetzen zu widersprechen. Wenn man von 20 °C warmem Wasser spricht, hat man es nicht mit zwanzig Einheiten zu tun, die man abzählen kann. Es lässt sich unmöglich sagen: Hier ist das erste Grad, hier das zweite und so weiter bis zum zwanzigsten. Mit Grad Celsius wird nicht wirklich etwas gezählt.

Das umgekehrte Thermometer des schwedischen Wissenschaftlers ist hierfür nur ein weiterer Beweis. Wenn man seine Skala beibehalten hätte, hätten wir gleiche Teile von 80 °C und 90 °C warmem Wasser zusammengeschüttet und eine Mischung mit 85 °C warmem Wasser erhalten. Die Messwerte wären im Übrigen nicht weniger gerechtfertigt als unsere.

Doch selbst wenn diese Zahlen nichts zählen, stehen sie doch in einer mathematischen Beziehung. Die Mischung aus zwei gleichen Teilen Wasser hat eine Temperatur, die dem Mittelwert der beiden Ausgangstemperaturen entspricht. Das Mittel von 10 und 20 ist 15. Und dieser Wert bleibt auch bei der umgekehrten Gradeinteilung erhalten, denn der Mittelwert von 80 und 90 ist 85, und 85 ° auf der umgekehrten Skala entsprechen 15 °C auf der heutigen Skala. Man könnte also sagen: Der Mittelwert der Umkehrungen entspricht der Umkehrung des Mittelwerts.

Der Mittelwert bleibt von der Umkehr der Skala unberührt, er ist invariant. Damit ist er mit den verschiedenen Definitionen von Temperatur vereinbar. Ob man nun die umgekehrte Skala von Celsius oder unsere aktuelle Einteilung nimmt oder gar wie die Briten in Fahrenheit oder wie die Thermodynamik in Kelvin misst: Die Temperatur der Mischung erhält man immer über den Mittelwert.

Diese Feststellung ist von immenser Bedeutung. Denn sie lehrt uns, dass Temperaturen, obwohl sie keine Mengen sind, durchaus Gegenstand von Berechnungen sein können. Damit rechtfertigt sich, dass sie in Zahlen angegeben werden. Zahlen müssen keine Anzahl von irgendwas sein und verdienen dabei doch absolut den Status von mathematischen Objekten.

Inzwischen haben Zahlen, die keine Mengen angeben, die Wissenschaft in Beschlag genommen und sich für unsere modernen Technologien unabdingbar gemacht. Sämtliche Daten in unseren Computern oder Smartphones sind numerisch, das heißt, sie werden in Form von Zahlen in die Speicher unserer Geräte eingelesen. Für einen Computer ist ein Bild eine Zahl, Musik ist eine Zahl und auch dieses Buch, das Sie gerade lesen, ist vor dem Druck eine Zahl auf der Festplatte meines Computers. Während ich es schreibe, verändert sich diese Zahl mit jedem Druck auf meine Tastatur. An diesem Punkt entspricht diese Zahl etwas 10^{100000}, also einer Zahl mit hunderttausend Ziffern.* Wenn das Buch fertig ist, werden es noch dreimal mehr Ziffern sein, also 10^{300000}.

Durch den Prozess der «Nummerisierung» oder Digitalisierung wird jeder Schritt im Schaffensprozess auf die einfache Aufgabe reduziert, ihm eine Nummer zuzuordnen.

Natürlich sind unsere technischen Geräte bemüht, diesen Vorgang für uns so selbstverständlich wie möglich zu gestalten. Wir sehen es nicht, aber sie rechnen die ganze Zeit. Stellen Sie sich vor, ein Musiker möchte die verschiedenen Instrumente eines Stücks einzeln aufnehmen und dann auf eine Tonspur bringen. Auf seinem Mischpult hat er den Eindruck, die Klänge von Schlagzeug, Bass und Gitarre übereinanderzulegen, für den im Innern arbeitenden Computer aber sind diese Klänge Zahlen, und ihre Zusammenlegung ist eine Rechenoperation. Das Ergebnis dieser Rechnung ist ein Mittelwert aus den Zahlen von Schlagzeug, Bass und Gitarre.

Dasselbe gilt, wenn wir ein Bild bearbeiten, ein Video schneiden, einen Text schreiben oder irgendetwas anderes an unserem Computer machen. Wir erschaffen etwas, der Computer rechnet. Und die Zahlen, die er dazu verwendet, zählen nichts, denn es sind keine Mengen, sondern Nummern, die je nach Kontext als Text, Fotografie oder Musik interpretiert werden können.

Die große Stärke der Mathematik liegt nämlich darin, dass sie von ideellen Dingen sprechen kann, ohne diese in die konkrete Situation einbinden zu müssen, aus der sie stammen. Lassen wir nun die

---

* Diese Zahl kann ich hier unmöglich ausschreiben, denn sie ist so lang wie der Text dieses Buchs – es hätte damit doppelt so viele Seiten.

mögliche Interpretationen von Zahlen hinter uns und konzentrieren wir uns auf ihre grundlegenden Eigenschaften. Es ist nicht so wichtig, was Zahlen bedeuten oder ob sie überhaupt etwas bedeuten. Wir können jedenfalls mit ihnen arbeiten.

Vom Nutzen eines Regenschirms

Ich erinnere mich an eine Bemerkung einer befreundeten Mathematikerin, mit der ich vor einigen Jahren regelmäßig zusammenarbeitete. Als wir uns nach dem ersten Treffen trennten, beschlossen wir, gleich einen Termin in zwei Wochen abzumachen. Sie nahm ihren Kalender hervor und murmelte dabei mehr für sich als an mich gerichtet: «Heute ist der 20. April, in zwei Wochen ist der 34., macht 34–30. Am 4. Mai dann.»

Ihre Herleitung amüsierte mich und ich musste auf dem Rückweg in der Metro noch länger darüber nachdenken. Sie hatte einfach einen 34. April erfunden! Ihre Denkweise erschien mir ebenso natürlich wie passend für eine mathematikaffine Person. Am selben Abend testete ich dieselbe Terminabsprache bei mathematikfernen Freunden. «Welchen Tag haben wir in zwei Wochen?», fragte ich, und alle überlegten anders. «In zehn Tagen», sagten sie, «haben wir den 30. April, dann ist in elf Tagen der 1. Mai und in vierzehn Tagen der 4.» Der Übergang von April zu Mai bricht die Rechenregeln, indem er die 1 zum Nachfolger der 30 macht. Daher wichen die meisten Befragten in die reale Welt aus und wechselten im Geiste das Kalenderblatt. Die natürliche Folge der Zahlen wird durch den Monatswechsel unterbrochen, also verändert man auch die Denkweise. Ich gebe zu, dass auch ich so auf das Datum gekommen wäre.

Meine Freundin aber hat sich an diesen Grenzen nicht gestoßen. Das Aprilende hat ihre Addition kaltgelassen: 20 + 14 sind 34, also würde das Treffen am 34. April stattfinden. Und der 34. April entspricht eben dem 4. Mai, ganz einfach. Sie erfand also einen Tag, den es nicht gibt, damit sie ihre Rechnung nicht unterbrechen musste. Und erhielt auch noch ein korrektes Ergebnis!

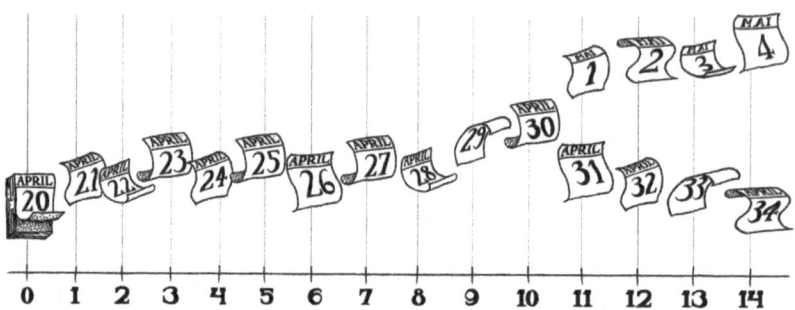

Eben das ist so verblüffend und aufregend an der Mathematik: Man kann Dinge, die es gar nicht gibt, richtig denken. Genau genommen ist es sogar eine grundlegende Eigenschaft der Mathematik, nicht existierende, also abstrakte Dinge zu behandeln.

Zahlen sind hierfür ein besonders einleuchtendes Beispiel: Wenn man sie von den Realitäten ablöst, die sie abbilden, werden sie zu rein abstrakten Konzepten. Sie sind Ideen, imaginäre Objekte, die zur Vermittlung des Gedankens dienen. Genauso, wie es praktisch sein kann, einen 34. April zu erfinden, kann es ungemein nützlich sein, neue Zahlen zu erfinden, um neue Fragen zu reflektieren.

Damit sind zum Beispiel die negativen Zahlen gemeint. Es gibt keine Distanz, die −11 km beträgt. Eine Entfernung kann logischerweise nur durch eine positive Zahl angegeben werden. Doch die Erhebungen der Erdoberfläche werden in Bezug auf den Meeresspiegel gemessen, und so ist es passend und praktisch, wenn Meerestiefen, die unter diesem Nullniveau liegen, eine negative Höhe zugeschrieben bekommen. Der Marianengraben, der tiefste Einschnitt der Erdkruste, misst also −11 km.* Negative Höhen sind gleichsam der 34. April der Geografen.

---

* Ich will ja nicht nerven, aber ist Ihnen aufgefallen, dass −11 mit der Ziffer 1 beginnt?

Mathematik bedeutet also, imaginäre Welten zu erfinden, in denen sich unser Geist frei bewegen kann, ohne sich an den Hindernissen der realen Welt zu stoßen. Die Vorgehensweise erinnert an Napier, der in die Welt der Addition wechselte, um Multiplikationen zu vereinfachen. Wenn man vor einem wissenschaftlichen Problem steht, bietet sich oft folgender sehr effektiver Lösungsweg an:

1. Erfinden Sie eine mathematische Welt, in der Sie Ihre Frage darstellen können.
2. Lösen Sie das Problem in dieser Welt.
3. Übertragen Sie das Ergebnis in die reale Welt.

Anhand dieser allgemein anwendbaren Methode können etwa Astronomen den Lauf der Planeten nachvollziehen und eine Sonnen- oder Mondfinsternis voraussagen.

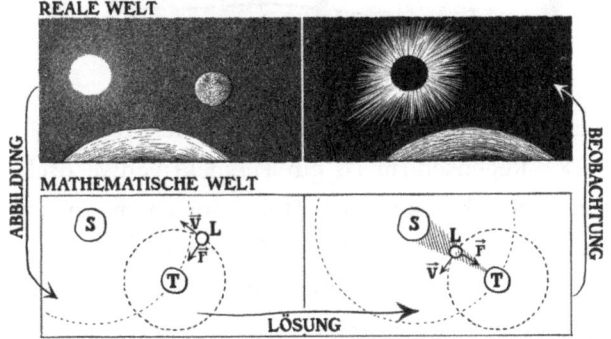

Der Lösungsansatz heißt auch Regenschirm-Formel. Wenn Sie sich durch den Regen von einem Ort zu einem anderen bewegen möchten, ohne nass zu werden, gehen Sie so vor:

1. Öffnen Sie Ihren Regenschirm.
2. Legen Sie die gewünschte Strecke zurück.
3. Schließen Sie Ihren Regenschirm.

Schritt 1 und 3 stehen spiegelbildlich zueinander, da wir uns am Ende des Vorgangs in demselben Zustand befinden wie zu Beginn – abgesehen davon, dass wir in der Welt, die uns der Regenschirm eröffnet hat, unser gewünschtes Ziel erreichen konnten. Der Schirm der negativen Zahlen erlaubt Geografen eine unkomplizierte Höhenmessung, der Schirm der Logarithmen ermöglicht den von Multiplikationen überfluteten Astronomen, in die Welt der Addition zu wechseln.

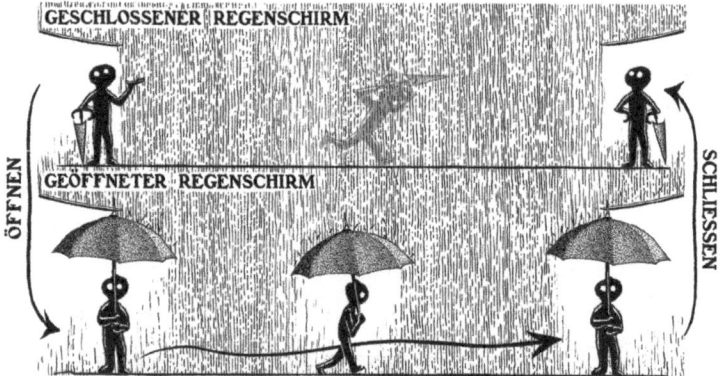

Wir werden im Laufe unserer Reise noch viele Regenschirme aufspannen. Der Regenschirm ist ein Perspektivenwechsel, ein Abstandnehmen, durch das wir die Dinge aus einem anderen, einem angepassten und effektiveren Blickwinkel betrachten.

Um voranzukommen, geht es nicht immer darum, langwierige und mühselige Aufgaben zu bewältigen, sondern vor allem auch darum, die sich stellenden Probleme geschickt anzugehen. Verzwickte Situationen können sich als Kinderspiel erweisen, wenn man sie nur aus der passenden Richtung betrachtet. So drückt sich das Genie bedeutender Wissenschaftler vor allem auch darin aus, ob sie in der Lage waren, im richtigen Moment den richtigen Regenschirm hervorzuzaubern.

Im 18. Jahrhundert war es der exzentrische Schriftsteller und Reisende Jonas Hanway, der als erster Londoner einen Regenschirm benutzte. Einen echten. Um nicht nass zu werden. Das brachte ihm viel Spott und den Zorn der Kutscher ein, deren Fahrzeuge bei schlechtem Wetter das zwingende Fortbewegungsmittel waren. Doch Hanway ließ sich nicht einschüchtern und benutzte sein Accessoire munter weiter. Über dreißig Jahre lang spazierte er damit durch die Straßen und konnte seine Zeitgenossen irgendwann vom Nutzen eines Schirms überzeugen. Einige Monate nach Hanways Tod kamen die ersten industriell gefertigten Regenschirme auf den Markt. Ihre Erfolgsgeschichte kennen wir.

Wer wagt, gewinnt – so lautet also die Devise des Schirms. Machen wir uns frei von Befürchtungen, Scham und Vorurteilen. Sobald wir uns trauen, den Regenschirm der Abstraktion über unsere Köpfe zu halten und so in die mathematische Welt einzutauchen, sind wir der realen Welt nicht mehr verpflichtet. Wir brauchen uns um überflüssige und lästige Denkmuster nicht zu kümmern. Sie wollen einen 34. April? Hier ist er! Sie wollen negative Zahlen? Bitte sehr! Sie wollen das Unendliche?* Kommt sofort! Warum sollten wir auf diese Ideen verzichten, wo sie doch unsere Gedankenwelt nicht beinträchtigen, sondern bereichern? Wir sind frei!

So frei, dass einem leicht schwindlig werden kann. Insofern haben Mathematik und Konditoreien eine Gemeinsamkeit: Es fällt schwer, eine Entscheidung zu treffen, da die Auswahl so riesig ist. Man braucht Übung und Intuition, um sich in der mathematischen Welt zurechtzufinden.

---

* Ins Unendliche tauchen wir demnächst gemeinsam ab.

Mathematiker haben daher verschiedene Orientierungshilfen ersonnen, darunter zwei Kompasse, die sich Nützlichkeit und Eleganz nennen. Die Nützlichkeit leitet uns bei der Erschaffung abstrakter Welten, die sich so gut wie möglich an die Realität halten, damit die dort gewonnenen Kenntnisse zu Einsichten über unser Universum führen. Die Eleganz aber lässt uns die Realität komplett vergessen, auf dass wir uns ganz den Wundern der abstrakten Welten widmen. Man entdeckt dort Dinge von großer Schönheit – einer Schönheit, die umso faszinierender ist, da sie keinen Nutzen hat.

Es ist uns selbst überlassen, wie wir die beiden Kompasse verwenden möchten. Manche arbeiten lieber mit einem Kompass, manche gebrauchen beide gleichzeitig und suchen dabei ständig nach dem perfekten Ausgleich zwischen den beiden Richtungen, die ihnen die Kompasse vorgeben. Doch ein Rätsel der Welt besteht darin, dass die Erforscher des Nützlichen und des Eleganten sich oft am selben Ort wiedertreffen, nachdem sie verschiedene Wege gegangen sind. Es ist beeindruckend und verwirrend zugleich, wie gern sich die Natur nach der Eleganz der Mathematik richtet.

Alles fällt immer aufeinander zu

Wenn man sich dem Örtchen Woolsthorpe nähert, das in der Grafschaft Lincolnshire mitten in den englischen Pampa liegt, schwankt die morgendliche Stimmung im kaum merklichen Nebel zwischen trüb und hellwach. Die paar Dutzend mittelgroßen Häuser mit ihren pragmatischen Gärten liegen verstreut nebeneinander, ringsum zerteilen endlose Felder das Land in rechteckige Stücke, mittendurch zieht sich die A1 von London nach Edinburgh. Das ferne Rauschen des Verkehrs vermischt sich mit dem Gesang der Vögel. In Woolsthorpe fahren nur wenige Autos – höchstens jene der Dorfbewohner, die sich zur Arbeit aufmachen und auf der Straße nach Colsterworth den Wagen der Leute begegnen, die zu einem ganz bestimmten Landhaus unterwegs sind.

Südöstlich der Ansiedlung steht das älteste, im 17. Jahrhundert erbaute Anwesen Woolsthorpes, das jedes Jahr mehrere Tausend Neugierige anzieht, die sich auf eine merkwürdige Pilgerfahrt begeben. Das Landhaus ist nicht besonders groß. Das zweistöckige Gebäude mit Schuppen hat die Form eines umgekehrten Fs und ist aus grauen bis ockerfarbenen Kalksteinen gemauert. Die Fassade ist von vielleicht zwanzig kleinen Fenstern durchbrochen. Von der Water Lane kommend, erreicht man es über einen kurzen Lehmpfad durch eine schief gemähte Rasenfläche, auf der ein paar Bäume und Sträucher stehen.

Das Landhaus ist inzwischen ein Museum, doch seine Hauptattraktion befindet sich nicht innerhalb seiner Mauern. In der westlichen Ecke des Gartens zieht ein alter, verwachsener Apfelbaum mit gräulicher Rinde das besondere Interesse der Besucher auf sich. Seinetwegen ist man hier. Vor ihm stehend, schießt man das Lächelfoto, das noch am Abend an Freunde verschickt wird: «Schaut mal, wo ich heute war!» Dieser Baum ist für Woolsthorpe, was die Mona Lisa für den Louvre ist. Man betrachtet ihn staunend und beinahe überrascht, dass es ihn wirklich gibt, unwillentlich erfasst von einer seltsamen Bewunderung für diesen Greis von Baum. Und voll schelmischer Freude erzählt man sich die Legende von dem Apfel, der vor über dreihundert Jahren eine der fabelhaftesten Ideen der Wissenschaftsgeschichte befruchtete.

In einer Winternacht im Jahr 1642 wurde Issac Newton auf dem Landgut von Woolsthorpe geboren. Und ebendort saß er eines Tages teetrinkend im Garten und sann über dies und das nach – als ein Apfel zu Boden fiel.

Warum fallen Dinge zu Boden? Eine simple und doch absolut haarsträubende Frage. Kein anderes Phänomen auf der Welt ist so komplex wie die Schwerkraft. Und diese Komplexität ist umso verstörender, da sie eine so gewöhnliche und alltägliche Sache betrifft. Schwer zu glauben, was daran komplex sein soll.

Schon in den ersten Lebensjahren haben wir gelernt, mit der

Schwerkraft zu spielen und ihre Auswirkungen zu testen. Kleinkinder sammeln vielfältige Erfahrungen dieser Art und erlangen sehr früh die Erkenntnis, dass alles fällt. Wenn man einem Baby von wenigen Monaten Gegenstände zeigt, die schweben oder nach oben steigen, also etwa einen Heliumballon, reißt es staunend die Augen auf, denn es merkt, dass da etwas Ungewöhnliches geschieht.

Die erste große Überraschung erlebt das Kind an dem Tag, an dem es erfährt, dass die Erde rund ist. Diese Entdeckung macht schwindlig, denn sie verwirrt unsere Vorstellung von oben und unten. Wenn die Erde rund ist, warum fallen dann die Menschen auf der unteren Halbkugel nicht ins Leere? Um diesen Widerspruch aufzulösen, zwingt uns die Schwerkraft erstmals, den Blickwinkel zu ändern. «Unten» ist im Universum keine feste Richtung, sondern bezieht sich auf den Mittelpunkt unseres Planeten. Die Bewohner der gegenüberliegenden Erdhälfte haben wie wir den Kopf oben und die Füße unten!

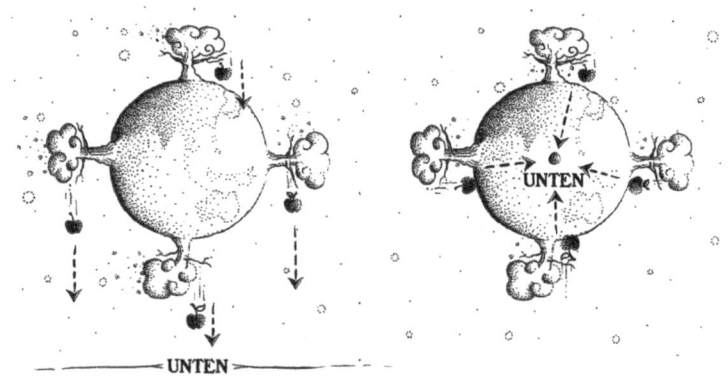

Man könnte nun geneigt sein, es bei dieser zufriedenstellenden Erklärung zu belassen. Aber wie immer in den Wissenschaften ruft eine Antwort zehn neue Fragen hervor und wir sind nie wirklich raus aus dem Spiel. Also gut, das Unten ist also der Mittelpunkt der Erde, aber wie ist es dorthin gekommen?

Man kann sich durchaus fragen, ob das Unten die Erde definiert oder die Erde das Unten. Hat sich die Erde gebildet, weil es das Unten vor ihr gab? Oder hat die Existenz der Erde dafür gesorgt, dass das Unten in ihre Mitte kam? Machen wir ein Gedankenexperiment: Wenn es möglich wäre, die Erde im Weltraum zu verschieben, würde das Unten dann stehen bleiben und im Nichts hängen, oder würde es der Erde folgen? Würden die Menschen auf der Erdoberfläche in die interstellare Leere fallen oder würden sie weiter am Erdboden festgehalten?

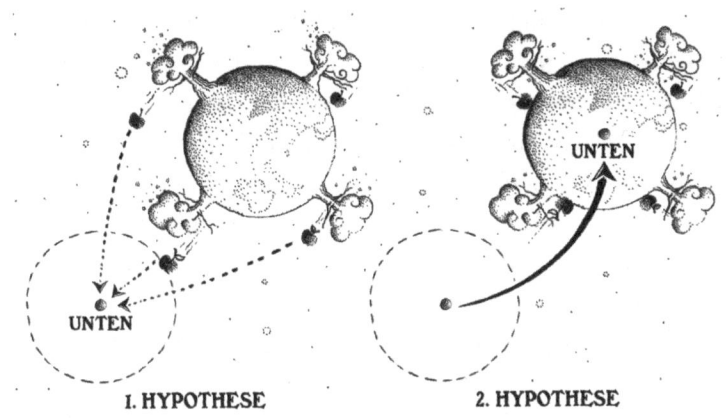

Bis ins 17. Jahrhundert sorgte diese Frage in wissenschaftlichen Kreisen für vielfältige Diskussionen. Im Jahr 1609 dann veröffentlichte der Astronom Johannes Kepler ein revolutionäres Werk mit dem Titel *Astronomia Nova (Neue Astronomie)*, in der er klar für die zweite Hypothese eintritt. Für ihn ist es die Erde, welche die Schwerkraft bewirkt. Durch die Materie, aus der sie besteht, zieht sie uns zu ihrem Mittelpunkt.

Kepler geht sogar noch weiter, indem er behauptet, dass die Fähigkeit, Dinge anzuziehen, nicht nur der Erde zu eigen ist. Für ihn ist Anziehungskraft eine Eigenschaft der Materie. Wenn es möglich wäre, die Schwerkraft der Erde abzustellen, schreibt er, würden Meere und Ozeane dem Mond entgegenfließen. Und nicht nur die Erde und andere Himmelskörper besitzen diese Anziehungskraft, meint Kepler. Schickte man zwei Gegenstände in die immensen leeren Räume des Universums, fernab der Anziehungswirkung großer Himmelskörper, würden auch diese langsam zueinanderstreben.

Sie, die dieses Buch im 21. Jahrhundert lesen, wissen vielleicht, dass die Geschichte Kepler recht gegeben hat. Denn ja, es ist die Erde, die ihre eigene Anziehungskraft schafft, genau wie jeder andere Körper oder Gegenstand. Wir sollten aber nicht vergessen, dass all dies im 17. Jahrhundert reine Spekulation war. Eine brillante Spekulation, aber immer noch eine Spekulation. Eine wissenschaftliche Behauptung jedoch muss präzise formuliert, nachprüfbar und im Rahmen des Möglichen mathematisch fundiert sein. Die Schwerkraft der Erde lässt sich unmöglich abstellen, und zu Keplers Zeiten war es genauso undenkbar, zwei Gegenstände in den Weltraum zu schicken. Keplers Ideen zeugen von ungewöhnlicher Hellsicht, bleiben aber unvollständig. Sie fordern eine große, strenge und nachweisbare Theorie, um all dies zu beweisen.

Und dann fiel im Garten von Woolsthorpe ein Apfel zu Boden.

1687 veröffentlichte Isaac Newton seine bedeutenden *Principia mathematica philosophia naturalis (Mathematische Grundlagen der Naturphilosophie)*. Das Buch ist zweifellos eines der wichtigsten Werke der Wissenschaftsgeschichte, es markiert einen Wendepunkt im Verständnis der Schwerkraft und damit des Universums. Die darin präsentierte Theorie der Gravitation beeindruckt durch ihre erstaunliche Allgemeingültigkeit und ihre überzeugende mathematische Formulierung.

Man weiß nicht genau, was an der Geschichte mit dem Apfel Wahrheit und was Legende ist – jedenfalls soll die fallende Frucht Newton auf den Hauptgedanken seiner *Principia* gebracht haben.

Dieser Gedanke nimmt die Überlegungen Keplers auf und führt sie ans Ziel, um daraus ein absolut universelles Prinzip zu machen, das sich auf die einfache Feststellung bringen lässt: Alles fällt immer aufeinander zu. Zwei beliebige Gegenstände – ganz gleich,

Alles fällt immer aufeinander zu

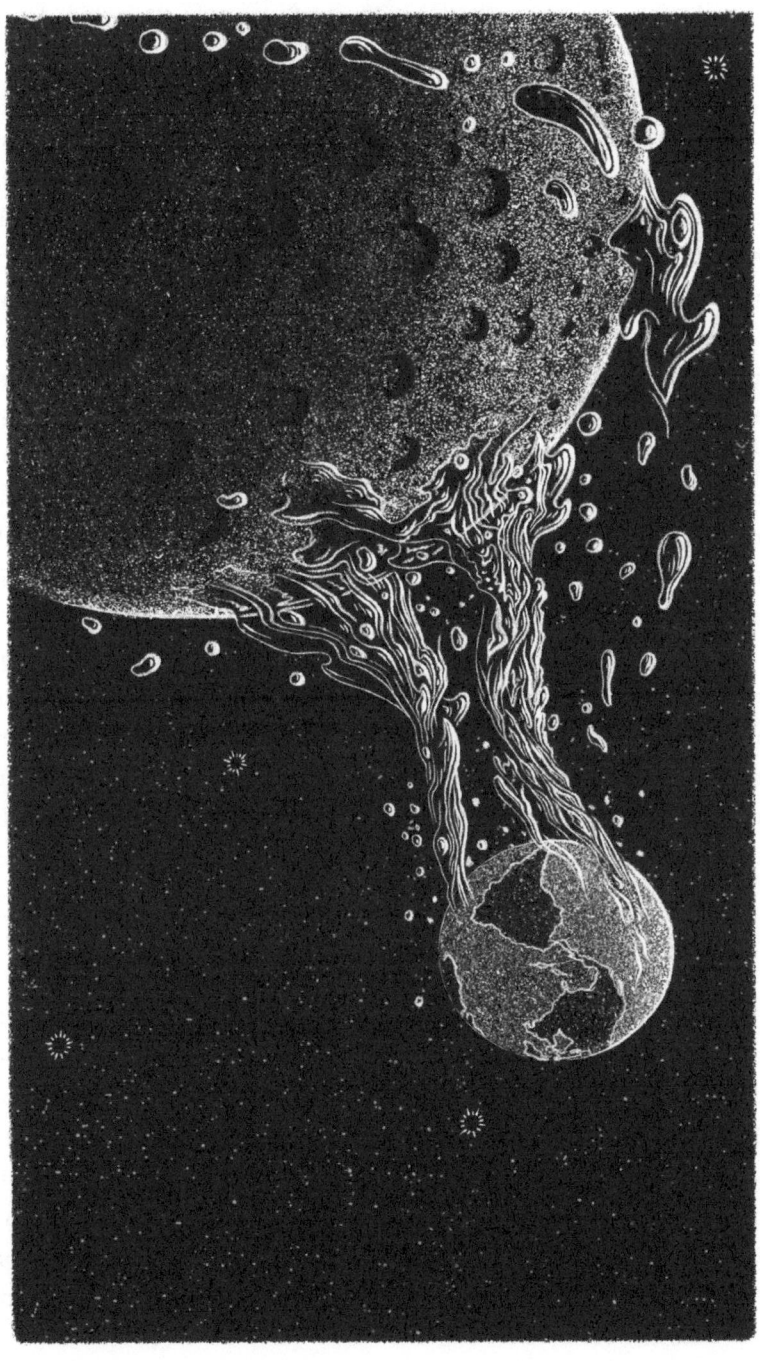

was oder wo sie sind – ziehen sich ständig gegenseitig an und neigen dazu, aufeinanderzufallen, wenn sie nichts zurückhält.

Mit dieser einfachen Regel ist Newton in der Lage, ganz verschiedene Phänomene zu erklären – Zusammenhänge, von denen man niemals gedacht hätte, dass sie so einfach zu begreifen sind. Natürlich erklärt die allgemeine Gravitation, warum Äpfel zu Boden fallen: Sie werden von der Erde angezogen. Sie erklärt aber auch das Phänomen der Gezeiten, wie es schon Kepler angedacht hatte. Die Meere steigen und fallen, weil sie vom Mond angezogen werden. Die Gravitation unseres Trabanten ist zwar nicht stark genug, um alle Wassermengen an sich zu ziehen, sie reicht aber aus, um den Meeresspiegel um einige Meter zu heben. Newton schreibt der Gravitation auch zu, dass die Planeten kompakt bleiben. Wenn die Materie, aus der die Erde besteht, sich nicht im Weltraum verteilt wie eine Handvoll Sand, die in den Wind geworfen wird, liegt das daran, dass die Gravitationskraft sie zusammenballt.

In den Jahrhunderten vor Newton unterschied man Phänomene der Erde von Phänomenen des Alls. Man nahm an, die beiden Sphären würden nicht denselben physikalischen Gesetzen folgen. Für den fallenden Apfel und die kreisenden Planeten, so dachte man, würden verschiedene Regeln der Bewegung gelten. Schließlich kreise der Apfel nicht, und die Planten fielen nicht vom Himmel! Newton aber rief mit seinen *Principia* eine wahrhafte Revolution hervor, indem er genau das behauptete. Die kreisenden Planeten befanden sich seiner Ansicht nach nämlich im ständigen Fall.

Nehmen wir etwa den Mond. Newton kommt zu der Einsicht, dass dieser von der Erde angezogen wird und ihr entgegenfällt. Aber jetzt kommt der Clou: Da die Erde einen Durchmesser von nur 13 000 km hat und der Mond sehr schnell unterwegs ist, fällt er ständig daneben! Er befindet sich im steten Fall, ohne sich zu verlangsamen, und wiederholt nur immer wieder dieselbe Bewegung hin zu einen Grund, der sich ihm ständig entzieht. Für Newton ist das, was wir eine Umlaufbahn nennen, nichts anderes als ein endloser Fall, der stets danebengeht.

Dieser immerwährende Fall wird dadurch ermöglicht, dass sich das Unten im Mittelpunkt der Erde befindet. Stellen Sie sich vor, Sie hätten übermenschliche Kräfte und könnten einen Apfel bis hinter den Horizont werfen. Wenn nun das Unten eine konstante Ebene wäre und seine Ausrichtung nicht veränderte, würde der Apfel hinter der Erde in die unendliche interstellare Leere fallen. Nun liegt das Unten aber im Zentrum unseres Planeten und das Unten, auf den der Apfel fallen will, bewegt sich mit ihm. Der Apfel setzt seinen Fall also fort – er fällt auf einen Grund zu, der sich in einer endlosen Bewegung unter ihm wegbewegt. Sie haben ihn in eine Umlaufbahn gebracht.

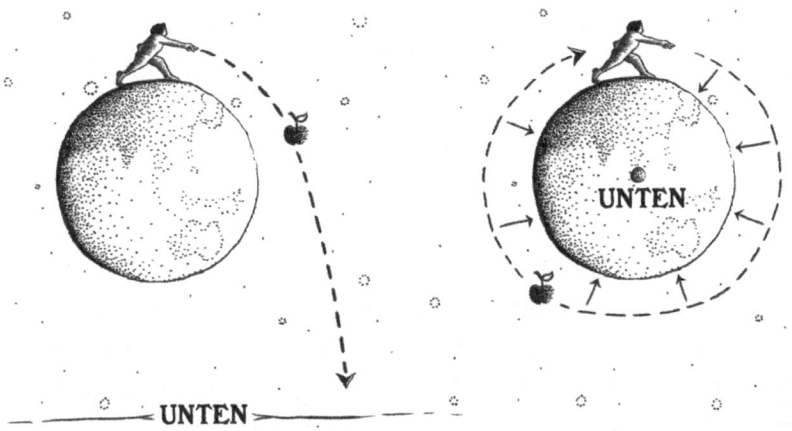

Im Übrigen kreisen auch Äpfel, die nicht mit absurder Geschwindigkeit geworfen werden. Wir können diese Bewegung nur nicht nachverfolgen, weil sie am Boden aufschlagen, bevor sie ihre Umlaufbahn vollenden können. Wäre aber die Erde derart in ihrem Kern komprimiert, dass der Erdboden kein Hindernis mehr darstellen würde, dann würde ein geworfener Apfel genau so einer elliptischen Bahn folgen, wie sie die Kometen im Sonnensystem ziehen.

Ich möchte vorschlagen, dass Sie Ihre Lektüre an dieser Stelle kurz unterbrechen und diesen schwindelerregenden Gedanken in Ruhe zu Ende denken. Der Mond fällt also wie ein Apfel, und der Apfel kreist wie der Mond. Ist das zu fassen? Der Mond fällt wie ein Apfel und der Apfel kreist wie der Mond! Ist das nicht eine absolut triumphale Erkenntnis, bei der einem vor Begeisterung das Schaudern packt?

Es ist ein Wunder, dass die Welt auf diese Weise funktioniert. Genauso wie es ein Wunder ist, dass wir diese Zusammenhänge begreifen. Es gibt vielerorts falschen Stolz, aber ich glaube doch, dass wir zu Recht stolz darauf sein können, zu einer Spezies zu gehören, die so tiefe Einsichten über die Welt erlangt hat! Homo sapiens, erhebe dein Haupt, wir haben die Gravitation durchschaut!

Natürlich ist das Gravitationsgesetz auf alle Himmelsgestirne anwendbar. Alle kreisenden Objekte befinden sich im Fall. Die Satelliten fallen auf die Planeten, die Planeten fallen auf die Sonne. Lange Zeit nach Newton sollten Astronomen entdecken, dass die Sterne am Himmel in einer spiralförmigen Bewegung aufeinanderfallen und so eine Galaxie – die Milchstraße – bilden.

Welche Eleganz und welche Kraft doch in diesem so einfachen wie tiefreichenden Prinzip steckt: Alles fällt immer aufeinander zu. Alles erklärt sich.

Der Erfolg der Gravitation

Betrübt begeben wir uns nach dieser schwindelerregenden Begeisterung zurück auf die Erde. Vielleicht haben wir uns zu sehr mitreißen lassen?

Die Überlegungen über fallende Monde und kreisende Äpfel sind eine solche Freude für den Geist, dass wir uns davor hüten müssen, ihnen voreilig unvernünftigen Glauben zu schenken. Damit eine wissenschaftliche Theorie für gültig erklärt werden kann, muss sie präzise und nachprüfbar sein. «Alles, was kreist, fällt» ist zwar eine schöne Erkenntnis, aber sie bleibt ungenau. Natürlich war sich Newton dessen bewusst und er hat sich nicht damit begnügt, all diese Dinge leichthin zu behaupten. Als ernstzunehmender Wissenschaftler hat er die Schwerkraft mathematisch analysiert, um die von ihm beschriebenen Phänomene zu quantifizieren und an der Realität zu messen.

In den *Principia* schreibt der englische Universalgelehrte, dass die Schwerkraft von zwei Dingen abhängt, nämlich von der Masse und der Entfernung der betreffenden Objekte. Wenn man diese Informationen hat, kann man die Kraft mithilfe einer mathematischen Formel* berechnen. Je größer die Masse der Körper und je kleiner ihre Entfernung, desto größer ist ihre Anziehungskraft. Je leichter und weiter voneinander entfernt die Körper, desto schwächer die Anziehungskraft. Einige Jahrhundert später ehrte die Wissenschaftsgemeinde das Woolsthorper Genie und gab der Maßeinheit für die physikalische Größe der Kraft seinen Namen. Auf der Erdoberfläche werden Objekte mit einer Kraft von etwa 10 Newton pro Kilogramm angezogen. Wenn Sie 60 kg wiegen, zieht Sie unser Planet mit einer

---

* Die Gleichung gehört zu den berühmtesten Formeln der Wissenschaftsgeschichte und lautet: $F = G \times m_1 \times m_2 / d^2$. Anders gesagt: Die Kraft F wird berechnet, indem man die Gravitationskonstante G (sie entspricht etwa 0,00000000007) mit den Massen (in kg) der beiden sich anziehenden Körper multipliziert und durch das Quadrat ihrer Entfernung (in m) teilt.

Stärke von 600 Newton an. Auf dem Mond ist diese Wirkung sechsmal schwächer. Falls Sie also irgendwann auf unserem Trabanten spazieren gehen, werden Sie dort von rund 100 Newton zurückgehalten.

Kennt man einmal die Kräfte, die auf einen Körper wirken, bleibt noch zu klären, welchen Einfluss diese Kräfte auf seine Geschwindigkeit und Position haben. Wie lässt sich eine Umlaufbahn konkret berechnen? Um diese Frage zu beantworten, zeigt Newton nochmals seinen ganzen Einfallsreichtum und seine Fähigkeit zum Perspektivenwechsel, zum Bruch mit gewohnten Denkmustern.

Es würde zu lange dauern, hier alle genialen Ideen aufzulisten, die in den *Principia* ausgeführt werden. Newton erfindet jedenfalls eine neue, elegante Mathematik, gegen die der 34. April und negative Zahlen nur Aufwärmübungen sind. Ein bemerkenswerter Erfolg ist etwa seine Ausformung des Konzepts der Geschwindigkeit. Schauen wir uns das einmal genauer an.

Nehmen wir ein Auto. Falls Sie eines besitzen, wissen Sie, dass sich am Armaturenbrett ein Geschwindigkeitsmesser oder Tachometer befindet. Steht der Wagen, zeigt der Tacho 0 km/h an – je schneller Sie fahren, desto höher steigt die Zahl. Was aber passiert, wenn man im Rückwärtsgang fährt? Leider nichts wesentlich anderes. Das Tacho macht keinen Unterschied zwischen Vorwärts- und Rückwärtsfahrt. Aber fänden Sie es nicht auch passender, wenn der Tacho beim Fahren im Rückwärtsgang eine negative Zahl anzeigen würde? Etwa -10 km/h?

Es mag einem seltsam vorkommen, aber im Grunde ähnelt das Prinzip dem Messen von Höhen unterhalb der Meeresoberfläche. Nach all den Überlegungen, die wir bis hierher miteinander angestellt haben, dürfte Sie diese Idee nicht schockieren. Wenn Sie eine Stunde mit 30 km/h vorwärts fahren und eine weitere Stunde mit -10 km/h rückwärts, haben Sie 20 Kilometer in Vorwärtsrichtung zurückgelegt. Die Summe aus 30 und -10 ergibt 20, passt also! Diese Sicht der Dinge ist zum Autofahren natürlich völlig ungeeignet, mathematisch betrachtet ist sie aber äußerst interessant.

Die Vorstellung, dass zurückgelegte Geschwindigkeiten in entgegengesetzte Richtungen in positiven und negativen Zahlen ausgedrückt werden können, ist für Newton ein erster Denkanstoß, sie reicht jedoch nicht weit genug. Im Gegensatz zu Höhen oder Tiefen, die Entfernungen zu einer Nullebene angeben, können Geschwindigkeiten in alle Richtungen gehen. Es genügt also nicht, negative Zahlen zu verwenden, man braucht einen ganzen Zahlenbereich. Eine nach Süden erfolgende Geschwindigkeit muss der negative Wert der Geschwindigkeit gen Norden sein, und genauso muss die negative Geschwindigkeit nach Westen der Geschwindigkeit gen Osten entsprechen und so fort.

Das englische Universalgenie stellt diese Zusammenhänge mit einem mathematischen Konzept dar, das für die Astronomie eine absolute Neuheit war und heute als Vektorrechnung bekannt ist. Ein Vektor ist im Grunde eine mit einem Kompass versehene Zahl. Addiert man eine Zahl, die gen Westen geht, mit einer Zahl, die gen Süden geht, erhält man eine Zahl, die gen Südwesten geht. Ein ziemlich abstraktes Konzept, aber es funktioniert! Dank dieser mit einigen Ergänzungen versehenen Darstellung ergibt sich ein tadelloser Lösungsansatz. Newton gelingt es, die Mathematik der Schwerkraft elegant und prägnant zu beschreiben. Nun kann er die Bahnen von Äpfeln, Mond, Planeten und allen der Schwerkraft unterworfenen Dingen problemlos berechnen.

So charmant ein Spaziergang im Regen auch sein mag – irgendwann kommt der Punkt, an dem man den Regenschirm wieder einklappen muss. Newtons Theorie ist so beeindruckend schön, dass man sie nur ungern verlässt.

Sie wurde zwar geschaffen, um dem von uns beobachteten Universum zu gleichen, doch ist das Gedankenkonstrukt von Newtons *Principia* eine rein imaginäre Welt. In dieser mathematischen Welt fallen Äpfel, kreisen Planeten und fluten die Meere. Diese Übereinstimmungen verankern unser Modell und machen es glaubwürdig. Um die Theorie wirklich abzusichern, muss sie nun aber auf den

Prüfstand. Wir stehen also vor der dritten und zweifellos heikelsten Phase: der Rückkehr in die Realität.

In der Vergangenheit haben viele große Denker sehr elegante Theorien aufgestellt, die sich als unrichtig erwiesen haben. Johannes Kepler etwa, der brillante Eingebungen hatte, konnte einige seiner Ideen nicht in korrekte Mathematik überführen. In seinem 1596 erschienenen *Mysterium Cosmographicum (Das Weltgeheimnis)* stellt er die Entfernungen der Planeten zur Sonne als eine Abfolge der fünf platonischen Körper* dar. Eine schöne, aber leider falsche Idee. Trotz aller Bemühungen gelang es Kepler nie, sein Modell mit astronomischen Messungen in Übereinstimmung zu bringen.

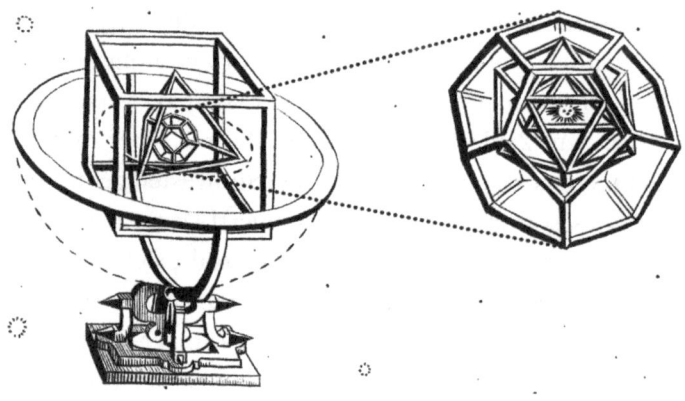

Die Antwort der Realität kann brutal sein, darauf muss man sich einstellen. Es kann immer sein, dass die Welt uns widerspricht. Es genügt nicht, dass eine Theorie unsere Welt ungefähr beschreibt, sie muss ihr so genau wie möglich entsprechen. Der Mond kreist in siebenundzwanzig Tagen einmal um die Erde. Wenn unsere Theorie nun besagen würde, der Mond brauche dreiunddreißig Tage, um unseren Planeten zu umwandern, dann ist sie eben falsch. Wir müs-

---

* Diese fünf Körper sind der Tetraeder, der Würfel oder Hexaeder, der Oktaeder, der Dodekaeder und der Ikosaeder. Es sind die einzigen absolut regelmäßigen Polyeder. Schon Platon beschrieb damit die Form des Universums und der vier Elemente (Wasser, Luft, Feuer und Erde).

sen sie überarbeiten oder, falls das nicht möglich ist, verwerfen. Wenn die Theorie der Wirklichkeit nicht standhält, hilft kein Verhandeln. Wir können noch so überzeugende Argumente vorbringen, die wir in großartige Mathematik kleiden – wenn die Realität uns widerspricht, bricht unser Konstrukt zusammen.

Zu Beginn des 17. Jahrhunderts führte Galileo Galilei in Pisa eine Versuchsreihe zum freien Fall von Körpern durch. 1604 konnte er auf diese Weise das Gesetz der gleichmäßigen Beschleunigung entdecken. Ein losgelassener Körper fällt immer schneller: Nach einer Sekunde bewegt er sich mit einer Geschwindigkeit von 10 Metern pro Sekunde; nach zwei Sekunden mit 20 Metern pro Sekunde; nach drei Sekunden mit 30 Metern pro Sekunde – und so weiter, bis er am Boden auftrifft. Diese im Sekundentakt erfolgende Geschwindigkeitszunahme von 10 Metern pro Sekunde* wird mit g angegeben und ist als Einheit der Beschleunigung gebräuchlich. Ein Rennauto, das innerhalb einer Sekunde eine Geschwindigkeit von 40 Metern pro Sekunde (144 km/h) erreichen kann, erfährt eine Beschleunigung von $4g$.

Mit Newtons Theorie sind wir nun in der Lage, die Pisa-Experimente zu wiederholen – dieses Mal aber in der mathematischen Welt! Und, oh Wunder: Es klappt! Die Berechnungen der *Principia* kommen zum selben Ergebnis. Die Geschwindigkeit steigt jede Sekunde um 10 Meter pro Sekunde. Der freie Fall à la Newton entspricht haargenau dem realen freien Fall, wie ihn Galileo beobachtet hat. Damit ist der erste Gültigkeitsbeweis erbracht.

Nun, da die Theorie auf der Erde bestätigt wurde, geht es zurück in den Himmel.

In seiner *Astronomia Nova* widmet sich Kepler außerdem den Planetenbahnen und entdeckt dabei Erstaunliches: Ihre Umlaufbahnen sind ellipsen- und nicht kreisförmig, wie man damals an-

---

* Genauer gesagt 9,807 m/s, obgleich sich diese Zahl je nach Standort auf der Erde leicht verändert.

nahm. Ihre Bewegung beschreibt also einen mehr oder weniger gestauchten Kreis. Bei Planeten fällt diese Stauchung sehr gering aus. Das erklärt auch, warum man ihre Bahnen mit Kreisen verglich, solange es keine präzisen Messungen gab. Bei Kometenbahnen aber haben wir es mit deutlich abgeflachten Ellipsen zu tun.

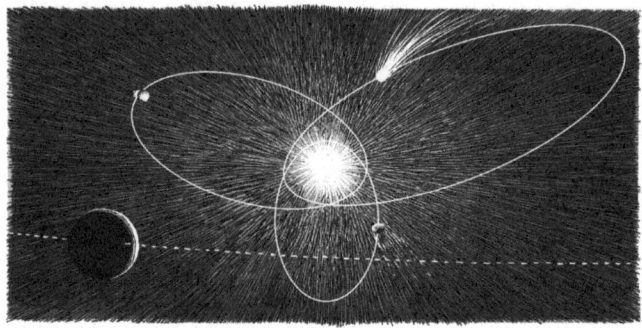

Newtons Theorie erlaubt nun, die Umlaufbahnen von Planeten genau zu berechnen. Raten Sie mal, was sich dabei herausgestellt hat: sie sind ellipsenförmig! Und es kommt noch besser. Die Ellipsen fügen sich perfekt in die Beobachtungen, und das sowohl in Bezug auf ihre Form als auch die Geschwindigkeit, in der sie durchlaufen werden. Kometen etwa bewegen sich nahe der Sonne schneller als fern von ihr. Dies hatten Astronomen bereits am Himmel beobachtet. Mit seinen Berechnungen kann Newton dies auf dem Papier belegen.

Sehen Sie mir nach, wenn ich dies noch einmal ausdrücklich betone, aber die ganze Größe von Newtons Theorie erfasst man nur, wenn man die unglaubliche Präzision seiner Vorhersagen erkennt. Mit technisch aufwendigeren Messinstrumenten und den eben von Napier entdeckten Logarithmen können die Astronomen des 17. Jahrhunderts bestimmte Himmelskörper auf eine Winkelsekunde genau orten. Das heißt, ihre Position wird mit einer Fehlermarge angegeben, die kleiner ist als ein Haar, das man aus 15 Meter Entfernung betrachtet! Und ebendiese Genauigkeit erreichen auch die

Berechnungen in den *Principia*. Wenn laut Newton der Mars an dem und dem Datum um diese oder jene Uhrzeit an diesem einen Punkt am Himmel zu sehen ist, dann richten die Astronomen an ebenjenem Datum um ebenjene Uhrzeit ihre Instrumente auf die angegebene Stelle und erblicken den Roten Planeten – ohne nachweisbaren Abstand zwischen seiner realen und der vorhergesagten Position!

Das alles steckt in Newtons Gravitationslehre.

Im Jahr 1781 entdeckte der Astronom Wilhelm Herschel einen unbekannten Himmelskörper. Tatsächlich war das Objekt so weit entfernt und so unscharf, dass der Wissenschaftler nicht erkennen konnte, ob es sich um einen Nebel oder einen Kometen handelte. Er teilte seine Entdeckung daher verschiedenen astronomischen Gesellschaften mit, die sich nun ebenfalls daranmachten, das neue Gestirn samt Umlaufbahn zu untersuchen. Aber ihre Berechnungen lieferten einfach kein stimmiges Ergebnis. Laut Newtons Theorie konnte es sich weder um einen Kometen noch um einen Nebel handeln, und mit einem Stern hatte man es auch nicht zu tun.

Irgendwann verfolgten die Astronomen daher eine andere Theorie: Und wenn das Objekt ein Planet war? Mit dieser Annahme gingen die Berechnungen auf. Der Himmelskörper folgte einer elliptischen, annähernd kreisförmigen Bahn um die Sonne. Die Welt der Astronomie war in hellem Aufruhr. Bis dahin war man mit sechs Planeten vertraut gewesen, die man mit bloßem Auge erkennen konnte. Zum ersten Mal entdeckte die Wissenschaft nun einen neuen Planeten! Die Nummer sieben bekam schließlich den Namen Uranus.

Doch die Geschichte ist hier noch nicht zu Ende. Überall auf der Welt richteten sich die Teleskope auf den neuen Himmelskörper, man führte genauere Messungen durch. Entgegen der früheren Ankündigung entsprach die Umlaufbahn nicht ganz den mathematischen Vorhersagen. Die reale Umlaufbahn wich geringfügig von der theoretischen Umlaufbahn ab. Die Differenz war nicht so bedeutend, als dass man Uranus den Planetenstatus absprechen musste, trotzdem empfand man sie als beunruhigend. Und wenn Newtons Theorie nun an ihre Grenzen stieß? War sie etwa genauso relativ wie ihre Vorgänger und war es nun an der Zeit, sie infrage zu stellen?

Die Abweichung des Uranus sorgte für wissenschaftliche Auseinandersetzungen, doch konnten sich viele Astronomen nicht vorstellen, Newtons Theorie einfach so fallen zu lassen. Stattdessen tauchte eine neue Hypothese auf: Womöglich wurden die Abweichungen von einem achten, bisher unbekannten Planeten hervorgerufen, dessen Anziehungskraft die Umlaufbahn des Uranus beeinflusste? Urbain Le Verrier vom Pariser Observatorium glaubt felsenfest daran und stürzt sich in Berechnungen, um diesen möglichen Planeten zu bestimmen. Das Ergebnis seiner Arbeiten präsentiert er im August 1846 vor der Akademie der Wissenschaften, doch die Wissenschaftler zeigen kaum Interesse für seine Entdeckung. Le Verrier beschließt daraufhin, seine Berechnungen an einen deutschen Bekannten, den Astronomen Johann Gottfried Galle von der Berliner Sternwarte, zu schicken. Galle erhält den Brief am 23. September 1846. Noch am selben Abend richtet er sein Teleskop in die von Le Verrier angegebene Richtung. Einige Minuten nach Mitternacht entdeckt er den Planeten Neptun.

Das alles steckt in Newtons Gravitationslehre.

Die Gestalt der Erde

Die Schwerkraft hat aber auch eine Auswirkung, die für unsere Betrachtung der Höhenmessung von Interesse ist. Durch sie entdeckt Newton nämlich, dass die Erde nicht rund ist.

Unser Planet dreht sich innerhalb von vierundzwanzig Stunden einmal um sich selbst, da aber die Punkte des Äquators weiter von der Erdachse entfernt sind als die Pole, drehen sie sich schneller und werden gewissermaßen nach außen gedrückt. Ein bisschen so wie bei einer schnellen Kurve im Auto, wenn man in die entgegengesetzte Richtung geschoben wird. Dieses Phänomen kann mithilfe der Gleichungen aus den *Principia* hervorragend erklärt und berechnet werden und führt zu einer sonderbaren Konsequenz: Die Erde muss am Äquator ausgebeult, an den Polen aber eingedellt sein.

Es handelt sich um eine minimale Verformung, und zu Newtons Zeiten gab es keine einzige geografische Karte, die genau genug gewesen wäre, um dieses Phänomen aufzuzeigen. Die theoretische Abweichung zwischen dem Polarbereich und dem Äquatorbereich beträgt nämlich kaum 0,4 %! Das bedeutet, der Äquator ist gut zwanzig Kilometer weiter vom Erdkern entfernt als die Pole.

Der reale Beweis für die Erddeformation blieb aus, und so hieß es: auf zur Vermessung der Erde!

Die Herausforderung war umso größer, weil Newtons Ideen – so genial sie auch waren – sich nicht widerstandslos verbreiteten. Nicht alle Wissenschaftler schenkten ihnen auf Anhieb Glauben, und noch knapp ein Jahrhundert nach der Veröffentlichung der *Principia* wurden konkurrierende Theorien verteidigt. Wir sollten nachsichtig sein gegenüber den Wissenschaftlern, die sich der Gravitationslehre widersetzten. Mit dem Abstand der Zeit ist es einfach, die Verlierer abzukanzeln, dabei ist doch Widerstreit eine grundlegende Voraussetzung für das Fortschreiten unseres Wissens. So wurden über Jahrhunderte die irrigen Annahmen eines Aristoteles weitergegeben und gelehrt, ohne dass irgendjemand sie infrage stellte – ein beträchtlicher Zeitverlust. Es gibt keine Wissenschaft ohne Spielverderber. Jene, die eine Theorie eifrig anfechten, sind auch jene, die am meisten zu ihrem Triumph beitragen, wenn die Theorie ihren Einwänden letztendlich standhalten kann.

In Frankreich hatte ja Descartes vor Newton eine Theorie entwickelt, nach der das Sonnensystem ein gigantischer Ätherwirbel sei, in dem die Planeten mitgerissen würden. Die Anhänger dieser Idee glaubten ebenfalls, die Erde sei nicht ganz rund, jedoch in einem anderen Sinn. Ihrer Ansicht nach war unser Planet an den Polen spitz und um den Äquator eingedrückt: wie eine Kugel Teig, die man zwischen den Händen rollt. Um den Streit zu beenden, gab es nur eine Lösung: Man musste ausziehen und nachmessen. In den 1730er Jahren organisierte die Académie des Sciences zwei kartografische Expeditionen.

Die erste Erkundungsreise führt zum Äquator. Sie startet im Mai 1735 von La Rochelle Richtung Peru. An Bord sind die drei Wissenschaftler Pierre Bouguer, Charles de La Condamine und Louis Godin. Zum Zeitpunkt ihrer Abreise ist keine weitere Expedition geplant, doch angesichts der Länge des Unternehmens und der Ungeduld der Forscher beschließt die Akademie, im folgenden Jahr ein weiteres Schiff nach Lappland zu schicken. Diesmal mit dabei: Pierre-Louis de Maupertius – ein überzeugter Newtonianer, dem daran gelegen ist, die Zweifel über die Erdgestalt so schnell wie möglich zu bereinigen – plus seine Begleiter Alexis Clairaut, Charles Camus und Pierre Le Monnier.

Anders Celsius – der sein Thermometer zu diesem Zeitpunkt noch nicht erfunden hat – stößt vor Ort zu der Expedition und assistiert. Er begeistert sich für die Arbeit des französischen Forscherteams und bringt den Auftrag voran. Die Lappland-Mission verläuft ohne Zwischenfälle; ihre Teilnehmer kehren Anfang des kommenden Jahres nach Frankreich zurück. Die mitgebrachten Ergebnisse sind unumstößlich: Es stimmt, die Erde ist an den Polen abgeplattet. Die Peru-Expedition hat ihre Erkenntnisse noch nicht überbracht, doch die Messungen lassen bereits keinen Zweifel. Descartes' Wirbel sind nicht haltbar, es gilt das Gravitationsgesetz.

Was die Expedition nach Peru angeht, so wäre es purer Euphemismus zu behaupten, dass hier nicht alles nach Plan lief. Die Anden sind nicht gerade ein geeignetes Terrain für geografische Vermessungen. Die Forscher müssen Gipfel erklimmen, Stürme und Erdbeben überstehen, ihre Instrumente vor Ort neu fertigen lassen und dieselben Messungen viele Male wiederholen. Zudem sind sie den Feindseligkeiten bestimmter Bevölkerungsteile und dem Druck der Behörden ausgesetzt, darüber hinaus quält sie chronischer Geldmangel, der La Condamine schließlich dazu bringt, neben seiner

Die Gestalt der Erde 99

Forschertätigkeit einen Goldhandel aufzubauen. Zur Krönung erreicht die Wissenschaftler, kaum dass sie ihre Untersuchungen begonnen haben, eine Nachricht aus Paris, die ihnen den Erfolg der Lappland-Expedition mitteilt. Damit sind ihre Hoffnungen zerstört, Entdecker der wahren Erdgestalt zu werden. Ihnen bleibt nur, die bereits gelieferten Daten zu bestätigen.

Mehrere Teilnehmer der Expedition kehren niemals zurück, sie fallen Krankheiten oder Unfällen zum Opfer oder werden gar getötet. Die drei Wissenschaftler erreichen Frankreich verbittert und verstört. Bouguer und La Condamine kommen 1744 – neun Jahre nach ihrer Abreise! – als Erste zurück. Joseph de Jussieu, der begleitende Botaniker, trifft erst 1771 in Frankreich ein, doch ist er halb um den Verstand gebracht und hat sämtliche Forschungsergebnisse verloren.

Trotz der Enttäuschungen und der Jahre des Umherirrens hat die Wissenschaft den Äquator in den Griff bekommen. Die Forscher arbeiteten verbissen weiter und konnten ihre Mission zu Ende führen. Als einer der ersten Rückkehrer präsentiert Bouguer die Ergebnisse der Pariser Akademie, damit ist die Bestätigung erbracht. In Peru musste man für einen Meridianbogen 110 598 Meter zurücklegen, in Lappland waren es laut Maupertuis 111 947 Meter. Anders gesagt: Da man in Lappland für einen Meridianbogen eine längere Strecke zurücklegen muss, muss sich die Erdoberfläche dort langsamer drehen als in Peru. Das bedeutet, dass die Erde an den Polen etwas flacher und am Äquator etwas breiter ist.

Dank unserer modernen Technologie wissen wir, dass die von der Peru-Expedition vermessene Bogenlänge genau 110 574 Meter beträgt. Bouguer hat sich auf einer Distanz von über 110 Kilometern um nur 24 Meter vertan, und das mitten in den Anden. Der Messfehler beträgt gerade einmal 0,02 %.

Die Gravitationslehre war damit weitgehend bestätigt, doch eine letzte Überprüfung stand noch aus. Alles fällt immer aufeinander zu, hatte Newton behauptet. Das Prinzip fand sich durch die Anziehung der Gestirne millionenfach bewahrheitet, bei kleineren Objekten jedoch war es noch nie gemessen worden. Da die Anziehungskraft umso geringer ausfällt, je leichter der Körper ist, hatte man die Auswirkungen bisher nicht feststellen können. Wäre es möglich, die Anziehung eines Körpers zu messen, der kein Planet, Satellit oder Stern war?

In Europa hätte man etwa darauf kommen können, die Anziehungskraft von Bergmassiven zu messen. Doch sind selbst die riesigen Alpen zu klein, um es mit der Schwerkraft der Erde aufzunehmen. Die Anden sind da von gewaltigerer Größenordnung.

Als Pierre Bouguer 1738 Peru erforscht, verfasst er einen kurzen Text über eine mögliche Anziehungskraft großer Gebirge *(Memoire sur les attractions et sur la manière d'observer si les montagnes en sont capables)*. Mitten in den Anden packt den Gelehrten nämlich die Bewunderung für einen gigantischen Berg und er kann seiner Wissbegierde nicht widerstehen, dessen Schwerkraft auf der Stelle nachzuweisen. Ein schwieriges Experiment. Bouguer schätzt, dass der Berg etwas sieben Millionen Mal leichter ist als die Erde. Wenn er nun ein Pendel an einem Faden herablässt, müsste dieses um einen kaum merklichen, aber dennoch messbaren Winkel von der Vertikalen abweichen.

Bouguer zeichnet sein Experiment ausführlich auf. Das Pendel wird herabgelassen, der Winkel gemessen – und tatsächlich: Das Pendel neigt zum Berg, als würde es von ihm angezogen. Die Abweichung ist minimal, sie beträgt kaum ein dreihundertstel Grad. Mit bloßem Auge niemals erkennbar, doch der Wissenschaftler kann sie mit seinen Instrumenten nachweisen. Wieder einmal bekommt Newton recht. Bouguer wird eine neue Erkenntnis nach Paris überbringen – eine Erkenntnis, die ihm die Lappland-Expedition nicht vorwegnehmen konnte. Von nun an sind sämtliche Zweifel an der Gravitation ausgeräumt.

Menschengemachte Grenzen sind variabler als Naturgesetze, daher liegt der kolossale Berg, der Pierre Bouguer den Beweis ermöglichte, heute nicht mehr in Peru, sondern in Ecuador. Sein massiger, eingedellter Gipfel erhebt sich immer noch über das Hochplateau der Anden und überragt das Land mit 6263 Metern Höhe. Bergsteiger aus aller Welt haben sich an ihm bewiesen, Vikunjas grasen seelenruhig an seinen Hängen und manchmal kommen Astronomen und betrachten ihn nachdenklich.

Die Schwerkraft verformt die Erde und krönt den Chimborasso zum König der Gipfel. Der massige Riese revanchiert sich, indem er den Triumph der Gravitation verkündet. So höflich können eine Theorie und ein Berg zueinander sein.

Es gibt zuweilen Fragen, die im Orbit um ihre Antwort kreisen wie der Mond um die Erde und anscheinend niemals zu ihr finden. Die Entdeckung der Erdgestalt wirft plötzlich nochmals die Frage auf, wo sich denn nun das Unten befindet. Wenn die Erde rund wäre, läge das Unten im Zentrum, da sie aber keine perfekte Kugel ist, müssen wir unser Modell überdenken.

Genauso wie Bouguers Pendel vom Chimborasso abgelenkt wurde, stört auch die Verdickung des Äquators die Vertikale. Wenn man an irgendeinem Ort des Planeten ein Pendel aufhängt, wird dieses nicht zum Erdzentrum zeigen, sondern sich leicht zum Äquator neigen. Je nachdem, an welchem Ort man sich befindet, richtet sich das Unten also nicht immer auf denselben Punkt.

Wenn wir die Abplattung der Erde übertreiben, ähnelt die Situation folgender Illustration:

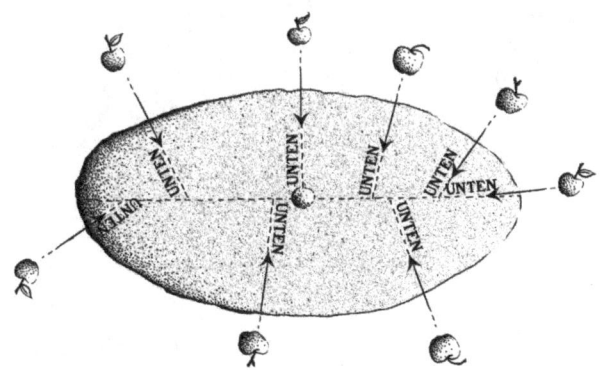

Die leichte Abweichung erscheint unbedeutend und folgenlos, denn die Erde ist ja tatsächlich annähernd rund und die Vertikale verschiebt sich sehr geringfügig. Und doch hat das Phänomen unerwartete, verblüffende Auswirkungen. Da das Unten keine feste Größe ist, kann man sich in bestimmten Situationen nach unten bewegen und gleichzeitig vom Erdmittelpunkt entfernen.

Der die Vereinigten Staaten durchquerende Mississippi etwa besitzt diese seltsame Eigenschaft. Seine Quelle im Itasca State Park im Bundesstaat Minnesota liegt fünf Kilometer näher am Erdmittelpunkt als seine Mündung in den Golf von Mexiko. Der Strom fließt scheinbar nach oben! Das Ganze erweist sich als Illusion, wenn man sich auf den Meeresspiegel bezieht: Der Mississippi entspringt auf 450 Metern über null, um bei null ins Meer zu fließen. Das Wasser bewegt sich nach unten, doch auf dem Weg nach Süden nähert sich der Fluss dem ausgedehnten Äquator und entfernt sich also vom Erdzentrum.

Dasselbe Paradox taucht beim Everest und Chimborasso auf. Letzterer ist weiter vom Mittelpunkt der Erde entfernt, doch wenn man ein riesiges Aquädukt zwischen den beiden Gipfeln errichten würde, flösse das Wasser von Nepal nach Ecuador. Wenn das Unten mit dem Erdmittelpunkt identisch wäre, gäbe es dieses Phänomen nicht.

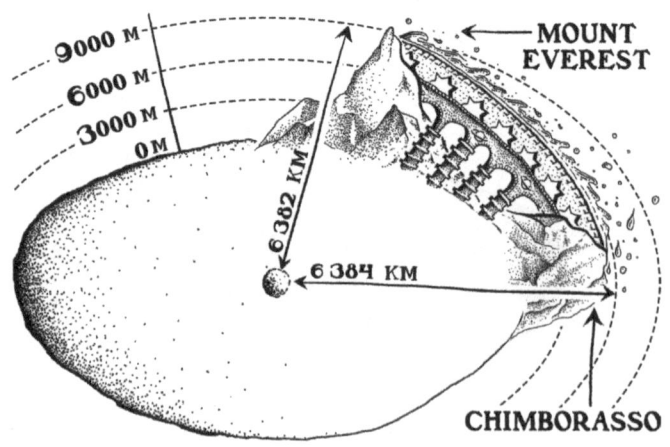

Die Gestalt der Erde 103

Die Richtung «unten» ist also jeweils ein Kompromiss aus sämtlichen Anziehungskräften, die an einem bestimmten Ort aus verschiedenen Richtungen wirken. Die Anziehungskräfte der Erde, der Berge und in geringerem Ausmaß aller umgebenden Objekte tragen zur Ausrichtung des Unten bei. Selbst der Mond hat daran Anteil. So gering die Auswirkung auch sein mag: Ein Pendel auf der Erde zeigt nicht genau dieselbe Richtung an, wenn der Mond im Osten oder im Westen steht. Das Unten ist nicht feststehend und der um die Erde kreisende Mond lässt seine Position kaum wahrnehmbar fluktuieren. Ebendiese Fluktuation sorgt für die Gezeiten unserer Meere.

Wenn man die Anziehungskraft des Mondes für einige Tage abschalten könnte, würden sich die Ozeane der Welt angleichen und es gäbe bald keine Gezeiten mehr. Der Meeresspiegel würde nicht mehr steigen oder fallen, sondern sich auf ein stabiles Niveau einpendeln. Was würde aber passieren, wenn die Gravitation des Mondes auf einmal wieder in Kraft träte? Die Ausrichtung des Unten wäre leicht verändert und das im Gleichgewicht befindliche Wasser stünde plötzlich in der Schräge. Also würde es fließen – nach unten, so wie das Wasser der Flüsse.

Die Gezeiten sind nichts anderes als fließendes Wasser. Wir haben uns angewöhnt zu sagen, dass sie von der Anziehung des Mondes hervorgerufen werden, was ja auch stimmt. Genauer betrachtet ist es aber so, dass der Mond ständig die Ausrichtung des Unten ändert und die Meere so ununterbrochen fließen lässt – wie bei diesen optischen Täuschungen, auf denen Stufen anscheinend ewig hinabführen, um dann am Ausgangspunkt zu enden. Die Aussage, die Gezeiten würden zweimal am Tag wechseln, ist nicht richtig. Das Meer fällt auf ein Unten zu, das sich ihm entzieht, es folgt dem Mond in seinem ewigen Fall.

3.

Die verschlungenen Pfade des Unendlichen

Über die Länge von Grenzen

La Raya, die Grenzregion zwischen Spanien und Portugal, ist eine der ältesten Grenzen der Welt. Trotz jahrhunderterlanger Auseinandersetzungen und gegenseitiger Gebietsforderungen ist ihr aktueller Verlauf so gut wie identisch mit jenem, den die Könige von Portugal und Kastilien im Vertrag von Alcañices am 12. September 1297 festlegten.

Ab der Ostküste der Halbinsel folgt die inneriberische Grenze etwa siebzig Kilometer dem Rio Miño und wendet sich dann nach rechts zum Rio Troncoso. Entlang von Flüssen und antiken Straßen mäandert die Grenze durch die Landschaft, ab und an passiert sie dabei alte, von Flechten bewachsene Markierungssteine. Schnell verläuft sie dann Richtung Süden und rahmt mit einem zerknautschten Rechteck den portugiesischen Abschnitt ein. Über mehrere Hundert Kilometer knickt und windet sie sich, bis sie das Bett des Rio Guadiana erreicht, den sie bis zum Golf von Cádiz begleitet. Der Grenzverlauf wurde beim Wiener Kongress 1815 bestätigt und seitdem weder von der einen noch von der anderen Seite angefochten.

Und doch birgt die inneriberische Grenze ein erstaunliches Problem. Sie besteht zwar seit Urzeiten, und die offiziellen Vereinbarungen zu ihrem Verlauf sind genauestens formuliert, doch können sich Geografen immer noch nicht über ihre exakte Länge einigen. Wie lang ist denn nun La Raya? In Lexika und entsprechenden Nachschlagewerken liest man ganz unterschiedliche Zahlen, die von 915 bis 1291 Kilometer reichen – immerhin eine Abweichung von 30 %!

Eine solche Abweichung ist eigentlich nicht hinnehmbar. Jahrhunderte zuvor konnten Bouguer und La Condamine in Peru eine Meridianvermessung mit einer Genauigkeit von 0,02 % durchführen! Wie kann es sein, dass man im Europa des 21. Jahrhunderts auf einem viel leichter zu vermessenden Gebiet als den Anden mit viel moderneren und genaueren Instrumenten auf ein 1500 Mal ungenaueres Ergebnis kommt als die beiden Franzosen?

Noch dazu handelt es sich um kein vereinzeltes Problem. Unbegreiflicherweise werden anscheinend die meisten Grenzen und Küstenverläufe der Welt vermessungstechnisch vernachlässigt. Die Küstenlängen unseres Planeten werden hauptsächlich von zwei Quellen angegeben: Zum einen findet man sie in dem vom amerikanischen Geheimdienst CIA herausgegebenen *World Factbook*, zum anderen in einer Veröffentlichung des World Ressources Institute (WRI), einer amerikanischen Umweltorganisation. Beide Institutionen verfügen über sehr präzise technische Geräte, die Seriosität ihrer Arbeit ist unbestreitbar. Und doch sind sie scheinbar unfähig, bei ihren Messdaten zu knapp zweihundert aufgezeichneten Ländern auf das gleiche Ergebnis zu kommen.

So gibt das *World Factbook* an, die kanadische Küste habe eine Länge von 202 080 km, während das WRI sie auf 265 523 km schätzt. Das sind mehr als 60 000 km Differenz und erneut eine Abweichung von 30 %! Das Gleiche gilt für beinahe alle Küstenstrecken der Erde.

	WORLD FACTBOOK	WORLD RESOURCES INSTITUTE
KANADA	202 080 KM	265 523 KM
JAPAN	29 751 KM	29 020 KM
GRIECHENLAND	13 676 KM	15 147 KM
MADAGASKAR	4 828 KM	9 935 KM
NEUSEELAND	15 134 KM	17 209 KM

Es bleibt unverständlich, wie man auf derart unterschiedliche Ergebnisse kommen kann. Welches uralte Wissen hat die Menschheit verloren, um auf einmal so miserable geografische Messungen abzuliefern? Die Geister von Bouguer und La Condamine scheinen uns leise zu verspotten.

Um den modernen Topografen nicht weiter Unrecht zu tun und den Grund für diese Abweichungen zu verstehen, musste ein einfallsreicher Erklärer des Unerklärlichen auf den Plan treten. In Newcastle, im Norden Englands, kam 1881 ein friedliebender und vielseitiger Geist auf die Welt: Lewis Fry Richardson sollte sich im Laufe seines Lebens für Physik, Mathematik und Psychologie interessieren. Er war ein Wegbereiter der Sonartechnik und ein Pionier der Wettervorhersage. Zudem war Richardson überzeugter Pazifist. Seine politische Haltung hatte großen Einfluss auf seinen Werdegang und seine Forschungen.

Im Ersten Weltkrieg kann er den Militärdienst aus Gewissensgründen verweigern. Das hindert ihn jedoch nicht daran, sich einer freiwilligen Sanitätseinheit anzuschließen, mit der er drei Jahre in Frankreich unterwegs ist. Nach seiner Rückkehr nach England arbeitet er erneut beim britischen Wetterdienst, doch 1920 kündigt er seine Stelle, da das Observatorium dem Luftfahrtministerium und damit der Royal Air Force untergeordnet wird. Er gibt seine Studien auf und vernichtet bestimmte Ergebnisse, da er fürchtet, dass sie für militärische Zwecke genutzt werden könnten.

In einer merkwürdigen Rekursion beschließt Richardson nun, seine wissenschaftlichen Fähigkeiten zu nutzen, um das zu erforschen, was er bekämpfen will: den Krieg. Ab den 1930er Jahren veröffentlicht er zahlreiche Artikel über die Psychologie in Kriegssituationen, er untersucht den Rüstungswettlauf und mathematische Mechanismen von bewaffneten Konflikten. Während dieser Studien stößt der britische Wissenschaftler auf ein unerwartetes Problem und schlägt damit zufällig eine Bresche für eine der schönsten mathematischen Theorien überhaupt.

Richardson hat bemerkt, dass die Bereitschaft rivalisierender Mächte, einen Krieg zu beginnen, mit der Länge der Grenze zunimmt, die beide Länder teilen. Um diesen statistischen Zusammenhang näher zu untersuchen, sammelt er geografische Daten zur Grenzlänge verschiedener Länder der Welt. Dabei fällt ihm auf, dass die angegebenen Maße seltsam variabel sind. Unter anderem stellt er erstaunt fest, dass Spanien und Portugal sich über die Länge ihrer gemeinsamen Grenze nicht einig sind: Spanien gibt sie mit 987 km an, Portugal spricht von 1214 km.

Neugierig geworden, taucht Richardson tiefer in das Problem ein und erkennt schließlich den Grund für die Unstimmigkeiten. 1951 verfasst er hierzu einen Artikel, der erst zehn Jahre darauf posthum erscheint. Die Schlussfolgerung von Richardsons Analyse ist so aufschlussreich wie wohltuend: Grenzen haben keine Länge. Oder, genauer gesagt: Es gibt keine eindeutige oder objektive Definition der Länge einer Grenze.

Wir sind derartige Situationen inzwischen vielleicht gewohnt, dennoch treffen sie uns unerwartet. Die Sache mit den Additionen und Multiplikationen und auch das Höhenproblem – das ging ja noch alles. Aber wo ist denn nun der Haken an der Grenzvermessung?

1967 nimmt der Mathematiker Benoît Mandelbrot die Ergebnisse Richardsons auf und erweitert und vervollständigt sie in seinem derweil legendär gewordenen Beitrag *How Long Is the Coast of Britain?* Das Problem, so erläutert Mandelbrot, sind die Unregelmäßigkeit von Küstenlinien und Grenzen. Sie krümmen, biegen und winden sich derart, dass man kaum weiß, welche Richtung sie nehmen. Nicht ein Abschnitt scheint einer geraden Linie folgen zu wollen.

Muss man nun jeden kleinen Knick mitzählen, um ein korrektes Ergebnis zu erhalten? Soll man jeder Einbuchtung folgen oder kann man sie durch eine Gerade abschneiden? Und wie verfährt man mit Felsen, die nur wenige Meter hervorragen? Absolut gesehen sollte man natürlich so präzise wie möglich vorgehen, aber irgendwo muss man eben auch einen Schlussstrich ziehen. Man kann ja nicht jedes Sandkorn berücksichtigen! Es hat keinen Sinn, die Länge einer Küste auf den Millimeter genau zu messen. Aber wo soll man aufhören?

Um dem Problem auszuweichen, könnte man immerhin annehmen, diese Details würden das Endergebnis nicht wesentlich beeinflussen. Knicke von weniger als 10 Zentimetern können ja nicht viel ausmachen, wenn es um eine Küste von mehreren Hundert Kilometern Länge geht. Doch man darf ihre Anzahl nicht unterschätzen. Es gibt unendlich viele kleine Knicke! Wenn man bedenkt, dass der Umriss von Großbritannien eine Million kleiner Knicke von zehn Zentimetern aufweist, ergibt das zusammengenommen eine Strecke von 100 Kilometern! Vernachlässigt man sie, riskiert man einen beträchtlichen Messfehler.

Und da liegt der Kern des Problems: Je kleiner die Details, desto zahlreicher sind sie und desto beträchtlicher ist ihre addierte Länge.

Mandelbrots Schlussfolgerung lautet daher unwiderruflich: Je genauer wir die Küste Großbritanniens vermessen, desto größer wird unser Ergebnis. Das Hinzufügen immer kleinerer Details lässt das Messergebnis grenzenlos anwachsen. Wenn wir keine Einschränkung treffen, gibt es nur eine einzige Antwort auf unsere Frage: Die Länge der britischen Küste ist unendlich.

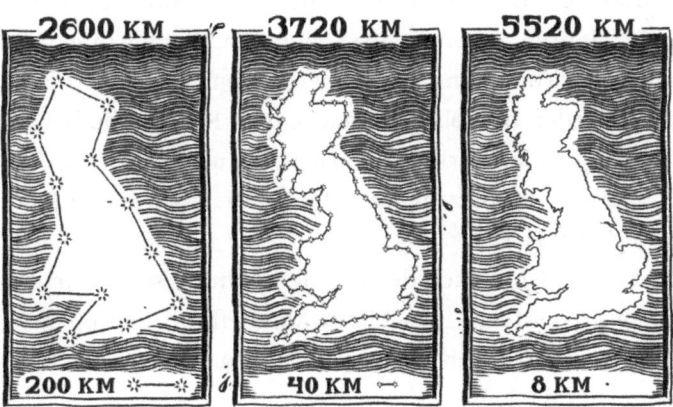

Das Phänomen wird heute als Richardson-Effekt oder allgemein als Küstenlinienparadoxon bezeichnet. Sobald eine naturgegebene Linie im Zickzack verläuft, indem sie etwa einem Fluss, Bergkamm oder Felsenrelief folgt, ist sie diesem Effekt unterworfen. Das gilt für den Umriss Großbritanniens, den Verlauf von La Raya zwischen Spanien und Portugal und die meisten Küsten und Grenzen der Erde. Ihre Länge ist unendlich. Demgegenüber verlaufen die Meridiane des Globus in geraden Linien und ihre Länge lässt sich zweifelsfrei bestimmen. Daher konnten Bouguer und La Condamine – ohne ihre Leistung schmälern zu wollen – in Peru so präzise Messergebnisse erzielen.

Die Erkenntnis, dass Küsten und Grenzen unendlich lang sind, ist nur ein erster Schritt. Wenn wir uns eine Karte anschauen, erscheinen natürlich manche Küsten länger als andere. Es wäre absolut unbefriedigend, einfach alle Längen für unendlich zu erklären. Das Küstenlinienparadoxon stellt vornehmlich klar, dass wir keine gute Rechenmethode gewählt haben. Offenbar ist es nicht angebracht, unregelmäßige Längen wie Küstenlinien auf dieselbe Weise zu messen wie gerade Linien. Wir lassen daher eine ineffiziente Methode fallen, um eine neue zu schaffen, die passender und realistischer ist.

Benoît Mandelbrot widmet sich also der Erforschung von Formen, die dem Küstenlinienparadoxon unterworfen sind. Dies sind geometrische Figuren, deren Umrisse zahlreiche Details in jedem Maßstab umfassen: Man kann so nah heranzoomen, wie man will, ihre Konturen werden niemals glatt erscheinen. Richardson hat auf eine Merkwürdigkeit aufmerksam gemacht, Mandelbrot wird eine neue Theorie aufstellen, die zahllose junge Mathematiker und Mathematikerinnen inspiriert.

1974, sieben Jahre nach der Veröffentlichung seines Artikels zur britischen Küstenlänge, beschließt Mandelbrot, den ebenso schönen wie geheimnisvollen Figuren einen Namen zu geben: Er spricht fortan von «Fraktalen».

Und damit beginnt eine neue Reise. Um das Geheimnis der Fraktale und damit das Rätsel der Küsten zu durchdringen, tauchen wir zum Grund eines ebenso bezaubernden wie verwirrenden Konzepts der Mathematik ab: der Unendlichkeit.

Das Unermessliche und das Unendliche

Am 14. September 2007 erlangte Jeremy Harper, ein einunddreißigjähriger US-Amerikaner, einen Eintrag ins *Guinnessbuch der Rekorde*, indem es ihm gelang, als erster Mensch bis eine Million zu zählen. Sein live im Internet zu sehender Auftritt hatte am 18. Juni begonnen. Neunundachtzig Tage schritt Harper in seinem kleinen Wohnzimmer auf und ab und sagte die lange Litanei der ganzen Zahlen auf.

Es ist wenig wahrscheinlich, dass irgendjemand die Zeit aufbringt, bis 10 Millionen zu zählen. Dazu würde man etwa zehnmal so lange benötigen und also zweieinhalb Jahre damit verbringen, den lieben langen Tag Zahlen aufzusagen. Um bis 100 Millionen zu zählen, bräuchte man fünfundzwanzig Jahre, für die Milliarde zweieinhalb Jahrhunderte. Vorausgesetzt, dass man den gleichen Rhythmus wie Harper beibehalten kann, der pro Tag etwa sechzehn Stunden zählte.

Die runden Zahlen, welche sich mit einer 1 plus einer Horde Nullen schreiben, folgen einer multiplikativen Reihe, sodass jeder Rekord zehnmal so schwer zu brechen ist wie der vorherige. Man nennt sie die Potenzen von 10. Eine Million $-$ 1 000 000 $-$ schreibt man auch 10^6 (zehn hoch sechs), da sie sechs Nullen hat. Eine Milliarde $-$ 1 000 000 000 $-$ hat neun Nullen und schreibt sich daher 10^9 (zehn hoch neun). Nach diesem Prinzip geht es weiter. Die Zahlen, die man durch die Abfolge der Zehnerpotenzen erhält, sind so riesig, dass es dem menschlichen Gehirn rasch unmöglich wird, sich eine korrekte Vorstellung von ihnen zu machen.

Als er den Zählrekord aufstellte, war Jeremy Harper etwa eine Milliarde Sekunden alt, nämlich einunddreißig Jahre. Ein menschlicher

Körper besteht aus ungefähr hundert Billionen, also 10^{14}, Zellen. In den Meeren der Welt sind dreißig Quadrillionen, also 3×10^{25}, Wassertropfen. Die Sonne besteht aus einer Nonilliarde, also 10^{57} Atomen. Und die Anzahl der Elementarteilchen im von der Erde sichtbaren Universum mit allen Sternen und entfernten Galaxien wird auf einhundert Tredezillionen geschätzt, das sind 10^{80}!

Nur 10^{80}? Die Zahl erscheint nicht besonders groß, wenn man im Umgang mit Zehnerpotenzen und exponentiellem Wachstum ungeübt ist. Dieser Eindruck rührt vor allem daher, dass wir eine additive Reihe ganz anders wahrnehmen als eine multiplikative. Trotz der relativ knappen Schreibweise ist die Zahl absolut gigantisch.

Unter den Zivilisationen, die ein höheres mathematisches Verständnis entwickelten, sticht die indische Kultur durch einen besonderen Zugang zu großen Zahlen hervor. Ab dem dritten Jahrhundert unserer Zeit verschrieben sich Generationen von Gelehrten einem tausendjährigen verrückten Gigantismus. Diese Übertreibung war nicht nur wissenschaftlich motiviert, sondern hatte auch poetische und religiöse Beweggründe. So wurden riesenhafte Zahlen aus spielerischer Herausforderung ersonnen oder auch, um sich vom Schwindel ihrer Größe packen zu lassen und sich Dingen zu nähern, die über uns hinausgehen.

Aus dem *Lalitavistara Sutra*, einem Werk aus dem 3. Jahrhundert, das sich mit Buddhas Heldentaten befasst, erfährt man, dass sich mithilfe der *paduma* genannten Zahl 10^{29} die Sandkörner der Berge zählen lassen. Man trifft dort auch auf die Zahl *katha*, mit der die Sterne am Nachthimmel angegeben werden, oder auch auf *asankhya*, die sämtliche Regentropfen umfasst, die in tausend Jahren auf die Gesamtheit der Welten fallen. Als er dem Arithmetiker Arjuna begegnet, legt ihm Buddha eine monumentale multiplikative Abfolge vor. Ausgehend von einem *koti*, der für zehn Millionen steht, entfaltet er eine Zahlengirlande, in der jedes Element hundertmal größer ist als das vorherige: hundert *kotis* sind ein *ayuta*, hundert *ayutas* ein *niyuta*, hundert *niyutas* ein *kankara* und so weiter. Die Litanei geht weiter, bis sie den schwindelerregenden Wert von 10^{421} erreicht, mit dem sich laut Buddha der Staub kleinster Atome, der *paramanus*, zählen lässt.

Es ist absolut erstaunlich, dass sich indische Gelehrte des 3. Jahrhunderts fragten, wie viele Elementarteilchen das Universum enthalte. Noch erstaunlicher ist, dass sie die Anzahl nicht etwa unterschätzt, sondern überschätzt haben. Unsere heutige Annahme von 10^{80} erscheint absolut winzig gegenüber der von Buddha angegebenen *parmanus*-Zahl.

Doch nicht nur in Indien hatte man Freude an großen Zahlen. Zwar trieb man dort das Jonglieren mit riesenhaften Zahlengebilden am weitesten, doch auch in der chinesischen und der griechischen Kultur findet man Höhenflüge mit Zehnerpotenzen. Doch muss man zugeben, dass das Streben nach allerhöchsten Zahlen, wenn es nicht mit einer religiösen oder philosophischen Suche verbunden ist, eher eine marginale Rolle spielt. Man kann sich an ihrer Größe berauschen und vor ihrer Unermesslichkeit ängstigen, aber darüber hinaus haben Riesenzahlen eigentlich keine praktische Bedeutung. Ab der Renaissance widmeten ihnen die europäischen Gelehrten so gut wie keine Aufmerksamkeit. Erst mit dem 20. Jahrhundert wurde die Beschäftigung mit dem Gigantischen ernsthaft wieder aufgenommen.

1940 veröffentlichten die Mathematiker Edward Kasner und James Newman das Buch *Mathematics and the Imagination (Mathematik und Vorstellung)*, in dem sie die monumentale Zahl 10^{100} untersuchen. Eine Eins mit einhundert Nullen also.

10 000 000 000 000 000 000 000 000 000 000 000 000 000 000 000 000 000 000 000 000 000 000 000 000 000 000 000 000 000 000.

Selbst wenn sie kleiner ist als die von Buddha ersonnenen Zahlen, geht diese Nullenkette weit über unsere Vorstellung hinaus. Überlegen Sie einmal, wie viele Wassertropfen in einer Milliarde olympischen Schwimmbecken enthalten sind. Und stellen Sie sich nun vor, jeder dieser Wassertropfen wäre ein ganzes Universum. Die Zahl 10^{100} entspricht der Anzahl der in diesen Universen versammelten Elementarteilchen! Kasner nennt die Zahl *googol* – ein Wort, das er von seinem neunjährigen Neffen übernimmt und 1997 Sergey Brin und Larry Page dazu inspirieren wird, ihre eben erfundene Internet-Suchmaschine *Google* zu taufen.

In ihrem Buch gehen Kasner und Newman noch weiter und ersinnen eine Zahl namens *googolplex*, die 10^{googol} entspricht und mit einer 1 gefolgt von einem Googol Nullen geschrieben wird. Ein Googolplex enthält ausgeschrieben also mehr Nullen, als es Teilchen im Universum gibt. Damit ist Buddha überboten, diese Zahl liegt weit außerhalb jeder Vorstellungskraft. Wenn es ein gigantisches Buch gäbe, dessen Seiten die Größe des sichtbaren Universums* hätten, dessen Buchstaben aber nicht größer wären als die, die Sie gerade lesen, so würde es nicht ausreichen, um ein Googolplex darin vollständig niederzuschreiben. Und dabei geht es wohlgemerkt nicht um den Wert der Zahl, sondern nur darum, wie viel Platz man benötigt, um sie niederzuschreiben. Man braucht zehn Ziffern für eine Milliarde (1 000 000 000), aber mehr als ein Universum an Ziffern, um ein Googolplex zu notieren!

Häufig wird das Unendliche mit dem sehr Großen verwechselt. Hört man in Unterhaltungen das Wort «unendlich», wird es wahrscheinlich übertrieben gebraucht und man könnte es durch ein bescheideneres Adjektiv wie «riesig» oder «enorm» ersetzen. Selbst die indischen Gelehrten waren sich in diesem Punkt nicht ganz einig. Der Begriff *asamkhyeya* bedeutet wörtlich «unermesslich» oder «unendlich», taucht aber in der Reihe der Zehnerpotenzen als 10^{140} auf.

Der Googolplex von Kasner und Newman ist derart groß, dass man versucht ist, ihn «unendlich» zu nennen. Doch wenn wir uns bemühen, etwas zu denken, das unendlich wäre, kann man mit

---

* Also eine Ausdehnung von etwa einer Quadrillion (10^{24}) Kilometer.

Sicherheit davon ausgehen, dass unser Vorstellungsbild dem Googolplex weit unterlegen ist. Unser Gehirn ist für solche Größen nicht ausgelegt, daher müssen wir unserer Intuition in diesem Fall misstrauen und auf die Vernunft und die Mathematik setzen.

Im 3. Jahrhundert v. Chr. gab es in Sizilien bereits einen Mathematiker namens Archimedes, der darauf aufmerksam machte, dass zwischen dem Unendlichen und dem sehr Großen sorgsam zu unterscheiden sei. In seiner Schrift über die «Sandzahl» *(Psammites)* erklärt Archimedes, dass es – entgegen der Annahme vieler seiner Zeitgenossen – keine unendliche Zahl von Sandkörnern auf der Erde gebe. Der griechische Gelehrte stellt eine Reihe von Zehnerpotenzen auf und behauptet, selbst wenn man die Himmelssphäre komplett mit Sand auffüllen würde, enthielte sie nicht mehr als 10^{63} Körner. Natürlich ist Archimedes' Rechnung nicht korrekt, denn die wahre Größe des Universums konnte er nicht ermessen. Aber ganz abgesehen von den konkreten Zahlen bleibt doch seine Schlussfolgerung entscheidend: Die Anzahl der Sandkörner ist sehr groß, aber nicht unendlich!

Noch heute sind wir von vielen Dingen umgeben, von denen wir fälschlicherweise annehmen, sie wären unendlich. Man denke zum Beispiel an die Literatur. Man könnte geneigt sein zu glauben, dass Schriftsteller kraft ihrer Vorstellung ein unendliches Themenfeld zur Verfügung haben. Stellen Sie sich einmal vor, wie viele Geschichten man erzählen könnte, von denen erst ein Bruchteil aufs Papier gefunden hat! Einem Schriftsteller, der vor einem leeren Blatt sitzt, sind keine Grenzen gesetzt, er kann nach Belieben Welten erfinden. Die Geschichten können in der Vergangenheit, Gegenwart oder Zukunft oder auch in einer Zeit außerhalb unserer Realität spielen, sie können in irgendeinem Land, auf irgendeinem Planeten oder an einem gänzlich erfundenen Ort spielen. Es gibt keinerlei Schranken. Die Möglichkeiten scheinen unendlich.

Doch schauen wir uns die Sache einmal genauer an. Jedes Buch besteht aus einer bestimmten Anzahl Zeichen, die aus einem Alphabet mit einer begrenzten Buchstabenzahl stammen. Wenn ein

Schriftsteller ein Buch mit 600 000 Zeichen schreiben möchte, wird jedes dieser Zeichen einer der sechsundzwanzig Buchstaben von A bis Z oder aber ein Satzzeichen sein. Für jedes der 600 000 Zeichen stehen also nur etwa fünfzig Möglichkeiten zur Verfügung. Mit diesen beiden Auskünften können wir nun die Anzahl der möglichen Bücher* berechnen: Es sind $10^{1019382}$. Das sind unfassbar viele Kombinationsmöglichkeiten – aber eben nicht unendlich viele.

Stellen Sie sich vor, es gäbe eine sagenhafte Bibliothek mit allen möglichen Büchern und jedes erdenkliche Werk stünde uns zur Verfügung. Alle Geschichten, die bereits geschrieben wurden. Alle, die noch zu schreiben sind, und alle, die nie geschrieben werden. Dort fände man beispielsweise die Hercule Poirot-Fälle von Agatha Christie, den Artikel von Frank Benford über die anomalen Zahlen, das Buch, dessen Autorin oder Autor in zehn Jahren den Literaturnobelpreis bekommt, und sogar eine Übersetzung der verschollenen Werke des Archimädes. (In den Regalreihen würde man natürlich auch auf eine korrigierte Ausgabe dieses Buches stoßen, in der Archimedes im vorangegangenen Satz richtig geschrieben wäre.)

Selbst die willkürliche Grenze von 600 000 Zeichen ist keine wirkliche Einschränkung. Werke, deren Zeichenzahl darüber hinausgeht, sind einfach in mehrere Bände unterteilt und stehen ebenfalls in den Regalen. Darunter die *Principia* von Newton samt Übersetzungen, die drei *Herr-der-Ringe*-Romane und alle sieben *Harry-Potter*-Bücher, aber rückwärts geschrieben.

Dabei ist zu betonen, dass nicht alle Bücher dieser Bibliothek Sinn ergeben. Denn es ist jede Buchstabenfolge vorhanden, ob sie nun etwas bedeutet oder nicht. So findet man beispielsweise einen Text, der aus 600 000 aufeinanderfolgenden Z besteht: «ZZZ ZZZ ZZZ ZZZ ...», oder andere willkürliche Kompositionen wie «FH WHAWH

---

* Die Anzahl der Texte mit 600 000 Zeichen, die aus 50 möglichen Zeichen ausgewählt werden, berechnet sich mit folgender Potenz: $50^{600000} = 10^{1019382}$, also eine 1 mit 1 019 382 Nullen.

HVW SDUIDLWHPHQW DOHDWRULH ...» Um ehrlich zu sein, gehört die große Mehrheit der $10^{1019382}$ möglichen Bücher dieser Kategorie an. Wenn Sie also ein beliebiges Buch vom Regal nehmen, fällt Ihnen höchstwahrscheinlich eine dieser zusammenhanglosen Buchstabenketten in die Hände. Es gibt auch sinnvolle Texte, aber sie sind selten.

Mathematik ist eine formale und eindeutige Angelegenheit, und doch können wir schwer einsehen, dass eine nicht unendliche Bibliothek alle erdenklichen Bücher enthalten kann. Für diese Schwierigkeit gibt es nur eine Erklärung: Die Zahl $10^{1019382}$ ist immens und wir sind nicht fähig, ihre wahre Größe zu ermessen. Sie ist noch viel größer als alle Zahlen Buddhas. Und viel größer als Kasners Googol und damit die Anzahl der Elementarteilchen in unserem Universum. Dies beweist aber auch, das die imaginäre Bibliothek nicht realisierbar ist: Im gesamten Universum steht nicht genug Materie zu Verfügung, um alle diese Bücher zu fertigen! Dabei bleibt anzumerken, dass $10^{1019382}$ trotz seiner unermesslichen Ausmaße immer noch viel kleiner ist als ein Googolplex! Das, was wir vor einem Augenblick noch für unendlich hielten, ist angesichts des schöpferischen Potenzials der Mathematik doch wieder nur eine Winzigkeit.

Unsere Berechnungen sind umso verstörender, da sie das Wesen des künstlerischen Schaffens beleuchten. Ist das Schreiben eines Buchs nun eine Erfindung oder eine Entdeckung? Kann ein Schriftsteller behaupten, etwas geschaffen zu haben, wenn doch jedes veröffentlichte Werk nur die Materialisierung eines Buchs aus der riesigen abstrakten Bibliothek der mathematischen Möglichkeiten ist?

Die gleiche Argumentation ließe sich auf alle möglichen Bereiche anwenden. Erinnern wir uns, dass die Daten auf unseren Computern aus Zahlen bestehen. Und diese Zahlen sind nicht etwa unendlich, da der Festplattenspeicher auf eine bestimmte Menge von Gigabytes beschränkt ist. Musik, Fotografie und Film sind ebensolche Bereiche, die zwar großartig, aber nicht unendlich sind. Die unermessliche Bibliothek aller Bücher ist nichts anderes als eine

Die verschlungenen Pfade des Unendlichen

gigantische Mediathek, die bereits alles enthält, was wir Menschen jemals ersinnen können.

Nehmen wir Fotografien. Digitalkameras können ebenso wie unsere Augen nicht unendlich viele Farben und Formen erkennen. Erstere sind durch ihre Pixel eingeschränkt, Letztere durch die begrenzte Anzahl von Fotorezeptoren der Netzhaut. Natürlich sieht ein Mensch im Laufe eines normalen Lebens niemals zweimal exakt das Gleiche. Das Bild variiert immer leicht. Wenn wir aber ewig leben würden, ergäbe sich eine ganz andere Situation. Die Menge der potenziellen Bilder, die unsere Augen wahrnehmen können, ist immens, aber begrenzt. Wir wären also ab einem sehr, sehr hohen Alter dazu verdammt, nur noch Dinge zu erblicken, die wir bereits gesehen haben.

Das Gleiche gilt für alle Dinge, die wir hören, schmecken, fühlen und empfinden. Die Neuheit kann nicht unendlich, die Besonderheit kann nicht endlos sein. Aber die Wiederholung trifft natürlich erst nach unfassbar langer Zeit ein. Diese Zeit ist noch viel größer als jede Zeit, zu der unsere Vorstellung fähig ist. Verglichen mit dieser Zeit sind die 13,8 Milliarden Jahre seit dem Urknall nur ein Wimpernschlag. Eine gigantische Zeit also. Aber keine unendliche.

Das Unendliche und die Schokolade

Ein wesentliches Missverständnis liegt darin, dass wir das Unendliche so denken möchten, wie wir auch große Zahlen denken. Doch das Unendliche hat ganz andere Eigenschaften und verlangt, dass wir neue Denkweisen erfinden.

Stellen Sie sich vor, Sie hätten die verrückte Idee, bis unendlich zählen zu wollen. Sie beginnen also mit Ihrer Aufreihung und bekommen auf einer Skala von 0 bis 100 % angezeigt, wie weit Sie fortgeschritten sind. «Unendlich» wird dabei durch das Symbol ∞ dargestellt, das der Mathematiker John Wallis 1655 einführte.

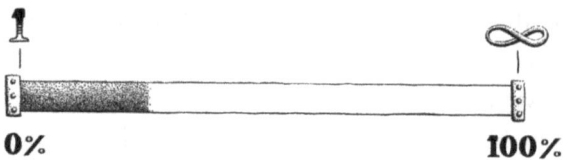

Wie wird sich Ihrer Meinung nach diese Anzeige im Laufe Ihrer Zahlenlitanei verändern? Wo steht sie zum Beispiel nach drei ganzen Monaten, wenn Sie den Rekord von Jeremy Harper schlagen? Eine seltsame Frage mit einer noch seltsameren Antwort. Selbst wenn Sie bereits bis eine Million gezählt haben, wird die Anzeige bei enttäuschenden 0 % stehen. Wie sollte es auch anders sein, da doch die gezählte Million ein Nichts ist, verglichen mit dem Unendlichen, das noch vor Ihnen liegt?

Dieselbe Beobachtung gilt für alle Etappen, die Sie erreichen – so groß diese auch sein mögen. Sie können bis eine Milliarde, bis ein Googol, bis ein Asamkhyeya oder gar bis ein Googolplex zählen, die Anzeige wird sich nicht rühren! Mit dem Unendlichen im Blick ist alles Erreichte verschwindend gering. Jede Zahl ist klein und jede Zahl für sich ist vollkommen unbedeutend angesichts der vielen, vielen Zahlen, die nach ihr kommen.

Tatsächlich ist es also so, dass sämtliche Zahlen keinen Deut über die Null hinausgehen. Zwischen 0 und 100 % befindet sich nichts. Bei 1 % steht keine Zahl, bei 50 % auch nicht, genauso wenig wie bei 95 %. Alles andere wäre unlogisch, denn die Hälfte von unendlich ist ja schon unendlich. Wenn Sie die Hälfte der Anzeige erreichen, sind Sie schon am Ende.

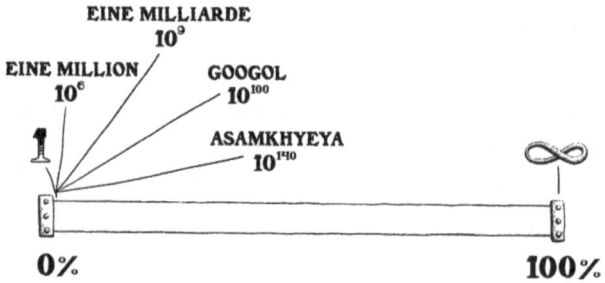

Die einzige vernünftige Schlussfolgerung aus diesen Überlegungen lautet: Eine fortlaufende Skala ist zur Darstellung des Unendlichen vollkommen ungeeignet. Wenn wir vorgehabt hätten, bis zu einer sehr hohen Zahl oder gar bis ein Googolplex zu zählen, wäre die Skala brav von 0 bis 100 % angestiegen und hätte alle dazwischenliegenden Zahlen als Wegetappen angezeigt. Aber mit dem Übergang vom sehr Großen zum Unendlichen entsteht ein brutaler Bruch und alle Denkansätze, die im Endlichen gut funktionieren, verwandeln sich in eine logische Katastrophe. Die Widersprüche häufen sich. Kaum hat man das Unendliche gedacht, tauchen neue Hindernisse auf, die unseren gesunden Menschenverstand und unsere Intuition außer Kraft setzen.

Im Laufe der Geschichte haben viele Gelehrte dem Unendlichen ins Auge gesehen und die Herausforderung letztendlich gescheut. Viele kluge Köpfe haben verkündet, dieses Ungeheuer sei einfach zu absonderlich, es habe weder mit Mathematik noch mit Vernunft zu tun und man solle es lieber in seinen finsteren Tiefen schlummern lassen. Es zeige ein unkontrolliertes und unzulässiges Verhalten und sei offenbar unbezähmbar.

Doch zum Leidwesen all jener, die glaubten, das Unendliche vergessen zu können wie einen schlimmen Traum, ist es gar nicht so leicht, dieses Monster loszuwerden. Man verjagt es aus seiner Zahlentheorie und es taucht in der Geometrie wieder auf. Man wendet sich von der Geometrie ab und schon spukt es durch die Algebra. Die Furcht vor dem Unendlichen ist nachvollziehbar, aber heute können wir uns ein solches Versteckspiel nicht mehr leisten. Wenn wir wirklich vorankommen und die vor uns liegenden Herausforderungen annehmen möchten, wenn wir dem Geheimnis der Grenzverläufe und dem Küstenparadox auf die Spur kommen möchten, wenn wir zu einem tieferen Verständnis der Mechanismen unseres Universums gelangen möchten, dürfen wir keine Angst vor den Widersprüchen haben, die sich uns in den Weg stellen. Unsere Intuition wird einige Stürme bestehen müssen, aber Rückzug ist keine Option.

Wir begeben uns jedoch nicht ganz hilflos ins Abenteuer, denn wir haben zwei wichtige Unterstützer. Zum einen sind dies eine Handvoll Mathematiker, die sich dem Ungeheuer gestellt haben und es teilweise zähmen konnten. Zum anderen aber haben wir Pralinen.

Nehmen wir an, Sie kämen jeden Tag am Schaufenster einer riesigen Confiserie vorbei und könnten dem Wunsch nicht widerstehen, hineinzugehen und etwas zu kaufen. Sie lassen sich also jeden Tag zwei Pralinen geben, die Sie mit nach Hause nehmen. Sie essen dann aber nur eine und bewahren die andere auf.

Nach und nach füllt sich Ihr Schrank mit den nicht gegessenen Süßigkeiten. Genau gesagt wächst Ihr Vorrat mit jedem Tag um eine Einheit. Am ersten Tag, an dem Sie in der Confiserie einkaufen waren, haben Sie eine Praline beiseitegelegt. Am zweiten Tag sind es zwei, am dritten Tag drei und so weiter ... Nach einem Jahr ist Ihr Vorrat auf 365 Einheiten angestiegen. Nach gut sechsundzwanzig Jahren haben Sie nicht weniger als 10 000 Pralinen angesammelt! Stellen wir uns nun folgende Frage: Wenn wir ewig leben und dieses kleine Ritual unendlich fortsetzen würden, wie viele Pralinen hätten wir dann am Ende aller Zeiten?

Nun, die Frage ist nicht besonders geschickt formuliert! Denn das «Ende aller Zeiten» ist ganz und gar unbestimmt. Und doch: Auch wenn es absolut wichtig ist, die Dinge zu präzisieren – was wir gleich tun werden –, bin ich sicher, dass es Ihrer Intuition gelingt, dieser Frage einen ungefähren Sinn zu geben. Da Ihre Vorräte jeden Tag um eine Einheit anwachsen, erscheint es doch logisch, dass Sie nach unendlich vielen Tagen unendlich viele Pralinen angesammelt haben.

Versuchen wir nun, diese Feststellung mithilfe von Mathematik zu untermauern. Dazu nummerieren wir erst einmal die gekauften Pralinen. Nr. 1 und Nr. 2 sind die am ersten Tag erworbenen Pralinen, Nr. 3 und Nr. 4 die vom zweiten Tag und so fort.

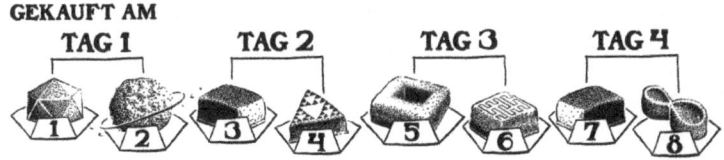

Nun legen wir fest, welche Süßigkeit wann konsumiert wurde. Nehmen wir an, dass Sie jeden Tag die erste der beiden gekauften Schokoladen verspeisen. Am ersten Tag essen Sie also die Nr. 1, am zweiten Tag die Nr. 3 und am dritten Tag die Nr. 5 und so fort.

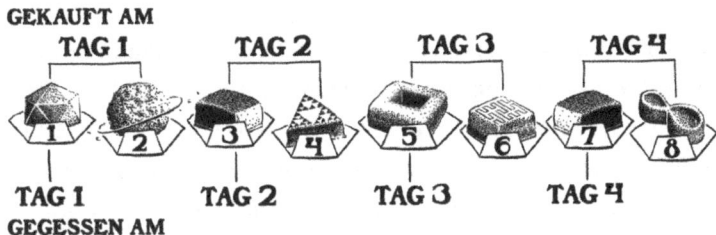

Auf diese Weise lässt sich feststellen, dass die Tag für Tag gegessenen Pralinen ungerade Zahlen tragen. Die Pralinen mit geraden Zahlen (Nr. 2, Nr. 4, Nr. 6, ...) landen im Schrank und sind dazu verurteilt, niemals gekostet zu werden.

Jetzt ist es auch möglich, unserer Frage einen präziseren Sinn zu geben. Wenn wir wissen wollen, wie viele Pralinen am Ende aller Tage im Vorrat sind, fragen wir uns also, wie viele Pralinen niemals gegessen werden. In diesem Fall ist die Antwort simpel: Es sind alle Pralinen mit gerader Zahl. Da es unendlich viele gerade Zahlen gibt, bleiben am Ende aller Zeiten unendlich viele Pralinen übrig.

Bis dahin bestätigt die Mathematik also unsere Intuition und wir haben beinahe den Eindruck, etwas begriffen zu haben. Aber halten wir uns mit zu frühen Erkenntnissen zurück und unternehmen ein weiteres Gedankenexperiment. Nehmen wir an, wir essen nicht täglich eine der beiden am selben Tag gekauften Pralinen, sondern verkosten sie nach ihrer Zahlenfolge. Wir essen also die Nr. 1 am ersten Tag, die Nr. 2 am zweiten Tag und die Nr. 3 am dritten Tag und so fort ...

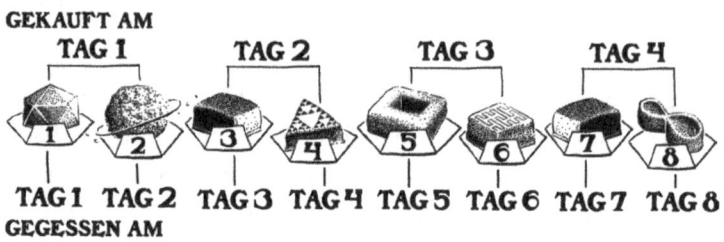

Wenn wir auf diese Weise vorgehen, stellen wir erstaunt fest, dass am Ende alle Pralinen gegessen werden. Praline Nr. 100 verschwindet am hundertsten Tag, Praline Nr. 1000000001 am eine Milliarde und einsten Tag, Praline Nr. Googolplex am googolplexsten Tag. Und so weiter. Die überraschende Erkenntnis lautet also: Am Ender aller Tage ist unser Vorrat leer. Es bleibt keine einzige Praline übrig.

Dieses Ergebnis empört unseren Menschenverstand. Wie kann sich der Vorrat leeren, wenn er doch die ganze Zeit ansteigt? Und warum kommt man auf ein anderes Ergebnis, je nachdem, welche Pralinen man zu essen beschließt? Ein absolutes Paradox. Und doch sind wir gezwungen, es hinzunehmen. Im zweiten Gedankenexperiment sind irgendwann alle Pralinen gegessen. Am Ende aller Tage ist keine einzige mehr im Schrank.*

An diesem Punkt ist man versucht zu glauben, die Funktionsweise des Unendlichen habe nichts mit Mathematik oder Logik zu tun. Eine Rechnung, die je nach Art ihrer Durchführung ein anderes Ergebnis liefert, das kann nicht sein! Wir könnten es machen

---

* Ein gängiger Einwand an dieser Stelle lautet, am Ende aller Tage bliebe die Praline Nr. «unendlich» übrig. Aber diese Praline gibt es nicht. Es gibt allgemein betrachtet zwar unendlich viele Pralinen, einzeln gesehen aber hat jede Praline eine eindeutige endliche Nummer. Wenn Sie also glauben, am Ende aller Tage bleibe eine Praline übrig, sollten Sie deren Nummer nennen können.

wie andere große Gelehrte und die Beschäftigung mit dem Unendlichen ganz einfach verweigern. Aber bleiben wir dran. Denn gerade jetzt ist Hartnäckigkeit gefragt.

So seltsam es klingen mag, aber im oben Gesagten steckt nicht ein Fehler. Wenn Sie jeden Tag eine Praline vom selben Tag essen, bleiben am Ende aller Zeiten unendlich viele Pralinen übrig. Wenn Sie die Pralinen nach der Reihenfolge ihres Kaufdatums essen, ist am Ende keine einzige mehr da. Wenn Sie dieses Ergebnis schockiert, liegt das daran, dass es sich einer grundlegenden Rechenregel widersetzt, die wir alle in der Schule gelernt haben: Das Ergebnis einer Rechnung ist unabhängig davon, was gezählt wird.

Diesen Grundsatz begriffen schon die babylonischen Schriftgelehrten, denn darin lag ja einer der Vorteile ihres Zahlensystems. Wenn ich Ihnen sage, dass 5 − 2 = 3 ist, müssen Sie nicht wissen, welchen Elementarteilchen die 5, die 2 und die 3 zugeordnet sind. Sie wissen auch so, dass die Gleichung stimmt. Wenn Sie fünf Pralinen haben und ich Ihnen zwei wegnehme, haben Sie noch drei. Dabei spielt keine Rolle, ob ich die ersten beiden, die letzten beiden oder sonst irgendein geartetes Paar nehme. Meine Auswahl hat keinen Einfluss auf die Tatsache, dass Ihnen am Ende drei Pralinen bleiben. Ganz gleich, welche reale Situation in der Gleichung widergespiegelt wird, das Ergebnis der Rechnung ist invariant.

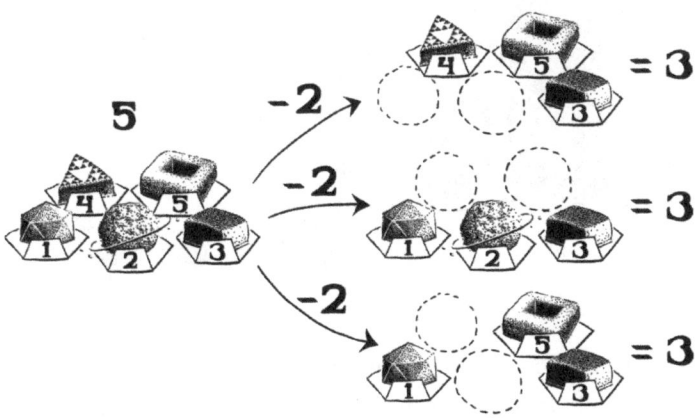

Diese Eigenschaft von Zahlen ist so selbstverständlich und offensichtlich, dass es uns unnötig vorkommt, sie auszuformulieren oder gar darüber zu staunen. Doch ebendiese Selbstverständlichkeit erweist sich als falsch, sobald man vom Unendlichen spricht. Hier gilt: Das Ergebnis einer Gleichung hängt davon ab, was man zählt und welche Elementarteilchen man wegnimmt oder hinzufügt! Sosehr diese neue Regel unserer Intuition zuwiderläuft: Wenn wir das Unendliche begreifen wollen, müssen wir sie annehmen und verwenden.

Versuchen wir ein anderes Experiment. Sie betreten unsere Confiserie und finden dort unendlich viele durchnummerierte Pralinen: Nr. 1, Nr. 2, Nr. 3 und so weiter. Sie beschließen, unendlich viele zu kaufen. Wie viele Pralinen bleiben zurück, wenn Sie den Laden verlassen?

Wie zuvor hängt die Antwort davon an, welche Pralinen Sie auswählen. Wenn Sie alle mitnehmen, bleibt keine einzige übrig. Wenn Sie nur Pralinen mit ungerader Zahl kaufen, bleiben unendlich viele mit gerader Zahl übrig. Wenn Sie beschließen, alle Nummern über fünf zu kaufen, bleiben fünf Pralinen im Laden.

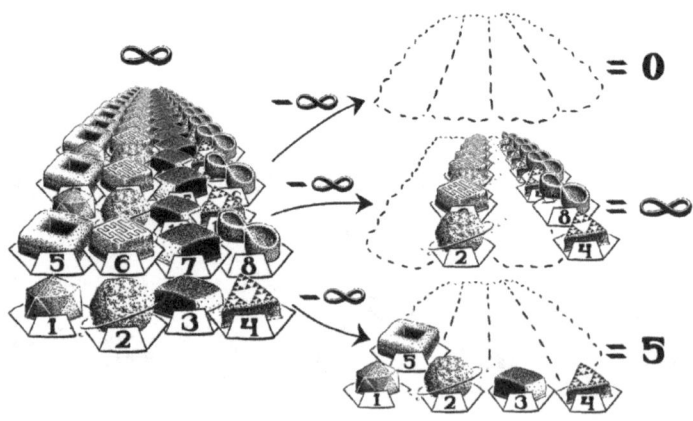

Die drei Szenarien geben alle die gestellte Aufgabe wieder: Es waren unendlich viele Pralinen vorhanden, von denen Sie unendlich viele

weggenommen haben. Und doch ist das Ergebnis nicht dasselbe! Die Rechnung, an der wir uns versucht haben, lautet $\infty - \infty$. In der Sprache der Mathematik handelt es sich um einen «unbestimmten Ausdruck», das heißt, die Rechenoperation ist nicht definiert. Das Ergebnis hängt davon ab, auf welche Weise man das zweite Unendliche vom ersten abzieht.

Wenn man sich also fragt, was $\infty - \infty$ ergibt, stellt man eine Aufgabe, zu der eine Information fehlt. Ein bisschen so, als würde ich sagen: «Ich habe fünf Zartbitterpralinen und noch ein paar Vollmilchpralinen gekauft, wie viele sind das zusammen?» Die Frage ist unvollständig. Um eine Antwort finden zu können, fehlt uns eine weitere Auskunft. Die Hinterhältigkeit des Unendlichen besteht also darin, dass vollständig erscheinende Fragestellungen in Wahrheit unbestimmt sind.

Der Erste, der diese Problematik ausgezeichnet verstand und in eine Theorie verwandelte, war der deutsche Mathematiker Georg Cantor. Ab 1874 veröffentlichte er eine Reihe von Aufsätzen, in denen er nach und nach die Grundlage für ein Teilgebiet der Mathematik schaffen sollte, das wir heute Mengenlehre nennen.

Eine Menge ist eine Zusammenfassung von mathematischen Elementen. Die Menge der geraden Zahlen etwa besteht aus 2, 4, 6, 8 und so fort. Beim Umgang mit einer Menge weiß man genau, was in ihr enthalten ist, und ebendieses Wissen benötigen wir, um mit dem Unendlichen zu rechnen. Wenn man die Menge der geraden Zahlen von der Menge der ganzen Zahlen abzieht, erhält man die Menge der ungeraden Zahlen.

So gewinnt auch die Rechnung $\infty - \infty$ an Genauigkeit: Wir subtrahieren keine unendlichen Zahlen, sondern ziehen eine unendliche Menge von einer anderen ab. Auf diese Weise haben wir alle nötigen Informationen und wir können Aufgaben mit unendlichen Mengen eindeutig lösen. Cantors Theorie liefert eine präzise mathematische Antwort auf das Pralinenparadox und die meisten anderen Widersprüche, auf die wir beim Unendlichen stoßen.

Die Mengenlehre stellt ein weiteres Grundprinzip infrage: nämlich die Annahme, das Ganze sei immer größer als eines seiner Teile. Man könnte zum Beispiel meinen, die Unendlichkeit der ungeraden Zahlen sei kleiner als die Unendlichkeit der ganzen Zahlen, zu der ja auch die geraden Zahlen gehören.

Diese Darstellung scheint nahezulegen, dass es ein Unterschied ist, ob ich «nur» Pralinen mit ungeraden Zahlen wegnehme oder gleich alle Pralinen. Hier stoßen wir auf eine weitere große Überraschung in Cantors Theorie: Ein Teil einer unendlichen Menge kann genauso viele Elemente enthalten wie die gesamte Menge. Ebendas trifft bei den ungeraden und ganzen Zahlen zu. Folgende Zeichnung macht diesen Zusammenhang deutlich:

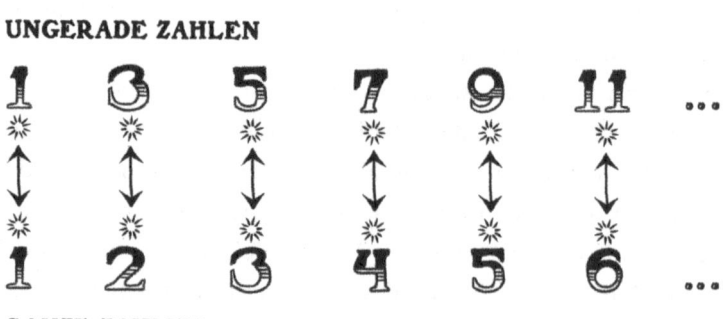

Cantors Erklärung ist ganz einfach: Wenn es möglich ist, eine genaue Zuordnung zwischen zwei Mengen herzustellen, dann haben diese Mengen gleich viele Elemente. Wenn man überprüfen möchte, ob in einem Saal genauso viele Menschen wie Stühle sind, bitte man alle Anwesenden, Platz zu nehmen, und wenn weder ein Stuhl noch eine Person ohne Platz übrig bleibt, geht die Rechnung auf. Die obige Darstellung zeigt, dass jeder ganzen Zahl eine ungerade Zahl gegenübersteht – und umgekehrt. Es gibt also genauso viele ungerade wie ganze Zahlen.

Wenn Sie beim Zählen bis unendlich Zeit zu sparen glaubten, indem Sie nur die ungeraden Zahlen – eins, drei, fünf, sieben ... – aufsagen, haben Sie sich schwer geirrt. Die Aufgabe wird dadurch nicht verkürzt.

Erkenntnisse wie diese mögen unserer Intuition zuwiderlaufen, doch sind sie der Preis, den wir zahlen müssen, um das Unendlichkeitsmonster zu zähmen. Unsere festen Überzeugungen werden erschüttert. Und es geht noch weiter! Ab jetzt wird das Unendliche uns nicht mehr von der Seite weichen. Wir müssen uns auf einiges gefasst machen. Das mächtige und gefährliche Ungeheuer lauert wie ein Schatten über unseren Erkundungen der Welt. Und nichts wird mehr sein wie vorher.

Die Peano-Kurve

Im 9. Jahrhundert v. Chr. herrscht König Belos von Phönizien über die Stadt Tyr an den Küsten des heutigen Libanon. Als er stirbt, hat sein junger Sohn Pygmalion keinesfalls die Absicht, die Macht mit irgendjemandem zu teilen, und lässt Sychaeus, den Gatten seiner Schwester Dido, ermorden. Dido selbst wird ins Exil gezwungen und zieht mit einigen Getreuen über das Mittelmeer.

Als die Schiffe nach langer Reise an eine Küste gelangen, die wir heute den Golf von Tunis nennen, legen die Ausgestoßenen an: Die phönizische Prinzessin verhandelt mit den Herrschern und bittet sie um ein Stück Land, auf dem sie sich niederlassen kann. Die Herren sind bereit, ihr ein Fleckchen zu überlassen, das sie mit einer Kuhhaut umspannen kann. Sicher wollen sie Dido mit ihrem Angebot verspotten, sie aber nimmt es an und befiehlt, die Kuhhaut in einen schmalen und möglichst langen Streifen zu schneiden.

Das Resultat ist verblüffend. Das Lederband ist so lang, dass Dido damit genug Land umspannen kann, um eine Stadt zu errichten. Und so wurde Karthago gegründet.

Die in Vergils *Aeneis* erzählte Legende ist besonders lehrreich, wenn man sie durch die Brille der Geometrie betrachtet. Eine Kuhhaut hat eine Fläche von etwa zwei Quadratmetern – Karthago aber, dessen Ruinen man noch heute östlich von Tunis bewundern kann, dehnte sich auf einer Fläche von 4 km² aus!

Didos Abenteuer ist ein wunderbares Beispiel für die Beziehung zwischen zwei ebenso elementaren wie vielschichtigen Konzepten: Umfang und Fläche.

Schauen wir uns diese beiden Grundstücke an.

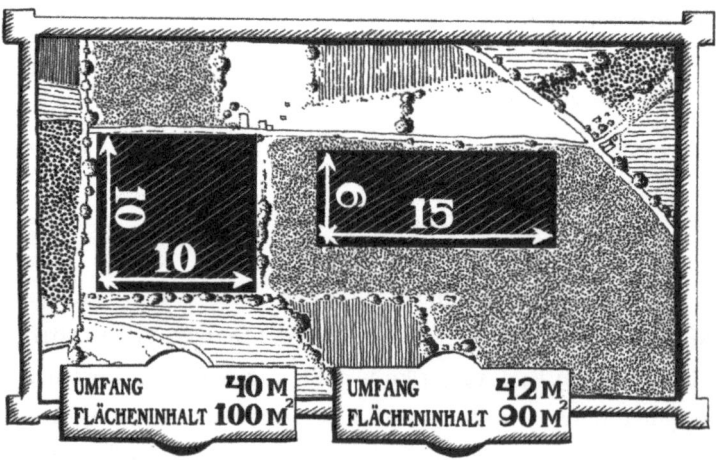

Das erste hat eine größere Fläche als das zweite, das zweite dagegen hat den größeren Umfang. Die beiden Maßangaben drücken jeweils einen Aspekt der Grundstücksgröße aus, stehen sich aber entgegen. Würde ein Läufer die Grundstücke umrunden, wäre er beim ersten schneller fertig. Würde ein Gärtner den Rasen der Grundstücke mähen, wäre er beim zweiten schneller fertig.

Diese Konkurrenz erinnert an jene zwischen Addition und Multiplikation. Auf die Frage: «Welches ist das größere Grundstück?», kann man auf verschiedene Arten antworten und je nach Kontext ist die eine oder andere Sichtweise gefragt. Bei bestimmten Vergleichen liefern die beiden Konzepte annähernd ähnliche Antworten, in einigen extremen Fällen aber können sie radikal auseinanderlaufen – wie man auf folgenden Darstellungen sehen kann:

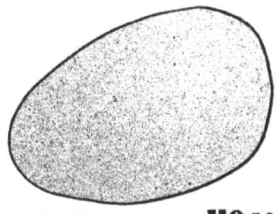
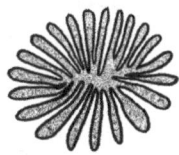

UMFANG 40 M
FLÄCHENINHALT 120 M²

UMFANG 120 M
FLÄCHENINHALT 20 M²

Hier haben wir den Schlüssel zu Didos Überraschung. Die phönizische Prinzessin hat die Fläche Karthagos nicht bedeckt, sondern mit einer Linie umgeben. Eine Kuhhaut hat flächenmäßig nicht viel zu bieten, es lässt sich aber ein gewaltiger Umfang aus ihr herstellen. Eine noch so kleine Fläche kann einen beträchtlichen Umfang haben, wenn dieser nur kleinteilig genug geschnitten ist.

Das Küstenparadox hat ja einen ähnlichen Ursprung. Grenzen und Küsten umgeben definierte Flächen, ihre Länge aber kann unendlich sein. Könnte man die Küste Großbritanniens auseinanderziehen, ließe sich damit problemlos die Welt umspannen. Unsere Verblüffung über den Richardson-Effekt ähnelt sicher der Reaktion der Herrscher vom Tunesischen Golf, als diese sahen, wie Dido ihren Lederstreifen entrollte.

Die Legende von der Gründung Karthagos reicht fast dreitausend Jahre zurück und doch haben ihre mathematischen Hintergründe lange kein besonderes Interesse geweckt. Der Unterschied zwischen Flächeninhalt und Umfang war in der Geometrie bekannt, doch behandelte man ihn wie eine Kuriosität ohne große Auswirkungen und schenkte ihm wenig Aufmerksamkeit. Das änderte sich erst Ende des 19. Jahrhunderts, als Wissenschaftler begannen, die Zusammenhänge in neuem Licht zu betrachten.

1890 veröffentlicht der italienische Mathematiker Giuseppe Peano einen Artikel mit dem Titel: *Sur une courbe qui remplit toute une aire plane*[*] (Über eine Kurve, die eine ebene Fläche vollständig ausfüllt). Darin stellt er eine geometrische Konstruktion vor, mit der sich Didos glücklicher Einfall bis ins Unendliche fortsetzen lässt. Peano zeichnet schrittweise eine durchgehende Linie, die irgendwann ein vorgegebenes Quadrat völlig ausfüllt. Die erste Stufe der Zeichnung ist einfach, sie besteht aus einer «2» mit geraden Winkeln.

STUFE 1

Im zweiten Schritt füllt Peano ein Gitter von 3 × 3, in dem die rechtwinklige «2» mit einer zu ihr symmetrischen «5» abwechselt. Anschließend werden die Formen miteinander verbunden.

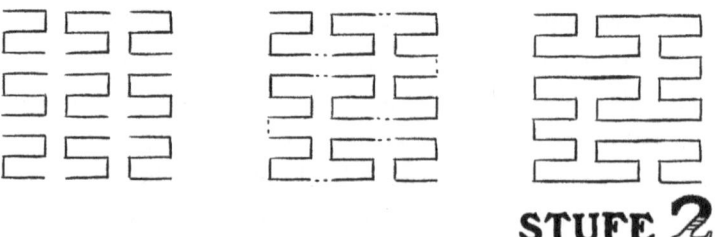

STUFE 2

[*] Peanos Artikel trägt auch im Original einen französischen Titel, denn im 19. Jahrhundert sind vor allem Französisch und Deutsch die Sprachen der Mathematik.

Und so geht es weiter. Jeder Schritt ergibt sich nach demselben Schema aus dem vorherigen. Auf der dritten Stufe haben wir also neun kleine Kopien der zweiten Stufe in einem Gitter von 3 × 3, jeweils mit abwechselnden symmetrischen Formen, die verbunden werden.

Dies lässt sich beliebig fortsetzen und es entstehen Stufe 4 und Stufe 5 und so fort.

Rasch werden die Muster so fein und dicht, dass man kaum noch eine korrekte Zeichnung anfertigen kann. Ab Stufe 5 braucht es Fantasie, um sich die Peano-Kurve vorstellen zu können. Das stufenweise Konstruktionsprinzip bleibt jedoch immer dasselbe. Der italienische Mathematiker stellt sich nun folgende Frage: Welche Figur erhält man nach unendlich vielen Schritten?

Wie bei unseren Pralinen ist die Frage nicht klar gestellt. Zumindest sind präzisere Definitionen notwendig, um ihr Sinn zu verleihen. Eben das gelingt Peano. Er erhält eine unendlich lange Linie mit unendlich feinen Details und untersucht nun deren besondere Eigenschaften.

Das Verblüffendste an seiner unendlichen Linie ist wohl, dass sie das gesamte Quadrat bedeckt. Dieser Umstand wurde anschließend auch am meisten diskutiert. Peano kann jedenfalls beweisen, dass sie durch wirklich jeden Punkt geht und nicht einen einzigen auslässt! Möchten wir die Kurve korrekt zeichnen, schwärzen wir am besten das gesamte Quadrat, auch wenn ein solches Vorgehen der sorgsam verschachtelten Linie keine Ehrfurcht zollt.

In mathematischen Kreisen war Peanos Konstruktion eine echte Entdeckung. Nur wenige Jahre zuvor hätte niemand geglaubt, dass eine Linie eine gesamte Fläche bedecken kann. Peanos Kurve war es tatsächlich gelungen, Didos Trick ins Unendliche zu treiben! Die Lederstreifen der Gründerin Karthagos waren schmal, hatten aber doch eine gewisse Breite. Hätte Dido Peaonos Kurve in die Kuhhaut schneiden können, hätte sie damit die Erde, das Sonnensystem, die Milchstraße und noch mehr umspannen können!

Durch die Veröffentlichung seiner Linienkonstruktion bestätigte Peano auf einfache und anschauliche Weise, was Georg Cantor ein paar Jahre zuvor im Rahmen seiner Mengenlehre verkündet hatte: Eine Linie hat genauso viele Punkte wie ein gefülltes Quadrat.

In der Geometrie sind Punkte die elementaren Bestandteile von Figuren. Punkte haben keine Ausdehnung, daher bestehen geometrische Figuren aus unendlich vielen unendlich kleinen Punkten. Die Linie enthält wie das Quadrat unendlich viele Punkte. Cantors Mengenlehre interessierte sich nun für folgende Frage: Sind in der Linie genauso viele Punkte enthalten wie im Quadrat?

Rein vom Eindruck könnte man meinen, dass das Unendliche des Quadrats «größer» ist als das der Linie. Das ähnelt ein wenig dem Gedanken, das Unendliche der ganzen Zahlen sei größer als das der ungeraden Zahlen. Als Cantor sich die Frage zum ersten Mal stellte, neigte er selbst zu dieser Annahme. Und als er dann entdeckte, dass seine Theorie seiner Intuition widersprach, brauchte er einige Zeit, um sich davon zu überzeugen, dass er keinen Fehler gemacht hatte. «Ich sehe es, aber ich glaube es nicht», schrieb er 1877 an seinen Freund und Kollegen Richard Dedekind. Dementsprechend blieb seine Erklärung recht abstrakt und die Entsprechung von Linienpunkten und Quadratpunkten war wenig anschaulich.

Erst dreizehn Jahre später sollte sich dann Giuseppe Peano in die Diskussion einbringen und einen geometrischen Beweis für Cantors Ergebnis präsentieren. Sein 1890 erschienener Artikel ist nur vier Seiten lang, aber die unendlich verwinkelte Kurve wird zur Sensation! Man kann sich schwer vorstellen, welche Erschütterungen Cantors Beweisführung und Peanos Kurve in der Mathematik des 19. Jahrhunderts auslösten. Es war eine brutale Erkenntnis. Innerhalb weniger Jahre warfen die beiden Gelehrten geometrische Grundlagen über Bord, die seit den Arbeiten des Euklid von Alexandria gegolten hatten und über zweitausend Jahre nicht infrage gestellt worden waren.

Da war etwas geschehen, das weit über unendliche Kurven und die Entsprechung von Linie und Quadrat hinausging. Um das Ausmaß der daraus resultierenden Umbrüche erfassen zu können, müssen wir uns zu den Wurzeln der Geometrie begeben.

Es ist also wieder einmal Zeit für eine kleine Reise in die Vergangenheit.

Die drei Dimensionen des Euklid von Alexandria

Im 3. Jahrhundert v. Chr. überstrahlte die Stadt Alexandria – übrigens nicht weit von Didos Heimatland Phönizien gelegen – die wissenschaftliche Welt.

Gegründet worden war die junge Stadt einige Jahre zuvor von Alexander dem Großen und seinem General Ptolemaios I, der schließlich zu ihrem Herrscher aufstieg. Ptolemaios will Alexandria zur Welthauptstadt der Kultur machen und scheut dafür keine Mittel. Innerhalb weniger Jahrzehnte sprießt so eine der schönsten Städte der Antike aus dem Boden. Ptolemaios versammelt die größten Wissenschaftler seiner Zeit und gründet Alexandrias legendäre Bibliothek, die schließlich knapp 700 000 Bände umfassen wird. Natürlich ist man damit weit entfernt von den $10^{1019382}$ Büchern unserer absoluten Bibliothek, aber für damals war das eine kolossale Zahl. Es gibt kein Wissensgebiet, das den Lesern dieser Bibliothek nicht zugänglich gewesen wäre. Über sieben Jahrhunderte wird die Alexandrinische Schule den Mittelpunkt der Wissenschaftswelt bilden.

Und in der übersprudelnden Stimmung einer Stadt im Aufbau hat wahrscheinlich auch einer der bedeutendsten Mathematiker seiner Generation gearbeitet: Euklid. Hier hat er das einflussreichste Werk der Mathematikgeschichte geschrieben: die Στοιχεῖα oder Stoicheia, die im Deutschen «Elemente» heißen.

Die *Elemente* gehören zu jenen Werken, die über ihren Autor hinauswachsen. Wir wissen so gut wie nichts über Euklids Leben, nahezu alle alten Quellen zu seiner Person sind verschollen. Seine *Elemente* dagegen wurden von Generation zu Generation weitergegeben, sie wurden übersetzt, verbessert, kommentiert, analysiert und erweitert. Es handelt sich um das wissenschaftliche Werk mit den meisten Ausgaben aller Zeiten! Die *Elemente* zählen dreizehn Bände, die uns alle vollständig überliefert sind.

Euklid schafft damit die Grundlagen der gesamten Mathematik seiner Zeit, und er tut dies mit einer Strenge und Methodik, die uns unglaublich modern erscheinen. Seit den Anfängen Alexandrias hat sich viel verändert. Die sagenhafte Bibliothek wurde zerstört, die Wissenschaften haben sich radikal gewandelt. Wenn aber eine Sache ewige Gültigkeit beanspruchen darf, dann ist es die Mathematik. Euklids Sätze werden noch heute in Schulen rund um den Globus gelehrt und sein Verfahren wird auch dreiundzwanzig Jahrhunderte später gleichsam unverändert fortgeführt.

Eine zentrale Rolle in den *Elementen* spielt die Geometrie. Der Gelehrte aus Alexandria stellt zahlreiche Definitionen auf und liefert eine vollständige Klassifikation der geometrischen Figuren. Am Anfang steht der Punkt, also das kleinste Element der Geometrie. Ein Punkt ist eine Stelle, eine Verortung im Raum. Ein Punkt ist immer nur ein Punkt und kann nicht in kleinere Teile seiner selbst unterteilt werden. Ein Punkt hat keine Länge, keine Breite und keine

Tiefe. Man zeichnet einen Punkt oftmals als kleinsten Kreis, sollte sich aber darüber im Klaren sein, dass diese Darstellung in der theoretischen Welt der Mathematik falsch ist. Ein Punkt ist unendlich klein und daher für das bloße Auge unsichtbar. Für sich allein ist er nicht darstellbar.

FALSCHER PUNKT   **ECHTER PUNKT**

Nach dem Punkt kommen die drei Hauptkategorien des Euklid: erstens Linien, zweitens Ebenen, drittens Körper. Die Aufteilung orientiert sich an dem, was wir heute Dimensionen nennen.

Linien haben eine Dimension (kurz 1D), Ebenen haben zwei Dimensionen (2D), Körper haben drei Dimensionen (3D). Punkte dagegen könnte man als Figuren mit null Dimensionen (0D) betrachten.

Wenn Sie im Kino einen 3D-Film anschauen, treten die Körper scheinbar aus der Leinwand heraus. Wenn Sie dagegen einen herkömmlichen Film in 2D ansehen, bleiben die Bilder auf der Ebene der Leinwand. Dennoch kann ein 2D-Bild einen Gegenstand in 3D darstellen, nämlich durch eine perspektivische Sicht. Wenn Sie einen Würfel auf Papier zeichnen, hat Ihre Darstellung nicht wirklich die Form eines Würfels, sie bleibt flächig. Hier wird nur das 3D-Bild in ein 2D-Format übertragen.

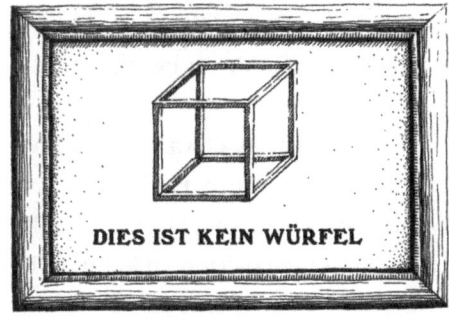

DIES IST KEIN WÜRFEL

Bei Euklid können zwar mehrere Dimensionen in einer Figur vereint sein, doch sind sie jeweils ganz anders geartet und ihre Eigenschaften sind nicht übertragbar. Zum Beispiel werden sie nicht auf dieselbe Weise gemessen: Linien haben eine Länge, die wir in unserem heutigen System in Metern (m) angeben; Ebenen haben einen Flächeninhalt, der in Quadratmetern (m²) gemessen wird; Körper haben ein Volumen in Kubikmetern (m³). Man kann also nicht vom Flächeninhalt einer Linie oder der Länge einer Ebene sprechen.

Zumindest konnte man das nicht, bevor Peano auftauchte.

Dimensionen lassen sich auch dahingehend beschreiben, wie viele Koordinaten man benötigt, um einen Punkt einer geometrischen Figur zu definieren. Stellen Sie sich eine Radfahrerin vor, die eine Straße – also eine Linie in 1D – entlangrollt.

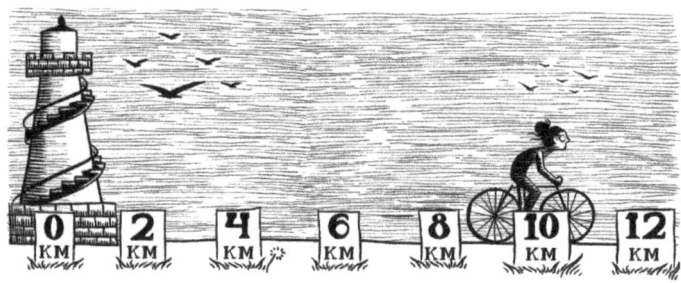

Wenn man die Position der Radfahrerin angeben möchte, genügt es, wenn man weiß, welche Entfernung sie ab Kilometer 0 zurückgelegt hat. Wenn sie uns etwa mitteilt, sie sei 10 km gefahren, können wir daraus schließen, wo sie sich gerade befindet. Um die Position eines Punktes auf einer Linie zu beschreiben, genügt also eine einzige Zahl.

Anders sieht es aus, wenn es etwa um ein Boot geht, das den Hafen verlässt. Wenn das Boot uns nach einer Stunde mitteilt, es habe seit dem Ablegen 20 km in gerader Strecke zurückgelegt, reicht das nicht aus, um seine Position zu kennen. Denn im Abstand von 20 km zum Hafen liegt ein ganzer Kreis von Punkten.

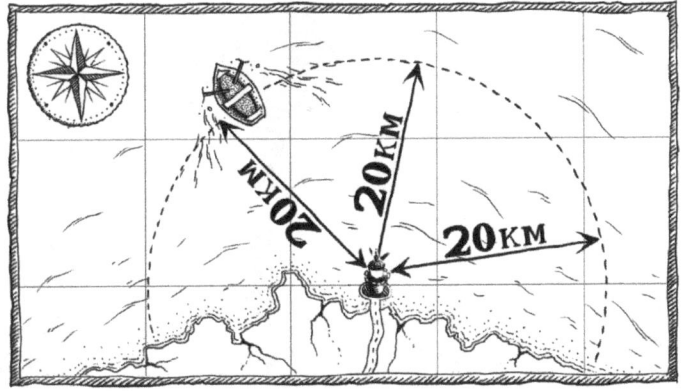

Die Schwierigkeit rührt daher, dass die Meeresoberfläche keine eindimensionale, sondern eine zweidimensionale Gestalt hat. Man benötigt also zwei Zahlen, um die Position eines ihrer Punkte zu bestimmen. Diese beiden Zahlen könnten zum Beispiel die Längen- und Breitenkoordinaten sein. Durch die beiden Koordinaten lässt sich jeder Punkt auf dem Globus zweifelsfrei festlegen.

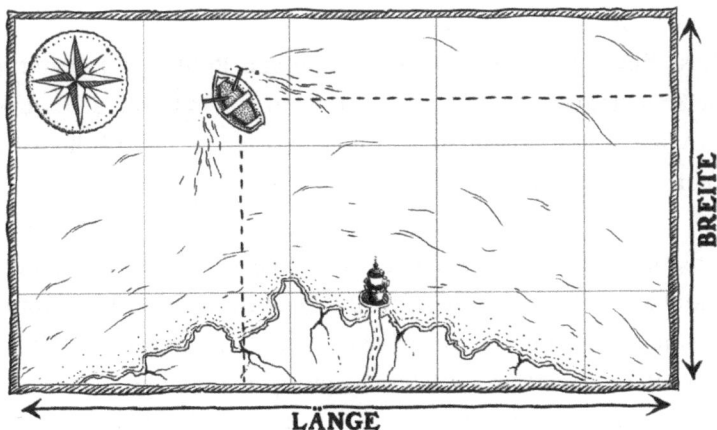

Dies alles stimmt aber nur, solange man am Boden bleibt. Wenn Sie etwa die Lust packt, im Heißluftballon zu reisen, bewegen Sie sich in einem dreidimensionalen Raum und Ihre Position muss mit drei Zahlen angegeben werden: Länge, Breite und Höhe.

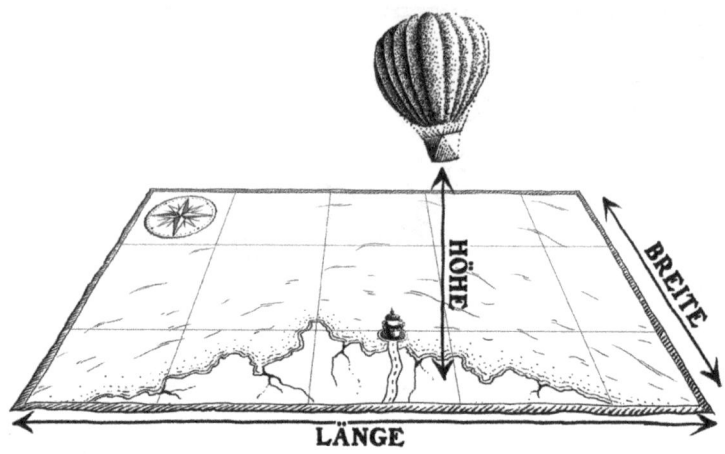

All diese Überlegungen lassen sich in einem Satz zusammenfassen: Die Dimension einer Figur ist gleich der Anzahl der Koordinaten, die man benötigt, um die Position ihrer Punkte zu bestimmen. Mit einer Koordinate bewegen wir uns in der ersten Dimension, mit zwei Koordinaten in der zweiten Dimension und mit drei Koordinaten in der dritten Dimension.

Diese Regel gilt übrigens auch für einen Punkt. Wir benötigen keine Koordinaten, um unsere Position auf einem Punkt anzugeben, denn wir können uns nicht von ihm wegbewegen! Null Koordinaten heißt also: Nulldimensionalität.

Mit dieser einfachen, effizienten und eleganten Sichtweise lief in der Mathematik alles glatt und zufriedenstellend. Über zwanzig Jahrhunderte ordnete Euklids Unterteilung die Geometrie. Bis Cantor und Peano kamen, um diese Ordnung zu zerstören.

Mit seiner raumfüllenden Kurve schuf Giuseppe Peano eine unerlaubte Verbindung zwischen zwei euklidischen Kategorien. Eine eindimensionale Linie konnte sich also in einem zweidimensionalen Quadrat zusammenkauern! Denn in der euklidischen Sichtweise ist Peanos Linie ein Quadrat. Ganz gleich, auf welche Weise es konstruiert wurde: Was zählt, sind die Punkte, aus denen es besteht, und diese Punkte sind eben die eines Quadrats. Von einer Linie dürfte keine Rede sein. Doch Cantors Konstruktionsweise säte Zweifel. Könnte man sagen, dass eine unendliche Linie eine Fläche besitzt, die man in Quadratmetern misst? Und könnte man ebenso sagen, dass das Quadrat eine unendliche Länge besitzt?

Diese Vermischung der Kategorien ist irritierend. Nehmen wir an, Sie ordnen Ihre Bibliothek gerne wie ich nach Gattungen oder alphabetisch nach Autorennamen, und Ihr Lieblings-Science-Fiction-Schriftsteller würde auf einmal einen historischen Roman unter Pseudonym herausgeben – dann kennen Sie sicher diese Mischung aus Verärgerung und Verblüffung, die wohl auch die Mathematiker des 19. Jahrhunderts erfasste, als sie Peanos Kurve vor sich hatten.

Durch die Konstruktion des italienischen Mathematikers konnte sich eine Linie in eine Fläche verwandeln. Und unter anderem war es nun möglich, die Position eines Punktes im Quadrat mit einer einzigen Koordinate anzugeben! Man muss nur schauen, an welcher Stelle der flächenfüllenden, unendlichen Linie er sich befand.

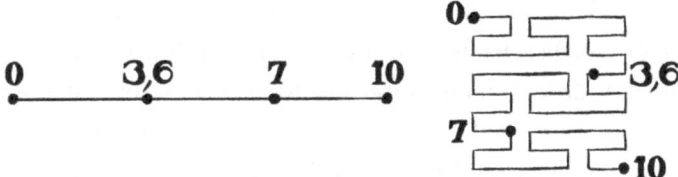

Diese Entdeckung macht offenbar, dass die Grenze zwischen Linien und Ebenen verschwommener ist als gedacht. Sie muss neu analysiert werden, denn die angeblich stichhaltige Definition der Dimensionen hat sich als unzulänglich erwiesen. Es kann nicht nur darum gehen, die Koordinaten zu zählen.

Folgen wir weiter unserem Pfad. Inmitten dieser Krise der Geometrie sind obige Überlegungen auch ein Ansporn für unsere Forschungen. Und wenn wir nun den Schlüssel zum Küstenparadox in der Hand hielten? Wir wissen, dass die Küsten Großbritanniens unendlich lang sind, da ihre zahllosen Windungen unendlich viele kleine Details bilden. Genau wie Peanos Linie. Was wäre, wenn Küsten entgegen allem Anschein keine Linien, sondern Flächen wären? Die Vorstellung scheint absurd, aber das kann uns doch nicht mehr abschrecken, oder?

Wir haben noch ein Stück Weg vor uns, bis wir begreifen, was das bedeuten könnte. Aber einen Abzweig können wir schon einmal abhaken: die Dimensionen.

In Richtung vierte Dimension und darüber hinaus

Können Sie die Größe Ihres Zuhauses in Quadratmillimetern nennen? Normalerweise werden Wohnflächen in Quadratmetern angegeben, in die kleinere Einheit müsste man also umrechnen. Wissen Sie, wie viele Quadratmillimeter in einem Quadratmeter stecken?

Diese Frage ist einer der klassischen Fallstricke für Schüler, die das Umwandeln von Einheiten lernen. Stellen Sie sich vor, ein Quadratmeter würde schachbrettartig in kleine Millimeterkästchen unterteilt. Es würde sich ein Gitter mit 1000 Spalten und 1000 Reihen ergeben, das sind 1000 × 1000 Kästchen, macht 1 000 000. In einem Quadratmeter stecken also eine Million Quadratmillimeter!

Über diese Auskunft sollten wir eine Weile nachdenken. Schauen Sie einmal zu Boden oder zur Wand und versuchen Sie, sich einen Ausschnitt von einem Quadratmeter vorzustellen. Denken Sie sich nun auch noch die Unterteilung in 1000 × 1000 kleine Millimeterkästchen. Was glauben Sie, wie viel Zeit bräuchten Sie, um sämtliche Kästchen einzeln zu zählen? Rechnen Sie nicht nach, überschlagen Sie einfach spontan, wie lange Sie zählen würden. Die meisten Personen, denen man diese Frage stellt, schätzen die benötigte Zeit auf einige Minuten bis einige Stunden.

Sie erinnern sich sicher, wie es Jeremy Harper erging, und wissen also, dass man drei Monate braucht, um bis eine Million zu zählen! Trotzdem kann man es schwer glauben. Unser Gehirn hat keine Übung mit großen Zahlen und wir können uns kaum vorstellen, dass man die Zählaufgabe nicht an einem Tag bewältigen kann. Wir sollten jedoch eher den Berechnungen als unseren Eingebungen vertrauen.

In einem Quadratmeter sind also eine Million Quadratmillimeter. Wenn Ihre Wohnung 70 m² hat, entspricht das 70 000 000 mm². Schauen Sie auf Ihren Fußboden und stellen Sie sich all die kleinen Millimeterquadrate vor, die Sie dort unterbringen können – ihre Anzahl entspricht der Einwohnerzahl Frankreichs. Wenn Sie in einem 15-m²-Apartment wohnen, haben Sie die Bevölkerung Ecuadors vor Augen, in einem Haus mit 200 m² ist es die Bevölkerung Pakistans.

Noch verblüffender sind diese Überlegungen, wenn man in Rauminhalten denkt. Ein Würfel mit einer Kantenlänge von 1 Meter lässt sich in ein dreidimensionales Schachbrett unterteilen, das aus kleinen 1-Millimeter-Würfeln besteht – von diesen gibt es 1000 × 1000 × 1000, also eine Milliarde!

Stellen Sie sich drei solcher Würfel vor. Wenn nun jeder Millimeter-Würfel eine Sekunde wäre, hätten Sie fünfundneunzig Jahre vor sich! Ein langes Menschenleben. In einer 70-m²-Wohnung mit 2,5 m Deckenhöhe kann man so viele Kubikmillimeter unterbringen, wie Sekunden seit dem Ende der Urgeschichte und der Erfindung der Schrift vergangen sind.

Ein Wechsel der Einheit wie die Übertragung von Metern in Millimeter sorgt also für verschiedene Größenveränderungen – je nachdem, ob wir es mit einer, zwei oder drei Dimensionen zu tun haben. Diese Eigenschaft lässt sich auch auf andere Weise betrachten. Wenn man die Maße einer Linie verdoppeln möchte, reicht es, sie zwei Mal abzuzeichnen. Wenn man aber die Maße eines Quadrats verdoppeln will, muss man es vier Mal abzeichnen, denn es soll ja in der Breite wie in der Länge verdoppelt werden.

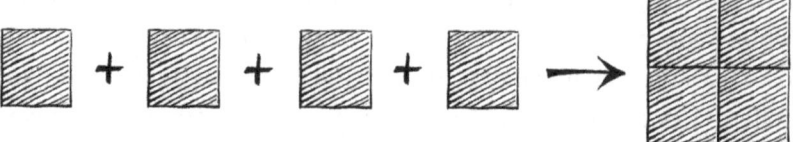

Will man die Maße eines Würfels verdoppeln, muss man ihn acht Mal kopieren, um alle drei Dimensionen zu beachten: 2 × 2 × 2 = 8.

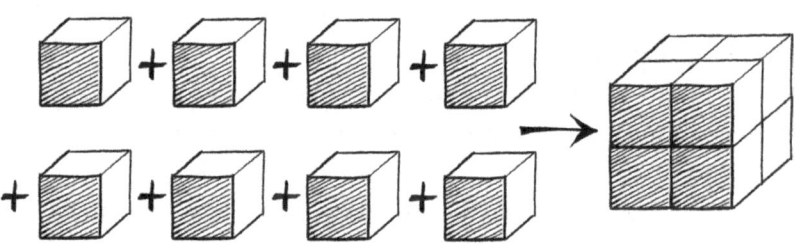

Dieser Zusammenhang ist bei Würfeln besonders anschaulich, denn sie erlauben es, größere Würfel wie bei einem Puzzle zusammenzusetzen. Er gilt aber für alle Körper. Genauso braucht man acht gleich große Kugeln, um das Volumen einer doppelt so großen Kugel zu erreichen.

Die Erklärung ist ziemlich einleuchtend: Will man eine dreidimensionale Figur verdoppeln, muss man ihre Länge, Tiefe und Breite verdoppeln. Und wenn ich dreimal hintereinander verdopple, verachtfache ich.

Schematisch dargestellt sieht das so aus:

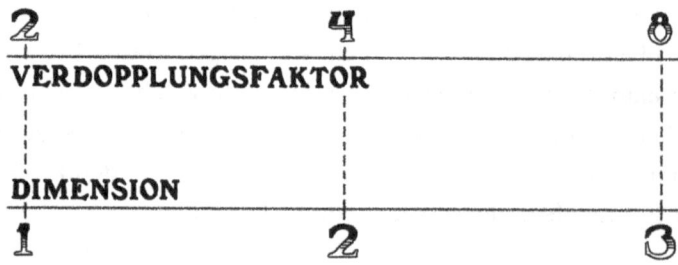

Diese Tabelle gleicht einem Rettungsring, denn sie erlaubt uns, die durch die Peano-Kurve entstandenen Schäden zu reparieren. Sie liefert uns eine neue, stabilere Definition der Dimension. Will man die Dimension einer Figur kennen, muss man sich also fragen, wie oft man sie kopieren muss, um ihre Maße zu verdoppeln. Lautet die Antwort 2, haben wir es mit einer eindimensionalen Linie zu tun. Lautet sie 4, handelt es sich um eine zweidimensionale Ebene, und lautet sie 8, geht es um einen dreidimensionalen Körper. Klingt erstaunlich simpel, doch ist dieser Ansatz geradezu revolutionär und wird uns in Kürze großartige Ergebnisse liefern.

Erinnert Sie das obige Schema übrigens an etwas? Wir haben eine multiplikative Achse, auf der jede Einheit die vorherige verdoppelt (× 2), und eine additive Achse, auf der die Dimension jeweils um 1 zunimmt (+ 1). Offenbar ist die Dimension für den Verdopplungsfaktor, was die Addition für die Multiplikation ist. Es wird Zeit, die guten alten Tabellen von Napier wieder hervorzuholen!

Hier sind sie, so wie wir sie auf Seite 44 verlassen haben:

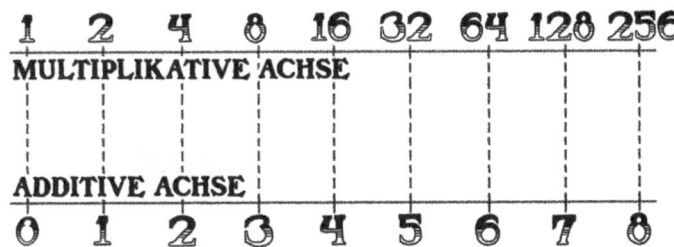

Die 2, 4 und 8 auf der linken Seite der Skala entsprechen exakt unserem Dimensionenschema. Also ist die Dimension der Logarithmus des Verdopplungsfaktors! Drei Jahrhunderte vor Cantor und Peano schuf Napier also bereits das mathematische Werkzeug zur Beherrschung der Dimensionen.

Diese Entdeckung beantwortet unsere Fragen, sie wirft aber zugleich tausend neue auf. Denn die Logarithmustabellen enden nicht mit der dritten Dimension, sie gehen weiter. Schauen wir mal, was auf der rechten Seite der Tabelle passiert. Ihr lässt sich entnehmen, dass man zum Verdoppeln einer Figur der vierten Dimension 16 Kopien von ihr benötigt. Für eine Figur der fünften Dimension sind es 32 und so fort!

Kann dieses Zahlenspiel irgendeinen Sinn ergeben? Gibt es in der Geometrie vierdimensionale oder fünfdimensionale Figuren? Neue Dimensionen, die Euklid und seinen Nachfolgern entgangen sind?

Die Antwort ist komplex. Sie erfordert, dass wir uns darauf besinnen, dass Mathematik und Physik zwei verschiedene Dinge sind. Die reale Welt, in der wir leben, ist dreidimensional. Ihre Gegenstände sind Körper, deren Volumen wir messen können. Die Mathematik aber hat zum Prinzip, imaginäre Welten zu erfinden, die von Gegenständen bevölkert sind, die es in der Realität nicht gibt. Wieso sollte man sich also nicht eine Welt in 4D vorstellen und deren Geometrie und Figuren untersuchen?

Ein vierdimensionaler Raum ist ein Raum, dessen Punkte durch vier Koordinaten angegeben werden. Die Maße einer vierdimensionalen Figur werden mit sechzehn multipliziert, um deren Größe zu verdoppeln. Viele Wissenschaftler haben sich aus reinem Vergnügen mit dieser imaginären Welt und ihrer extravaganten Geometrie beschäftigt. So entstand etwa diese berühmte Figur, der Hyperwürfel:

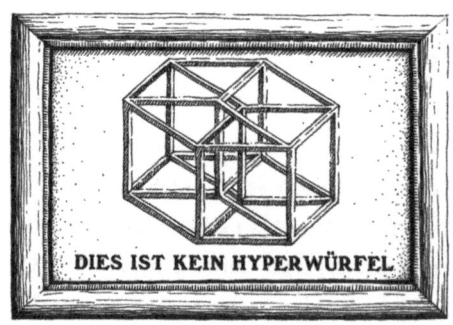

Natürlich ist diese Abbildung eigentlich kein Hyperwürfel, da er auf einem flachen Blatt Papier abgedruckt ist. Es handelt sich um eine zweidimensionale Zeichnung, die eine vierdimensionale Figur perspektivisch wiedergibt. Der Hyperwürfel ist für die vierte Dimension, was der Würfel für die dritte und das Quadrat für die zweite Dimension sind. Man kann ihn in «Hyperkubikmetern» (m^4) messen, und wie uns die Logarithmustafel mitteilt, benötigt man sechzehn Kopien des Hyperwürfels, um daraus einen doppelt so großen zusammenzusetzen.

Wir werden noch Gelegenheit haben, über die vierte Dimension zu sprechen. Lassen wir uns für den Moment nicht zu sehr ablenken und bleiben lieber auf Kurs. Denn uns geht es ja darum, die Fraktale zu begreifen und all diese ineinander verwobenen Linien, von denen wir nicht mehr genau wissen, ob sie nun Linien oder Flächen sind.

Schauen wir also, ob uns die neue Definition der Dimension in unserem Verständnis weiterhilft.

Die fraktale Dimension

Ende des 19. und Anfang des 20. Jahrhunderts sind Fraktale in Mode. Natürlich nennt man sie noch nicht so, da Mandelbrot den Begriff erst 1974 erfindet, aber in Peanos Nachfolge ersinnen viele Mathematiker ihre eigene kleine verschachtelte Figur mit unendlich feinen Details, von der man nicht zu sagen weiß, ob es sich um eine Linie oder um eine Fläche handelt.

Da sind der Schwede Helge von Koch und seine Schneeflocke, der Deutsche David Hilbert und seine an Peano erinnernde Kurve oder auch der Japaner Teiji Takagi und seine Blancmange-Funktion. Cantor hingegen erfindet die Cantor-Menge: eine Ansammlung von Punkten, die man weder der nullten noch der ersten Dimension zuordnen kann. Andere erfinden Figuren, von denen man nicht weiß, ob sie Flächen oder Körper sind – zu ihnen gehört etwa der Schwamm des Österreichers Karl Menger.

Eine der berühmtesten Figuren dieser Zeit wird 1915 von dem polnischen Mathematiker Wacław Sierpiński ersonnen. Es handelt sich um ein gleichseitiges Dreieck, in das sich unendlich viele immer kleinere Dreiecke eingliedern.

Das Beunruhigende an Sierpińskis Dreieck ist, dass man auf zwei verschiedenen Wegen zu ihm gelangen kann, nämlich zum einen über die erste Dimension und zum anderen über die zweite Dimension. Der erste Weg beginnt mit dem Umfang des Dreiecks, in den immer mehr Linien eingefügt werden. Der zweite Weg geht von der Fläche aus, die immer weiter ausgehöhlt wird.

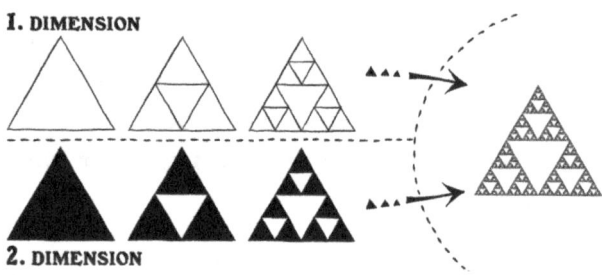

Die beiden Wege befinden sich also in unterschiedlichen Dimensionen, erreichen aber dasselbe Ziel! Nach unendlich vielen Schritten ergeben beide das Sierpiński-Dreieck. Es herrscht demnach absolute Uneindeutigkeit in Bezug auf seine Dimension. Gehört das Sierpiński-Dreieck der ersten oder der zweiten Dimension an? Ist es eine Linie, die durch Akkumulierung zur Fläche, oder ist es eine Fläche, die durch Auslassung zur Linie wird?

Zur Beantwortung dieser Frage holen wir am besten unsere nagelneue Definition der Dimension hervor: Die Dimension ist der Logarithmus des Verdoppelungsfaktors. Wir müssen uns also fragen, wie viele Sierpiński-Dreiecke notwendig sind, um ein doppelt so großes herzustellen. Lautet die Antwort 2, dann haben wir es mit eine Linie zu tun. Lautet sie 4, handelt es sich um eine Fläche.

Das Problem an der Sache ist: Die Antwort lautet 3.

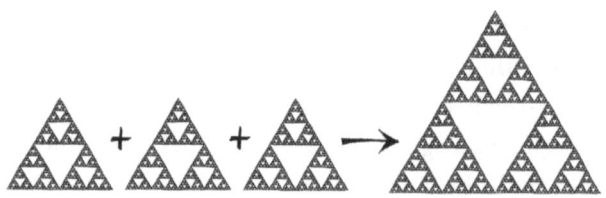

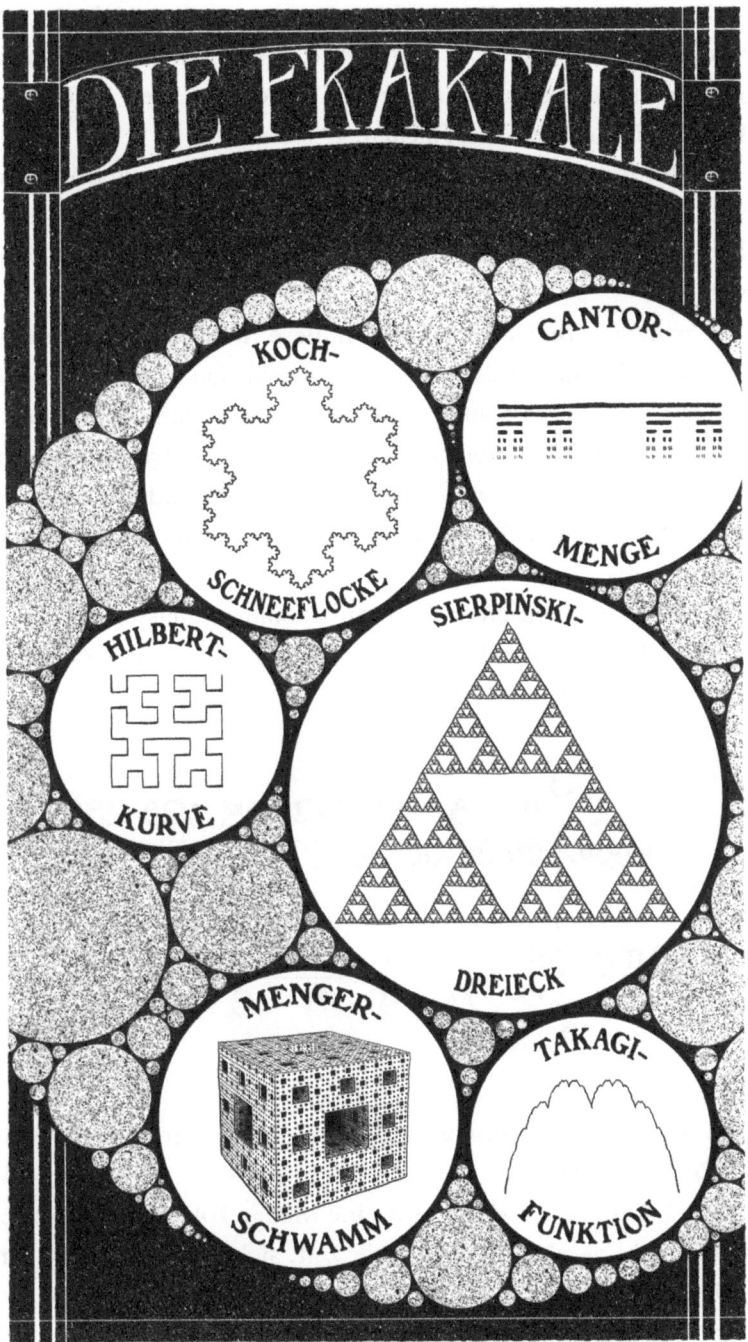

Wer hätte das gedacht! Um ein doppelt so großes Sierpiński-Dreieck herzustellen, benötigt man drei kleine. Wenn wir nun auf unsere Logarithmustafel schauen, landen wir mit diesem Wert mitten zwischen den Linien und den Flächen.

So verwunderlich es scheinen mag, aber die einzige sich aufdrängende Schlussfolgerung lautet: Die Dimension des Sierpiński-Dreiecks liegt zwischen 1 und 2. Es muss sich um eine Kommazahl handeln!

Die winzigen Dreiecke, aus denen diese Ausnahmefigur besteht, liegen so dicht aneinander, dass die Konstruktion über die Linie hinausgeht, sie sind aber auch nicht so gedrängt, dass sie zur Fläche wird. Das Sierpiński-Dreieck befindet sich irgendwo dazwischen. Als wäre es auf seiner Reise von der einen in die andere Dimension festgehalten worden. Es ist keine Linie und keine Fläche. Es ist etwas anderes.

Um seinen exakten Wert herauszubekommen, müssen wir nur in Napiers Tabellen nachschauen, welcher Logarithmus zur Zahl 3 gehört. Wir kommen auf die gerundete Zahl 1,585.

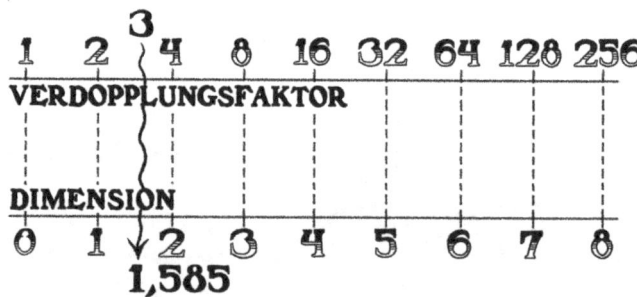

Damit haben wir die Antwort: Das Sierpiński-Dreieck ist eine Figur der 1,585ten Dimension.

Diese Erkenntnis verlangt uns eine Menge Toleranz ab. Machen Sie sich nicht verrückt – es braucht Zeit, sich daran zu gewöhnen. Die Tatsache, dass es Dimensionen mit Kommastellen geben kann, ist so seltsam und verstörend, dass der Verstand erst einmal rebelliert. Wie absurd! Genauso absurd, wie wenn man Buchseiten mit Kommazahlen nummerieren würde. Es erfordert einen gewissen Mut, eher einer logischen Folgerung als seiner Intuition Glauben zu schenken. Wenn Sie Ihre Skepsis angesichts dieser Zahl nicht so schnell überwinden können, ist das ganz normal und sogar eher gesund. Es ist jetzt, da ich diese Zeilen schreibe, beinahe zwanzig Jahre her, dass ich zum ersten Mal von fraktalen Dimensionen gehört habe, und ich möchte behaupten, dass ich mich von dieser Nachricht immer noch nicht ganz erholt habe.

Doch müssen wir der Mathematik glauben. Dimensionen mit Kommastellen sind seit Jahrzehnten bekannt und werden also schon eine Weile von Wissenschaftlerinnen und Wissenschaftlern untersucht: Irrtum ausgeschlossen. Ihre Existenz und Folgerichtigkeit wurde in zahlreichen Kontexten bewiesen. Tatsächlich gibt es ein ganzes Kontinuum von Dimensionen, und für jede dieser Dimensionen lassen sich Figuren konstruieren.

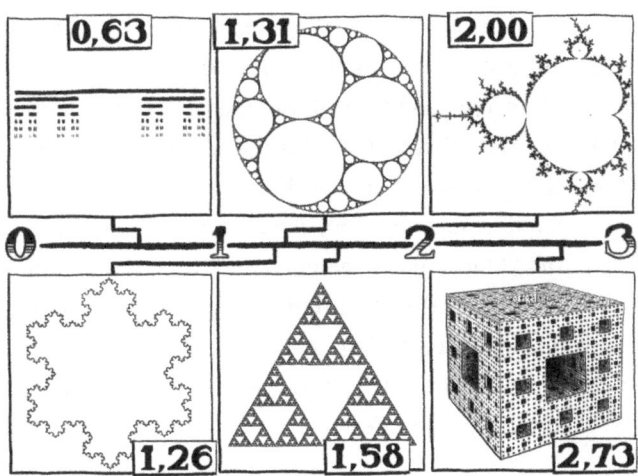

Über mehrere Jahre sollten die fraktalen Dimensionen dann als theoretische Kuriositäten in den Schubladen der Mathematiker liegen, ohne reale Anwendung zu finden. Bis Benoît Mandelbrot eines Tages von Lewis Fry Richardsons Nachforschungen über die Länge von Grenzverläufen erfährt. Da fällt ihm auf, dass diese Kuriosität konkreter sein könnte als gedacht.

Mandelbrot beschließt, die Theorie der Dimensionen auf eine Linie mit den Formen der britischen Küste anzuwenden. Er holt seine Logarithmustafeln hervor, rechnet nach und – Bingo! Die Küste Großbritanniens hat die Dimension 1,25.

Genau wie die Peano-Kurve ist sie so gewunden, dass sie nicht mehr als einfache Linie betrachtet werden kann. Und wie das Sierpiński-Dreieck ist sie nicht gewunden genug, um zur Fläche zu werden. Sie befindet sich also dazwischen. Man kann sie weder in Metern (m^1) wie Längen noch in Quadratmetern (m^2) wie Flächen messen, man muss sie in der für die eineinviertelte Dimension passenden Einheit messen, nämlich in «Metern hoch 1,25» ($m^{1,25}$).

Wenn wir uns die von Richardson gesammelten Daten noch einmal vornehmen, können wir nun anhand der Theorie der Dimensionen berechnen, dass die Westküste Großbritanniens etwa 4600 $km^{1,25}$ misst. Die Grenze zwischen Spanien und Portugal ist weniger zerklüftet, ihre Dimension entspricht aber immerhin 1,14 und man kann auf dieselbe Weise feststellen, dass sie etwa 1250 $km^{1,14}$ misst.

In unserer Unerfahrenheit mit derartigen Einheiten kommen uns diese Ergebnisse sehr abstrakt vor. Und doch haben wir hier die exakteste Lösung für unser Küstenproblem. Eine Lösung, mit der vor allem jene zufrieden sein dürften, denen an der außerordentlichen Genauigkeit der Mathematik gelegen ist. In der Realität messen Geografen Küsten weiterhin fröhlich in Kilometern und nehmen in Kauf, nur ungefähre Ergebnisse zu erzielen. Das ist nicht weiter schlimm. Die Fraktale jedenfalls sind nun in der Welt angekommen und ihre Anwendungen häufen sich.

Vor Mandelbrot galten Fraktale unter Mathematikern als theoretische Gebilde ohne jeden Bezug zur Wirklichkeit, nun aber kommt er mit dem schlagenden Gegenargument: Es ist vielmehr Euklids Geometrie, die nicht an die Realität heranreicht. Berge sind keine Kegel, Bäume sind keine Kugeln und Flüsse sind keine geraden

Linien. In der echten Welt ist alles zerklüftet, abgehackt, gebrochen, zerfranst, zerknautscht und verbeult. Unebenheit ist die Regel, Glattheit die Ausnahme. Selbst die Erde ist nicht rund, sondern durch Schluchten und Berge aufgeworfen. Die Natur ist fraktal! Das ist Mandelbrots feste Überzeugung.

Wenn Sie sich Ihr Umfeld anschauen, finden Sie sicher einige Beispiele, vor allem in der Pflanzenwelt: den Formen von Farnen, Bäumen, Blättern und Blüten. Die Oberfläche eines Blumenkohls ist angefüllt mit Details und gehört der Dimension 2,33 an. Ein Brokkoli ist noch unebener und hat die Dimension 2,66. Oder nehmen wir unseren Körper. Wenn wir unsere fein verästelten Blutgefäße aneinanderlegen würden, ergäbe sich eine Länge von 100 000 bis 200 000 Kilometer, damit kommt man mehrmals um die Erde und macht Dido alle Ehre. Die zum Austausch zwischen Luft und Blut dienende «Oberfläche» unserer Lungen ist so dicht und gedrängt, dass man beinahe von einem Rauminhalt sprechen kann. Ihre Dimension beträgt 2,97.

1982 veröffentlicht Mandelbrot ein Buch mit dem Titel *The Fractal Geometry of Nature* (Die fraktale Geometrie der Natur). Darin versammelt er zahlreiche mathematische wie physikalische Beispiele. Die Welt der Fraktale ist reich und vielfältig. Ihre Theorie ist extrem spannend, ihre Praxis ungemein nützlich. Mandelbrot hat damit eine echte Entdeckung gemacht, und in seiner Nachfolge haben sich viele Mathematikerinnen und Mathematiker auf das Feld der Fraktale gewagt.

Auch heute sind auf diesem Gebiet herausragende Forschungen im Gange. Fraktale werden dabei nicht nur um ihrer selbst willen untersucht, sie haben inzwischen auch Einfluss auf andere Bereiche der Mathematik und Naturwissenschaften.

Das Erstaunlichste an den Fraktalen bleibt aber wohl, dass es tatsächlich bis ins 20. Jahrhundert dauerte, bis sich die Wissenschaft endlich für die in der Natur allgegenwärtigen Muster zu interessieren begann. Wie das Benfordsche Gesetz hatten unsere Vorfahren die Fraktale über Jahrhunderte vor Augen, ohne sie wirklich wahrzunehmen. Man könnte beinahe paranoid werden. Wenn Sie kurz aufschauen und einen Blick auf die Sie umgebende Welt werfen: Wie viele Dinge sehen Sie da, die auf ihre Entdeckung warten? Was gibt es in dieser Welt noch zu begreifen, das bisher niemand begriffen hat, einfach weil noch nie darüber nachgedacht wurde? Welche spannenden Dinge haben wir direkt vor der Nase, ohne dass wir ihnen Aufmerksamkeit widmen?

Große Entdeckungen hängen oftmals an kleinen Details.

4.

Die Kunst der Uneindeutigkeit

Das fünfte Postulat Euklids

Wie können wir Gewissheit über unser Wissen haben? Diese Frage beschäftigt uns Menschen, seit wir sie uns stellen können. Wir beobachten und analysieren die Welt, wir sehen Tausende Male, wie dieselben Ursachen dieselben Wirkungen zeigen – und irgendwann glauben wir, dass wir etwas über die Mechanismen der Natur verstanden haben. Aber ab welchem Punkt können wir Zutrauen in unsere Kenntnisse haben? Wie vermeiden wir Voreingenommenheit, unerkannte Zufälle und Fehldeutungen? Können wir jemals sagen: «Genau so ist es»? Können wir absolute Gewissheit erlangen, bei der jeder Irrtum ausgeschlossen ist?

Unsere Wissensgeschichte besteht aus Behauptungen, die eine Zeit lang als wahr galten, bis sie korrigiert oder widerlegt wurden. So dachte man, die Sonne kreise um die Erde. Oder auch, geometrische Figuren ließen sich ausschließlich in drei Dimensionen denken. Unser Versand kann uns täuschen, und selbst die größten Geister sind Irrtümern unterlegen. Die Wissenschaft hat uns eine Menge über die Welt gelehrt, doch sollten wir darüber Demut und Zweifel nicht aufgeben.

Im 5. Jahrhundert v. Chr. beschloss ein Mathematiker namens Hippokrates von Chios, dem Zweifel entgegenzuarbeiten, indem er sich den Grundlagen der Geometrie widmete. Er verfasste die *Elemente* – ein Werk, das sämtliche Erkenntnisse zum Thema sammeln und ordnen sollte. Das Ziel ist ehrgeizig: Hippokrates will das geometrische Wissen strukturieren und auf eine unanfechtbare Grundlage stellen. Nichts darf einfach so behauptet werden. Jeder geäußerte Lehrsatz muss streng und genau untersucht werden.

Das Werk des Hippokrates ist uns ebenso wenig wie die Arbeiten der Gelehrten überliefert, die in den darauffolgenden Jahrhunderten in seine Fußstapfen treten. Sie alle werden verdrängt, als im 3. Jahrhundert v. Chr. die letzte und zugleich vollständigste und am meisten zu Ende gedachte Fassung erscheint – nämlich *Die Elemente* des Euklid. In den dreizehn Bänden geht es um die Geometrie der Ebene, um Arithmetik und Proportionen, zuletzt auch um dreidimensionale Geometrie. Alle diese Felder werden methodisch abgearbeitet, es erfolgt ein Übergang von grundlegenden Eigenschaften zu komplexen Lehrsätzen, jeweils begleitet von ausführlichen Darstellungen.

Euklids *Elemente* markieren einen Wendepunkt in der Geschichte der Mathematik. Nach ihrer Veröffentlichung stellen zwar zahlreiche Gelehrte überarbeitete, erweiterte oder kommentierte Fassungen vor, auch bleiben manche Details in den folgenden Jahrhunderten umstritten, doch Euklids allgemeine Ordnung wird nicht angefochten. Die Mathematik erscheint wohlstrukturiert, sie ruht auf einem soliden und verlässlichen Sockel. Seit den *Elementen* können Mathematiker sichere Aussagen treffen.

Doch es wäre zu einfach, wenn die Geschichte hier endete. Denn aus den *Elementen* erwächst ein neuartiges Problem, mit der bis dahin keine Zivilisation zu tun hatte. Dieses Problem betrifft das Wesen der Mathematik: Es geht um Euklids fünftes Postulat.

Das fünfte Postulat ist ein Monument der Wissenschaftsgeschichte. Und obgleich eine solche Einschätzung immer nur subjektiv sein kann, würde ich sogar so weit gehen, es als das größte mathematische Rätsel aller Zeiten zu bezeichnen. Das Problem ist ebenso zentral wie einzigartig. Seine Folgen sind immens, und die Originalität seiner Formulierung wie auch seiner Lösung hat es zu einem Mythos der Mathematik werden lassen. Um einen Begriff davon zu bekommen, müssen wir in die Struktur der *Elemente* eintauchen.

Das fünfte Postulat Euklids

Die Einzigartigkeit und Modernität von Euklids Werk besteht nicht so sehr in seinen mathematischen Erkenntnissen als in der Methode, mit der diese erlangt werden. Jeder Satz wird streng geprüft. So wird jede Behauptung der *Elemente* von einer Beweisführung begleitet: Euklid untermauert ihre Gültigkeit durch eine logische Argumentation, die sich auf bereits bewiesene Erkenntnisse stützt.

Diese Vorgehensweise stößt jedoch an eine Grenze, denn irgendwo muss man ja anfangen. Wenn jede Beweisführung auf bereits gewonnenen Erkenntnisse aufbauen muss, wie kann dann unsere erste Erkenntnis abgesichert werden? Wie kann die Grundannahme der *Elemente* belegt werden, wo doch vor ihr nichts ist? Hippokrates, Euklid und die griechischen Gelehrten, die über diese Frage nachdachten, begriffen wohl, dass sich hierauf keine Antwort aus dem Hut zaubern ließ. Dem Problem kann man nicht aus dem Weg gehen: Man kann nicht bei null anfangen. Um die Mathematikmaschine in Gang zu bringen, müssen wir gewisse Grundsätze beweislos akzeptieren.

Doch können wir immerhin dafür sorgen, dass diese Voraussetzungen so elementar und offensichtlich sind, dass wir ihnen ohne Schwierigkeiten vertrauen. Sie sind der Grundstein unserer Theorie und das Fundament, auf dem wir das gesamte mathematische Gebäude errichten. Diese per se gültigen Wahrheiten nennt man «Axiome» oder «Postulate».

Im ersten Band seiner *Elemente* verwendet Euklid genau fünf Postulate, auf die er seine Geometrie der Ebene stützt.

1. Zwischen zwei Punkten einer Ebene lässt sich genau eine gerade Linie ziehen.
2. Eine begrenzte gerade Linie lässt sich stetig zu beiden Seiten verlängern.
3. Mit zwei gegebenen Punkten lässt sich ein Kreis beschreiben, der den ersten Punkt zum Mittelpunkt hat und durch den zweiten verläuft.

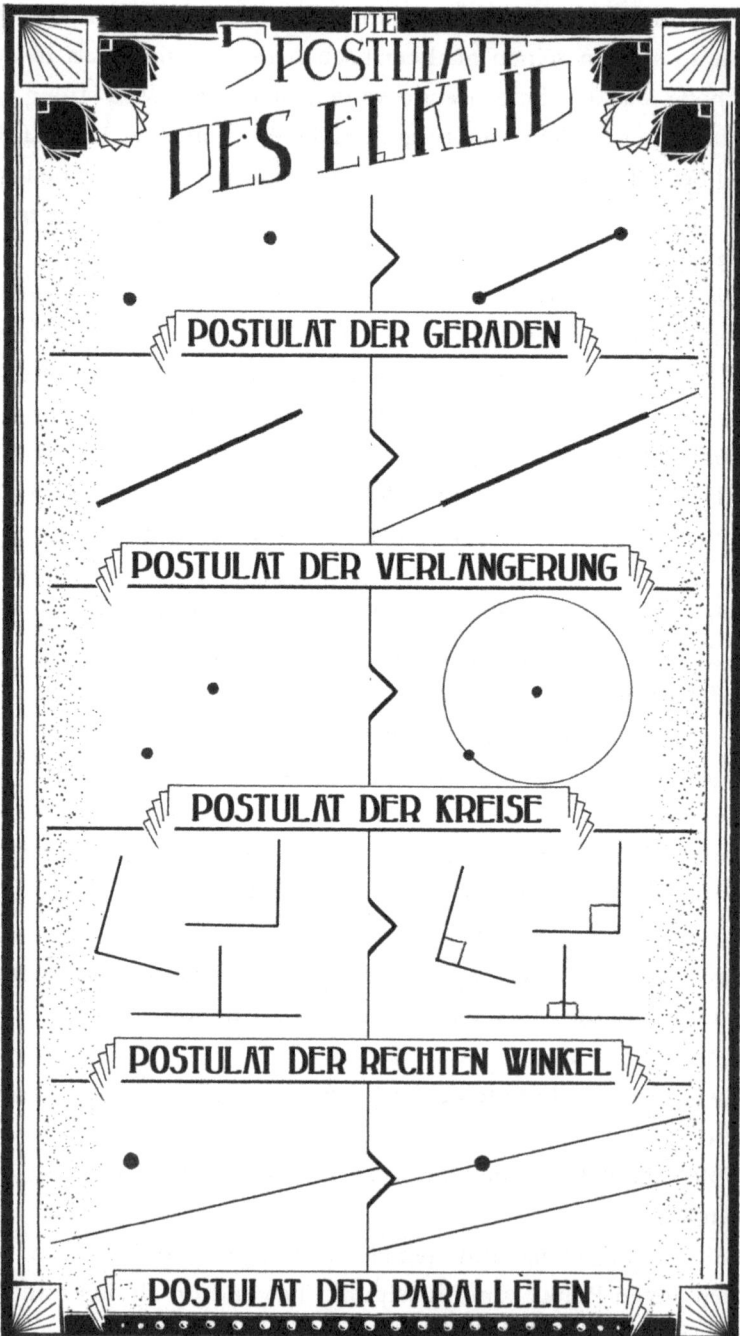

4. Alle rechten Winkel sind einander gleich.
5. Sind eine gerade Linie und ein Punkt gegeben, so gibt es genau eine gerade Linie, die durch den Punkt läuft und zur gegebenen Linie parallel ist.

Alle diese Äußerungen sind vernünftig und erscheinen kaum anfechtbar. Auf der Grundlage der Postulate kann Euklid alle klassischen Sätze der Geometrie beweisen, die noch heute in allen Schulen der Welt gelehrt werden. Darunter sind der Satz des Pythagoras, der Satz des Thales oder auch die Regel, dass die Summe aller Innenwinkel eines Dreiecks gleich 180° ist. All dies entspringt den fünf Postulaten.

Halten wir uns eine Weile beim eben Gesagten auf, um seine Bedeutung zu ermessen. Absolut bemerkenswert ist ja, dass Euklid außer den fünf Axiomen keine weitere Voraussetzung macht, ohne ihre Richtigkeit zu beweisen – möge die Erkenntnis noch so offensichtlich sein.

Nehmen wir etwa Quadrate, also geometrische Figuren mit vier gleich langen Seiten und vier rechten Winkeln. Quadrate hat jeder von uns schon einmal gesehen und wir haben keinerlei Zweifel daran, dass sich diese Figuren konstruieren lassen. Doch keines der fünf Axiome der *Elemente* betrifft Quadrate. Bevor er also Quadrate einführt, beweist Euklid, dass es sie gibt.

Er tut dies mit der sechsundvierzigsten Proposition des ersten Buchs. Ausgehend von einem Geradenstück erklärt er Schritt für Schritt, wie sich ein Quadrat konstruieren lässt, dass dieses Geradenstück als Seite hat.

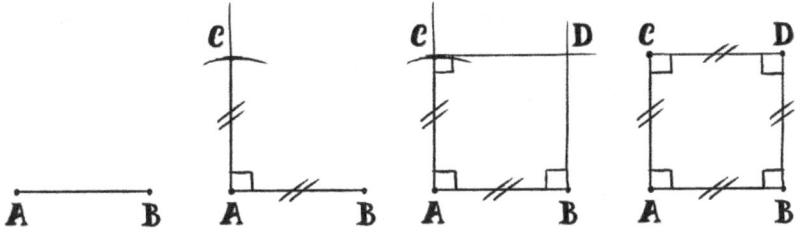

Die Manie, wirklich alles und selbst die einfachsten Dinge analysieren zu wollen, brachte Euklids Anhängern den Spott der Philosophen und insbesondere der Epikureer ein. Für Letztere ist es genauso absurd, Tatsachen beweisen zu wollen wie unverständliche Dinge widerspruchslos zu akzeptieren. Schauen wir uns etwa den zwanzigsten Satz des ersten Buchs an. Er besagt, dass der Weg von einem Punkt A zu einem Punkt B kürzer ist, wenn man über die gerade Verbindung anstatt über einen zusätzlichen Punkt C geht.* Aber selbst ein Esel, der sich an Punkt A befände, würde natürlich geradewegs zu seinem Heu an Punkt B trotten, ohne dass ihm einfiele, noch an Punkt C vorbeizulaufen.

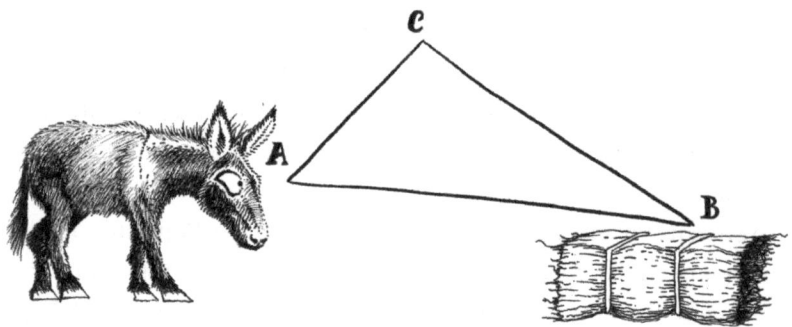

In den Augen der Epikureer macht sich Euklid lächerlich, indem er so tut, als wisse er nicht, was doch jeder Esel durchschaut. Warum soll man sich die Mühe machen und Tatsachen beweisen? Man könnte doch einfach hinnehmen, dass es Quadrate gibt und der kürzeste Weg die gerade Linie ist.

Doch dann müsste man zwei zusätzliche Postulate aufstellen. Man könnte gar die gesamten *Elemente* überarbeiten und alle Propositionen, die man für selbstverständlich hält, den Postulaten zuordnen. Der Text würde so um einiges straffer, denn man könnte sich sämtliche Beweisführungen sparen.

---

* Heute sprechen wir von der Dreiecksungleichung: In einem beliebigen Dreieck ist jede Seite kürzer als die beiden anderen zusammengenommen.

Beide Sichtweisen haben ihre Argumente, ich persönlich würde mich aber auf Euklids Seite schlagen. Ich weiß nicht, wie Sie darüber denken, aber mir schaudert bei der Vorstellung, mit lauter ungeprüften Annahmen zu tun zu haben. Ich finde es im Gegenteil äußerst elegant, auch offensichtliche Dinge mit nur fünf Grundwahrheiten erklären zu können. Es ist doch sehr befriedigend, dass unser mathematisches Gebäude auf einer minimalen Anzahl von Postulaten aufbaut, oder?

Zudem sollte man Euklids eigentliche Absicht im Kopf behalten: Er verlangt sicher nicht, dass jeder, der einen geometrischen Satz benötigt, diesen anhand der fünf Axiome herleitet. Im Gegenteil, die *Elemente* entbinden von der Beweispflicht. Sie sind ein wunderbarer Werkzeugkasten, der uns davon befreit, die Gültigkeit eines Satzes überprüfen zu müssen, bevor wir ihn verwenden. Ein in den *Elementen* bewiesener Satz steht uns hürdenlos zur Verfügung. Euklid hat gezeigt, dass es Quadrate gibt, und damit ist die Angelegenheit ein für alle Male geregelt.

Doch abgesehen von subjektiv empfundener Eleganz birgt obiger Vorschlag noch ein anderes Problem. Wenn man zulässt, dass ein Postulat hinzugefügt wird, wenn ein Satz offensichtlich erscheint, wird man nur schwer entscheiden können, wo man den Schlussstrich zieht. Die Grenze zwischen Tatsachen und Theorien würde verschwimmen und von Mensch zu Mensch unterschiedlich wahrgenommen. Euklids Methode lässt uns keine Zeit mit unnützen Debatten verschwenden, in denen wir darüber streiten, was offensichtlich ist und was nicht. Die Mathematik interessiert nicht, was offensichtlich ist. Sie will nur wissen, was wahr ist.

In Fachkreisen ist die Frage nach der Anzahl der Axiome heute nicht mehr umstritten. Es gilt auf jeden Fall als günstiger, eine Theorie auf möglichst wenige Grundannahmen zu stützen. Nun stellt sich aber eine neue Frage: Könnte man mit weniger Axiomen auskommen als Euklid? Wäre es möglich, die gesamte Geometrie der Ebene auf nur vier Postulaten aufzubauen?

Nach Euklid haben sich viele Gelehrte darüber Gedanken gemacht, wie notwendig insbesondere das fünfte Postulat ist. Der wortreichste und schwerfälligste der fünf Grundsätze der euklidischen Geometrie erscheint weniger selbstverständlich als seine vier Vorgänger. Man könnte geneigt sein, ihn aus der Reihe der Postulate zu streichen und ihn stattdessen den zu beweisenden Sätzen zuzuordnen.

Wir wissen nicht, wann diese Frage zum ersten Mal aufkam. Sicher dachte schon Euklid über sie nach, als er sein Grundlagenwerk verfasste, und auch die *Elemente* des Hippokrates aus dem 5. Jahrhundert v. Chr. trugen die Problematik zweifellos in sich. Ganz gleich, welchen Ursprung sie haben mag und wann genau sie zuerst formuliert wurde: Die Frage nach der Notwendigkeit des fünften Postulats sollte Generationen von Mathematikern umtreiben und wissenschaftliche Umbrüche hervorrufen, die weit über die Geometrie hinausgehen.

Kann man also auf das fünfte Postulat verzichten?

Die Frage mag auf den ersten Blick nebensächlich erscheinen, tatsächlich aber ist sie von gigantischem Ausmaß. Bei oberflächlicher Betrachtung kann man sich berechtigterweise fragen, was denn an diesem Problem so besonders sein soll. Womöglich finden Sie, dass ich übertrieben habe, als ich es vorhin als das größte mathematische Rätsel aller Zeiten bezeichnet habe. Bevor wir fortfahren, möchte ich daher kurz umreißen, welchen Weg das fünfte Postulat genommen hat.

Eine seiner Eigenarten besteht darin, dass es sich eigentlich nicht um ein geometrisches, sondern um ein logisches Problem handelt. Es stellt die Funktionsweise der Mathematik infrage und zwingt Wissenschaftler, die Grundfesten ihrer Disziplin in Zweifel zu ziehen. Das Rätsel widersteht ihnen gut zwei Jahrtausende, bis es im 19. Jahrhundert endlich gelöst wird. Eine solche Hartnäckigkeit ist die absolute Ausnahme.

Aber die Geschichte endet damit nicht. Als der Status des fünften Postulats geklärt wird, ist die Schockwelle so gewaltig, dass sie die Wissenschaften über die Sphären der Geometrie, Mathematik und Logik hinaus erschüttert. Und zwar in einem Ausmaß, das niemand für möglich gehalten hätte. Zweitausend Jahre haben Mathematiker rein aus intellektueller Neugier am Problem des fünften Postulats gerätselt – ohne zu ahnen, dass dies irgendeine konkrete Auswirkung haben könnte. Kein Mensch hätte gedacht, dass dieses unscheinbare Problem eines Tages die Macht haben würde, sich über Newtons großartige Theorie hinwegzusetzen.

Dabei hatte sich das allgemeine Gravitationsgesetz doch mehrfach bewährt. Seit seiner Entdeckung im 17. Jahrhundert hatte es die Gezeiten erklärt und den freien Fall in Mathematik übertragen. Es stand über dem Lauf des Mondes um die Erde und der Bahn der Planeten um die Sonne. Es sagte die Rückkehr des Halleyschen Kometen voraus, deutete auf die Form des Erdballs hin und sorgte für die Entdeckung des Planeten Neptun. Wenn das nichts ist! Anfang des 19. Jahrhunderts rechnete niemand damit, dass eine so brillante und erfolgreiche Theorie eines Tages infrage gestellt werden könnte. Newtons Werk war der größte Sieg der Wissenschaften. Was sollte ein Postulat über parallele Geraden schon dagegen ausrichten?

Doch vor schlummernden kleinen Mathematikrätseln muss man sich in Acht nehmen. Als Newton 1687 seine *Principia* veröffentlichte, war es knapp zweitausend Jahre her, dass das fünfte Postulat aufgestellt worden war. Als man das fünfte Postulat auflöste, wurde Newtons Theorie nach nur einem Jahrhundert über den Haufen geworfen.

Eines muss ich Ihnen noch über das fünfte Postulat verraten, und es ist wahrscheinlich die verwirrendste Auskunft zum Thema: Das Problem ist einfach. Seine Lösung ist nicht kompliziert, sie ist brillant und raffiniert. Es geht vor allem darum, wie man die Frage betrachtet. Sie erfordert einen Perspektivenwechsel.

Über zwei Jahrtausende haben Generationen brillanter Köpfe dem fünften Postulat Jahre ihres Lebens gewidmet. Ohne Erfolg. Wenn es uns möglich wäre, mit unserem heutigen Wissen durch die Zeit zu reisen und diese Wissenschaftler zu besuchen, bräuchten wir jedoch gerade einmal zehn Minuten, um ihnen die Lösung zu erklären. Denn all die klugen Geister lagen buchstäblich daneben, sie dachten an der Antwort vorbei. Die Lösung haben sie nicht erkannt, weil sie das Problem nicht aus der geeigneten Richtung angegangen sind. Wechselt man den Standpunkt, steht einem die Lösung auf einmal wie selbstverständlich vor Augen. Wenn das nicht der Gipfel der Eleganz ist!

Noch ein paar Seiten und Sie halten den Schlüssel zu diesem so einfachen wie machtvollen Rätsel in der Hand – einen Schlüssel, den die größten Wissenschaftsgenies, welche die Menschheit in zweiundzwanzig Jahrhunderten hervorgebracht hat, furchtbar gerne besessen hätten.

Welche Ironie, welcher Taumel!
Und welche Wonne.

Die Illusion der Farben

Eine glaubrüne Sprache ist eine Sprache, in der es nur ein Wort gibt, um die Farben Blau und Grün zu bezeichnen.* Wir merken oftmals kaum, wie sehr unsere Wahrnehmung der Farben von unserem Vokabular geprägt ist. Nichts erscheint uns realer und objektiver als das, was wir mit eigenen Augen sehen.

Doch der Augenschein kann trügen, dafür sind die glaubrünen Sprachen der beste Beweis. Viele Völker haben es nicht für nötig gehalten, eine Grenze zwischen diesen beiden Nuancen zu ziehen. Denn das Meer kann je nach Wetter oder Stimmung blau oder grün erscheinen, und so ist es nicht verwunderlich, dass Menschen, die im täglichen Kontakt mit dem Meer sind, diese Variationen einer

---

* Es gibt kein gebräuchliches Adjektiv, mit dem man diese Sprachen klassifizieren könnte. Im Internet bin ich auf den Ausdruck «glaubrün» gestoßen und fand ihn so amüsant, dass ich ihn übernommen habe.

Die Illusion der Farben

einzigen Farbe zuzuordnen. Die vietnamesische Sprache etwa verwendet das Wort *xanh* für glaubrün. Es bezeichnet glaubrüne Blätter, die wir grün nennen, und das glaubrüne Meer, das für uns blau ist.

In unseren Kinderbüchern kommen meist elf Farben vor: Weiß, Blau, Gelb, Rot, Grün, Orange, Lila, Braun, Grau, Rosa und Schwarz. Später lernen wir, Nuancen zwischen diesen Farben zu benennen. So kann die Farbe Grün olivgrün, grasgrün, khakigrün oder smaragdgrün sein. Unsere Augen sind generell in der Lage, zwischen hunderttausend und einer Million Farben zu unterscheiden.* Die Zahl ist von Mensch zu Mensch verschieden: Manche können sehr nah aneinanderliegende Nuancen erkennen, die für andere absolut identisch sind. Bei dieser Menge ist es natürlich nicht möglich, für jeden einzelnen Ton ein Wort zu finden. Man muss die Farben also in Gruppen einteilen, und diese Einteilung ist zwangsläufig subjektiv.

Bestimmt ist es Ihnen schon passiert, dass Sie im Laufe eines Gesprächs uneins mit Ihrem Gegenüber waren, wie man eine Farbe bezeichnen sollte. Ist Türkis nun Blau oder Grün? Die offiziellen Ampelfarben sind Rot, Gelb und Grün, obgleich viele Menschen das mittlere Signal als orange bezeichnen. Die durch die Worte gesetzten Grenzen sind nicht nur künstlich, sondern auch verschwommen.

Diese Beobachtungen sind nicht ohne Folgen. Die einfache Tatsache, dass es ein Wort gibt, verändert unseren Zugang zu den Farben und damit zu der von uns wahrgenommenen Welt. Unser Verstand wird durch das Vokabular geprägt und übernimmt seine Grenzen. Das Russische hat zwei verschiedene Wörter für die Farbe Blau, nämlich синий *(siniy)* und голубой *(goluboy)* für Hellblau. Wenn wir wissen möchten, was dies an der Farbwahrnehmung ändert, müssen wir nur darauf schauen, dass wir dasselbe mit Rot und Hellrot tun, indem wir Letzteres Rosa nennen. Den Bezug zwi-

---

* Wie wir inzwischen wissen, können wir sehr viele Farben, jedoch nicht unendlich viele Farben wahrnehmen!

schen Rot und Rosa denken wir anders als den Bezug zwischen Blau und Hellblau. Rosa erscheint uns als eigenständige Farbe mit eigener Symbolik. Hellblau dagegen betrachten wir als eine Variation von Blau. Das Wort macht den Unterschied.

Ende der 1990er Jahre suchte ein Forscherteam den Stamm der Berinmo auf, die als Jäger und Sammler an den Hochufern des Sepikstroms in Papua-Neuguinea leben. Ihre Sprache besitzt mehrere Wörter – etwa *Mehi*, *Nol* oder *Wap* –, mit denen Farben bezeichnet werden. Nun kam die Frage auf, wie man diese Begriffe in unsere europäischen Sprachen übertragen könne. Vor Antritt der Reise hatten sich die Forscher eine Farbtabelle mit einhundertsechzig Nuancen von englischsprachigen Probanden benennen lassen. Das Ergebnis sah so aus:*

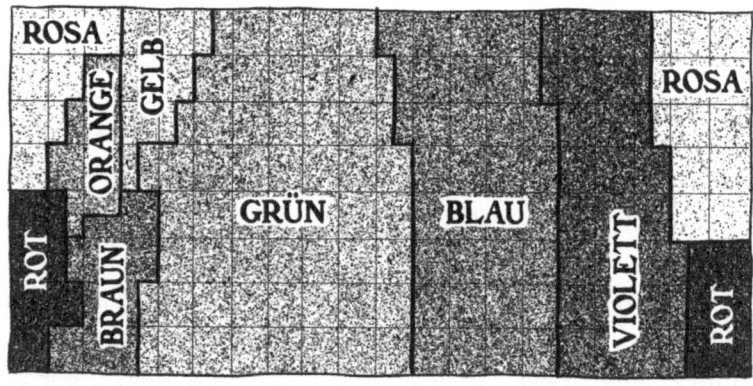

Die Darstellung in Schwarz-Weiß erfordert natürlich etwas Phantasie. Wenn Sie schon einmal mit der Farbpalette eines Zeichenprogramms gearbeitet oder einen Farbenkatalog durchgeblättert haben, kennen Sie sicher die Anordnung der Farben. Horizontal wechseln die Töne wie die Farben im Regenbogen und wandern von Rot zu

---

* Die Tabelle wurde in englischer Sprache entworfen, aber die Ähnlichkeit zum Deutschen ist so groß, dass sich keine Abweichung ergibt.

Violett. Vertikal ändert sich die Helligkeit: Nach oben sind die Töne heller, nach unten dunkler.

Trotz der unscharfen Definitionen lässt die Palette doch eine Tendenz erkennen. Die große Mehrheit der Europäer würde eine ähnliche Aufteilung treffen. Als nun die Forscher die Berinmo baten, die Elemente der Farbtafel zu benennen, ergab sich ein radikal anderes Bild.

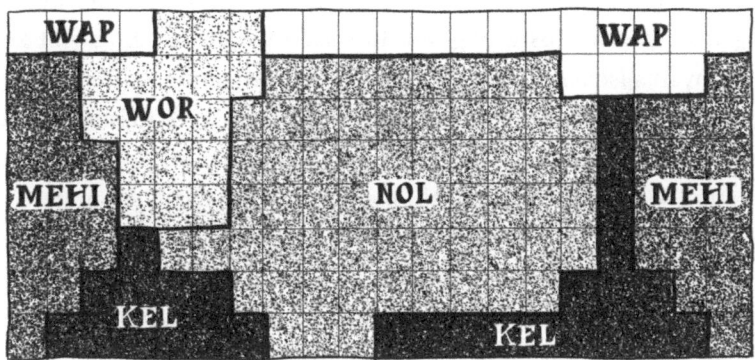

Man merkt deutlich, dass die Sprache der Berinmo zu den glaubrünen gehört. Das Wort *Nol* bedeckt eine große Fläche von Violett über Blau bis Grün. Das Wort *Wor* umfasst Gelb, Orange und einen Teil von Grün. An manchen Stellen verschwinden Grenzen, an anderen tauchen neue auf. In dem Feld, das wir «Grün» nennen, setzen die Berinmo Nuancen namens *Nol*, *Wor* und *Kel*. Sicher fänden sie es seltsam, für Farben, die ihnen so unterschiedlich erscheinen, dasselbe Wort zu gebrauchen.

Im Anschluss an diese Experimente wurden Untersuchungen durchgeführt, um der Ursache für die Unterschiede auf den Grund zu gehen. Man könnte beispielsweise an biologische Gründe denken: Womöglich unterscheiden sich die Fotorezeptoren unserer Netzhaut sich von denen der Papua-Neuguineer? Die Nachprüfung konnte diesen Verdacht nicht erhärten, daher deutet alles darauf hin, dass die Aufteilung der Farben nicht in der Biologie, sondern in einer kulturellen Verschiedenheit begründet ist.

Zwischen 1670 und 1672 – er ist noch keine dreißig Jahre alt und sein Apfel ist noch nicht gefallen – interessiert sich Isaak Newton für die Eigenschaften des Lichts und entdeckt, dass man mithilfe eines Prismas das weiße Licht der Sonne zu einem Regenbogen auffächern kann. Es ist Newtons erste große Entdeckung. Er unterscheidet in diesem Spektrum sieben Farben: Rot, Orange, Gelb, Grün, Indigo und Violett. Diese von den sieben Tönen der Tonleiter inspirierte Festlegung sollte ihm im Nachhinein Kritik einbringen. Der Regenbogen zeigt eine Abstufung von Rot nach Violett, doch es gibt keinen physikalischen Grund, warum einer bestimmten Aufteilung der Vorzug gegeben werden sollte. In der Antike zerlegte Aristoteles den Regenbogen in nur drei Farben (Violett, Grün und Rot), während Plutarch vier Farben (Rot, Gelb, Blau und Grün) darin erkannte.

Trotzdem sollte man nicht annehmen, dass es bei der Farbeinteilung überhaupt keine Regeln gäbe. So existiert etwa keine einzige Sprache, die Rot und Grün zusammennimmt, aber Blau unterscheidet. Anfang der 1960er Jahre durchgeführte Untersuchungen haben ergeben, dass Sprachen, die ihrem Vokabular nach und nach Farbwörter hinzufügen, hierbei immer nach demselben Muster vorgehen. Es gibt glaubrüne Sprachen, die gleichzeitig relbgot sind (also Rot und Gelb zusammenfassen), was aber umgekehrt nicht gilt. Die Grenze zwischen Blau und Grün wird immer nach der Grenze zwischen Rot und Gelb gezogen.

Diese Invarianz legt eine gewisse Übereinstimmung in unserer Unterscheidung der Farben nahe. Unsere Augen sind mit fotorezeptiven Zellen, den «Zapfen», ausgestattet, die in drei Typen unterteilt werden: S-Zapfen für den blauen, M-Zapfen für den grünen und L-Zapfen für den roten Bereich des Farbspektrums. (Die Buchstaben stehen für die verschiedenen Wellenlängen des Lichts: *Short, Medium und Long.*) Blau, Grün und Rot sind somit sogenannte Primärfarben, und alle Nuancen, die wir wahrnehmen können, sind Kombinationen aus den dreien. Man könnte gewissermaßen sagen: Der Raum der Farben ist dreidimensional, da man drei Koordinaten benötigt, um eine einzelne Farbe zu bestimmen.

Die drei Farben ergeben sich also nicht etwa durch ein physikalisches Phänomen, sie sind vielmehr eine Folge unserer biologischen Ausstattung. Weil unsere Auge so sind, wie sie sind, sehen wir eine in drei Primärfarben gefärbte Welt. Es gibt jedoch Ausnahmen.

So kommt es bei fehlenden Grün- oder Rot-Zapfen zu einer Rot-Grün-Sehschwäche. Entgegen der landläufigen Meinung geht es dabei nicht um eine Verwechslung der beiden Farben, sondern um ein Nichterkennen bestimmter Nuancen. Personen mit einer Rot-Grün-Sehschwäche nehmen Farben als identisch wahr, die von den meisten anderen Menschen unterschieden werden.

Das gegenteilige Symptom ist das Vorhandensein eines vierten Zapfens und nennt sich Tetrachromasie. Bei Menschen ist dieses Phänomen äußerst selten und man hat nur bei wenigen Personen festgestellt, dass sie die Welt mit vier Primärfarben wahrnehmen. In der Tierwelt dagegen ist Tetrachromasie sehr verbreitet. Ihr Goldfisch etwa sieht nicht nur alle Farben, die Sie sehen, sondern kann zudem eine ultraviolette Primärfarbe wahrnehmen, die Ihnen verborgen bleibt. Auch die meisten Vögel sind Tetrachromaten, bei vielen anderen Tierarten wird die Eigenschaft vermutet.

Dabei muss betont werden, dass Tetrachromasie das Sehvermögen nicht um eine einzelne Farbe, sondern um eine Primärfarbe erweitert, die sich mit allen anderen Farben des Spektrums vermischen kann. Ihr Goldfisch erhält damit eine ganze Vielfalt zusätzlicher Farbkombinationen.

Die Vielseher-Trophäe geht allerdings an die dodecachromatischen Fangschreckenkrebse, die ihre Umgebung mit zwölf Primärfarben wahrnehmen! Da diese sich untereinander vermischen können, kommen die Krustentierchen auf nicht weniger als 4082 Sekundärfarben* und eine sagenhafte Anzahl möglicher Nuancen.

Verglichen mit diesen Wesen leiden wir Menschen an einer ge-

---

* Bei zwölf Primärfarben gibt es 2^{12}, also 4096 mögliche Kombinationen. Die Sekundärfarben erhält man, wenn man hiervon die zwölf Primärfarben sowie Schwarz und Weiß abzieht, die eine Sonderrolle haben.

waltigen Sehschwäche. Unser Blick auf die Welt muss den Krebsen ganz schön eintönig vorkommen, sehen sie doch ein Vielfaches an Nuancen, für deren Wahrnehmung wir nicht ausgestattet sind.

Interessanterweise haben wir diese Sehschwäche an unsere elektronischen Geräte weitergegeben. Unsere Kameras wie unsere Fernseh- und Computerbildschirme sind so ausgelegt, dass sie die Primärfarben Rot, Grün und Blau aufnehmen und wiedergeben. Sämtliche andere existierende Nuancen werden übergangen.

Wenn Sie mit einem tetrachromatischen Tier vor dem Fernseher säßen, würde es sich garantiert beschweren, dass auf dem Bildschirm Farben fehlen. Der Bildschirm gibt nämlich nicht die Farben der Welt wieder, sondern nur jene, die nötig sind, damit wir keinen Unterschied bemerken. Wir sind wie Wesen, die nur schwarz-weiß sehen können, ihr Schwarz-Weiß-TV schauen und dabei annehmen, das Bild würde der Wirklichkeit entsprechen.

Inzwischen haben Wissenschaftler Apparate erfunden, die für unsere Augen unsichtbare Farben erfassen können. Dazu gehören etwa Infrarotkameras oder Radioteleskope. Mit diesen Instrumenten bereichert die Wissenschaft unser Sehvermögen und ermöglicht uns, lauter Dinge zu sehen, die zuvor für uns komplett unsichtbar waren. Im Universum gibt es viele Objekte wie Nebel oder Supernovae, welche nur in Farben erkennbar sind, die unseren Augen entgehen.

Diese Methode bestätigt noch einmal eindrücklich die Nützlichkeit der Regenschirm-Formel. Um das Unsichtbare im Universum zu beobachten, nehme man 1. ein Instrument, das andere Farben aufnimmt, schaue man 2. genau hin und übersetze 3. seine Beobachtungen in Farben, die unsere Augen wahrnehmen. Am Ende steht die Faszination.

Auf diese Weise sind viele der Aufnahmen entstanden, die in Berichten über das Universum oder Astronomie-Zeitschriften zu bewundern sind. Man stellt sich oft vor, die beeindruckend gefärbten Himmelskörper wären für das bloße Auge nicht sichtbar, weil sie zu klein sind und man die enorme Vergrößerung durch ein Superteleskop benötigt, um sie zu erkennen. Das stimmt in vielen Fällen auch, doch es gibt auch Objekte, die groß genug sind, dass wir sie sehen könnten, wenn nur unsere Augen dafür ausgelegt wären.

Der Himmelskörper, der am meisten Platz am nächtlichen Firmament einnimmt, ist nicht etwa der Mond, sondern der Andromedanebel. Seine erkennbare Größe ist sechsmal größer als die unseres Satelliten. Der nicht weit entfernte Helixnebel ist etwas kleiner, doch auch er wäre mit bloßem Auge erkennbar, wenn sein Licht intensiver wäre und im Bereich unserer Primärfarben liegen würde.

Schaut man in den Himmel und denkt dabei an die vielen weit entfernten, riesenhaften Objekte des Universums, die für unsere schlicht ausgestatteten menschlichen Augen unsichtbar sind – vielfältigste Phantomgebilde, deren Wunder nur unsere Wissenschaft enthüllen kann –, so erfassen einen Freude und Schauder zugleich.

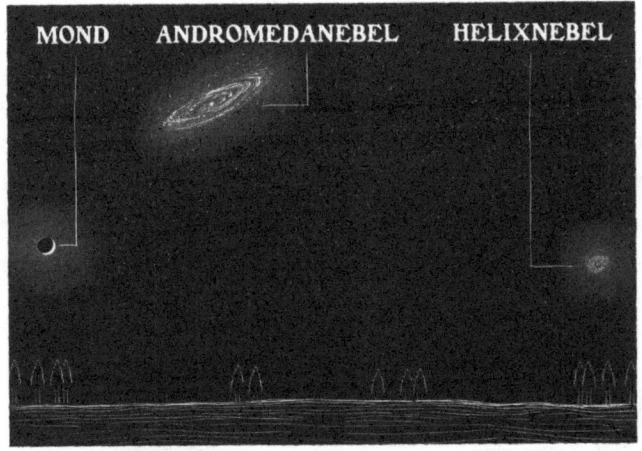

Die Mathematik der Verwechslung

Die Farbendiskussion hat uns scheinbar von Euklids fünftem Postulat abgebracht. Eigentlich aber liefert sie uns eine sehr lehrreiche Parallele zur Geometrie, denn auch in der Mathematik gibt es subjektive und verschwommene Definitionen.

Wenn Kinder erste geometrische Formen kennenlernen, haben sie oft eine sehr enge Vorstellung von Begriffen. Nehmen wir etwa diese beiden Figuren:

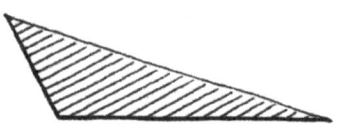

Viele Schulkinder im Alter von sechs bis sieben würden darauf beharren, dass die erste kein Dreieck und die zweite kein Quadrat ist. Dabei muss man bedenken, dass die meisten Dreiecke, denen diese Kinder begegnen, gleichseitig sind. In ihrer Vorstellung umfasst der Begriff «Dreieck» nicht jegliche Form mit drei Seiten, sondern ist an das gleichseitige Vorbild geknüpft. Genauso sind die meisten Quadrate, mit denen diese Schüler zu tun haben, auf einer Kante ruhend dargestellt. Das auf die Spitze gestellte Quadrat wird nicht als solches erkannt, die Kinder sprechen in diesem Fall lieber von einer «Raute», falls ihnen der Begriff bekannt ist.*

Diese Unsicherheit lässt sich oft bis ins Erwachsenenalter nicht vertreiben. Wenn man Autofahrern die beiden folgenden Schilder zeigt, zögern viele, das zweite als Quadrat zu bezeichnen.

---

* An sich eine richtige Antwort. Das Quadrat ist ein Spezialfall der Raute.

Testen wir einfach mal Ihr Vokabular. Ein Sechseck ist eine Figur mit sechs Seiten. Diese Definition klingt klar, präzise und eindeutig. Bei welchen von den unten stehenden Figuren handelt es sich um Sechsecke?

Sie haben einen Moment gezögert, oder? Wenn man sich damit begnügt, das Sechseck als eine Figur mit sechs Seiten zu bezeichnen, nimmt man eine gewisse Verschwommenheit in Kauf. Was zählt denn nun als eine Seite? Muss diese Seite gerade sein? Müssen die Seiten in bestimmter Weise zueinander angeordnet sein?

Sucht man eine Definition im Lexikon, muss man womöglich enttäuscht feststellen, dass es mehrere gibt. Ein Sechseck kann etwa definiert werden als eine Reihe von sechs Linien, die in sich geschlossen ist. Nach dieser Definition sind Sechsecke eindimensionale Figuren, da aber alle oben dargestellten Figuren Flächen sind, fällt keine darunter. Andere, weniger strikte Definitionen besagen dagegen, dass auch die von den Linien begrenzte Fläche als Sechseck bezeichnet wird. In diesem Fall sind die ersten beiden Figuren zugelassen, nicht aber die letzten drei. Sicher fallen Ihnen noch andere, ebenso schlüssige Definitionen ein, die jeweils andere Ergebnisse liefern. Je nachdem, welche Grenzen Sie mit Ihrer Formulierung ziehen, ist im Grunde alles möglich.

Und glauben Sie nicht, Mathematikerinnen und Mathematiker wären in dieser Hinsicht konsequenter! Es kommt regelmäßig vor, dass Begriffe je nach Kontext mit verschiedenen Deutungen verwendet werden. So kann das Sierpiński-Dreieck nach der Wörterbuch-Definition niemals als Dreieck durchgehen. Genauso wenig wie das

Reuleaux-Dreieck, das Penrose-Dreieck und das Pascalsche Dreieck.*

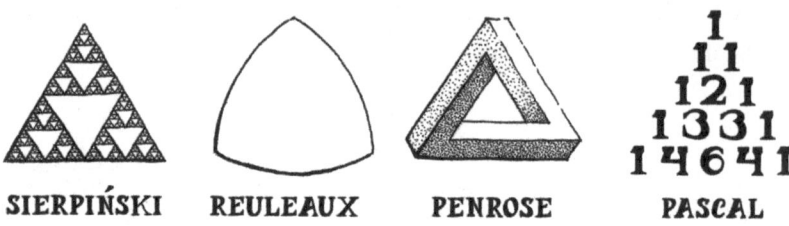

SIERPIŃSKI   REULEAUX   PENROSE   PASCAL

Wenn man sich die drei Figuren anschaut, versteht man natürlich, warum sie Dreiecke genannt werden. Im strengen geometrischen Sinne sind sie es jedoch nicht. Das hindert aber niemanden daran, sie weiter so zu bezeichnen – was im Grunde ja auch nicht weiter schlimm ist.

Aus alldem bleibt festzuhalten, dass die Ungenauigkeiten der Sprache oberflächlicher Natur sind. Sie sind erkennbar und lassen sich im Bedarfsfall klären. Im Alltag müssen wir Worte nicht mit absoluter Präzision verwenden. Mit Mehrdeutigkeiten können wir gut umgehen. Und wenn sich diese in der Kommunikation doch als hinderlich erweisen, reicht es aus, wenn man sich kurz bespricht und auf einen genaueren Begriff einigt.

Ein Kind, das sich über Monate eine falsche Vorstellung vom Begriff «Dreieck» gemacht hat, wird am Ende einsehen, dass es seine Deutung erweitern muss. Sein Unverständnis ist keineswegs endgültig. Ebenso kann ein Berinmo lernen, Blau von Grün zu unterscheiden, und ein Europäer kann die Bedeutung von *wor* und *nol* erfassen. Vielleicht ist es Ihnen auch schon so gegangen, dass Sie

---

* Das Reuleaux-Dreieck ist eine Figur mit konstantem Durchmesser. Wenn man die Räder eines Fahrrads durch Reuleaux-Dreiecke ersetzen würde, liefe es genauso stolperfrei wie mit runden Rädern. Das Penrose-Dreieck ist eine paradoxe Darstellung oder «unmögliche Figur» – das dreidimensionale Objekt, das es darzustellen scheint, existiert nicht. Das Pascalsche Dreieck ist eine Zahlentabelle, in der jeder Eintrag die Summe der beiden darüberstehenden Einträge ist.

ein Wort oder einen Ausdruck jahrelang fehlgedeutet haben, ohne darauf gestoßen zu werden.*

Das Theater erfreut sich an der Komik solcher Verwechslungen. Da lassen sich zwei Figuren über zwei verschiedene Dinge aus, tun dies aber auf eine Weise, die sie glauben lässt, dass sie dasselbe meinen. Eine berühmte Szene des Aneinander-Vorbeiredens aus der französischen Literatur findet sich in Molières *Der Geizige*. Darin spricht der Geizhals Harapagnon von einer Geldkassette, die ihm gestohlen wurde, der verliebte Valère dagegen von Harpagnons Tochter Élise, der er die Heirat versprochen hat, ohne ihren Vater zu fragen. Beide beziehen sich auf einen Schatz, sie reden von Liebe und einem Vergehen. Gut fünfzig Mal folgt Rede auf Gegenrede, bis die Protagonisten irgendwann ihr Missverständnis bemerken.

Wenn man einmal gründlich darüber nachdenkt, erscheint das Phänomen der Zweideutigkeit schwerwiegender und tiefreichender als erwartet. Womöglich gibt es Verwechslungen und Missverständnisse, die ewig unentdeckt bleiben? Situationen, in denen zwei Personen nicht über dasselbe reden und absolut unfähig sind, dies zu erkennen?

Nehmen wir an, Sie würden zwei Primärfarben, etwa Rot und Blau, umgekehrt wahrnehmen. Dabei geht es wohlgemerkt nicht um Farbenblindheit: Sie sehen drei Primärfarben, zwei davon aber vertauscht. Das, was Sie als Rot wahrnehmen, nennen alle anderen Blau, Ihr Blau ist für die anderen Rot. Wäre es Ihnen möglich, diese Umkehrung zu bemerken? Als Kind hätte man Ihnen Tomaten gezeigt und gesagt, sie seien rot. Man hätte auf den Himmel gedeutet und Ihnen beigebracht, er sei blau. Bei Ihrem Spracherwerb hätten Sie also das Wort «Blau» ganz selbstverständlich der Wahrnehmung von «Rot» zugeordnet und umgekehrt. Die Vertauschung in Ihrer Wahrnehmung würde durch die Vertauschung des Vokabulars wettgemacht. Sie würden eine blaue Tomate sehen und überzeugt sein,

---

* Chloé, die Illustratorin dieses Buches, hat mir berichtet, dass ihr dies mit dem Wort *dythyrambique* (dt. überschwänglich) so gegangen ist.

Was meint Ihr,
gnädiger Herr?

Wie, Bösewicht, du errötest nicht
über dein Verbrechen?

Mein Herr, mit alledem
ist mein Fehler doch verzeihlich.

Sage mir, was in der Welt hat dich zu der Tat bewogen?

Eine Gottheit, die immer entschuldigt,
wozu sie uns angestiftet hat – die Liebe.

Schöne Liebe, meiner Treu! Aber da sehe mir einer die
Unverschämtheit. Er will das gestohlene Gut behalten!

Nennt Ihr das einen Diebstahl?

Ob ich's einen Diebstahl nenne?
Einen solchen Schatz?

Es ist ein Schatz, das ist wahr, und
gewiss der kostbarste, den Ihr besitzt.

Ach, sag mir doch gleich:
Hast du sie nicht berührt?

Ich, sie berührt? Nichts Strafbares hat die Leidenschaft
entweiht, die ihre schönen Augen in mir entzündet haben.

Die schönen Augen meiner Schatulle? Er spricht von ihr
wie ein Liebhaber von seiner Geliebten!

Die Mathematik der Verwechslung   177

dass diese Farbe «rot» genannt wird. Sie würden sagen: «Tomaten sind rot», alle würden zustimmen und niemand hätte Anlass oder Handhabe, Ihre Verwechslung aufzudecken.

Können Sie sicher sein, dass das, was ich hier beschreibe, nicht wirklich so ist? Können Sie sich eine Situation oder eine Unterhaltung vorstellen, die diese Umkehrung von Rot und Blau erkennbar machen würde, falls Sie tatsächlich davon betroffen wären? Sie können es drehen und wenden, wie Sie möchten, die Antwort lautet Nein.

Und wenn nun jeder Mensch ganz eigene Wahrnehmungen hätte, die mit jenen der anderen nicht zu vergleichen sind? Vielleicht sehen wir alle unser individuelles Blau, das im Farbenspektrum der anderen gar keine Entsprechung hat. Hat es dann überhaupt Sinn, unsere subjektiven Wahrnehmungen vergleichen zu wollen? Wie dem auch sei, die Frage kann nur unbeantwortet bleiben, denn zur inneren Subjektivität gehört ja, dass sie durch keine Diskussion, keine Fragestellung und keinen Versuch offenbart werden kann. Wenn es solche Vertauschungen gibt, bleiben sie unentdeckt. Was Sie auch sehen, was Sie auch empfinden – Sie sind mit Ihrer Wahrnehmung der Welt allein.

Die absolute, unaufhebbare Subjektivität ist nicht auf Farben beschränkt. Sie kann genauso gut für Geschmäcke, Töne und Gerüche gelten. Vielleicht ist das, was Sie als salzig empfinden, für andere süß, die Töne, die Sie als dumpf wahrnehmen, sind für andere schrill, und wenn Sie Rosen riechen, riechen andere Flieder. Das Leben ist womöglich nichts als ein gewaltiges Missverständnis zwischen Menschen, die jeweils von ganz unterschiedlichen Dingen sprechen.

Wenn wir von dieser Situation ausgehen, beruht der Austausch mit anderen nicht darauf, dass wir von denselben Dingen sprechen, sondern allein darauf, dass die Dinge, von denen wir sprechen, miteinander in immer gleiche Beziehungen treten. Ihr Blau, Ihr Rot und Ihr Violett entsprechen vielleicht nicht meiner Wahrnehmung, aber wir können uns sicher darauf einigen, dass die Mischung von Rot und Blau Violett ergibt. Durch die vielen Interpretationen, die wir unseren Äußerungen geben können, erhalten sie also dennoch Gültigkeit. Und nur darauf kommt es doch an.

Eigentlich nimmt man ja gerne an, dass die Mathematik zum Ziel hat, das Wahre vom Falschen zu unterscheiden. Und nun packt uns die Angst: Sind auch in der Mathematik Verwechslungen möglich? Können wir davon ausgehen, dass wir beim Rechnen mit Zahlen oder auch in der Geometrie sichere Aussagen treffen?

In den *Elementen* verwendet Euklid Worte wie «Punkt», «Gerade» oder «Kreis». Beim Lesen dieser Begriffe machen Sie sich bestimmt ein recht genaues Bild von ihrer Bedeutung. Wäre es aber möglich, dass andere Menschen diesen Worten einen anderen Sinn geben? Glauben Sie, man kann über Geometrie sprechen, ohne dieselbe Vorstellung von den verwendeten Begriffen zu haben?

Die Antwort lautet – Ja! Die Mathematik ist nicht eindeutig. Wie die Farben kann sie einer absoluten Subjektivität unterworfen sein und mathematische Theorien können auf ganz verschiedene Weise gedeutet werden.

Als man sich im 19. Jahrhundert darüber klar wurde, dass auch die Mathematik Opfer von Verwechslungen sein kann, war dies Schock und Offenbarung zugleich. Doch das Erstaunlichste an dieser Erkenntnis ist wohl, dass es großartigen und mutigen Geistern gelungen ist, die scheinbare Schwäche in eine Stärke umzukehren. Die Wissenschaft ist offenbar wie ein Wald, der ab und zu brennen muss, um fruchtbarer aus seiner Asche hervorzugehen. Nichts treibt einen Wissenschaftler mehr an als ein zu durchleuchtendes Desaster, aus dem neue Theorien entwickelt werden können.

Wenn die Dinge mehrdeutig sind, wird die Mehrdeutigkeit eben auf eine Formel gebracht und eine strikte Theorie der Unbestimmtheit entworfen! Die Ungenauigkeit wird genau untersucht. So erstaunlich es klingen mag, aber das fünfte Postulat konnte eben dadurch aufgelöst werden, dass man nicht an der Bedeutung der Worte festhielt. Man begriff, warum die Gelehrten aus aller Welt über zweitausend Jahre an diesem Rätsel scheiterten: nicht, weil sie Euklids Geometrie nicht durchdrungen hätten, sondern weil sie sich der Dinge, über die sie sprachen, zu sicher waren.

So verwandelte sich die Katastrophe in einen Triumph. Und die Theorie der Uneindeutigkeit wurde zu einem der schönsten und strahlendsten Erfolge der Mathematik.

Richtig folgern, ohne zu wissen, wovon man spricht

1901 veröffentlichte der britische Logiker Bertrand Russell einen Text, in dem es heißt: «Mathematik ist die Wissenschaft, bei der man weder weiß, wovon man spricht, noch ob das, was man sagt, wahr ist.» Eine schlichte, ergreifende Feststellung. Russell sieht die Unbestimmtheit der Mathematik nicht als schädlich an, sondern verkündet, dass gerade das ihr Wesen ausmacht.

Und wir können ihm da ruhig vertrauen, denn Russel weiß, wovon er spricht. Mit den Grundlagen der Mathematik kennt er sich bestens aus. Zehn Jahre nachdem er diesen Satz geschrieben hat, gibt er mit seinem Kollegen Alfred North Whitehead die *Principia Mathematica* heraus: ein Werk, in dem er Axiome darlegt, die die Mathematik als eine einheitliche Theorie begründen. So wie Euklid die gesamte Geometrie auf fünf Postulaten aufbaut, so versammeln Russell und Whitehead die gesamte Mathematik unter einer Theorie – von der Geometrie über die Arithmetik bis zu Newtons Vektoren und Cantors Mengen. Selbst Ideen, die bei der Niederschrift der *Principia Mathematica* noch nicht zu Ende gedacht waren – etwa die Fraktale –, lassen sich in diesem Rahmen entwickeln.

Wenn Russell nun also sagt, die Mathematik wisse nicht, wovon sie spreche, sind wir gut beraten, ihm Glauben zu schenken. Denn bei näherem Nachdenken ist seine Aussage nicht so verwunderlich. Auf unserem Weg sind wir bereits auf mehrere Hinweise gestoßen, bei denen wir hätten aufhorchen können. Die Mehrdeutigkeit macht schon seit geraumer Zeit ihren Platz in der Mathematik geltend.

Erinnern wir uns an die mesopotamischen Schriftgelehrten und ihr Zahlensystem ohne Nullen und Kommas. Auch sie wussten ja nicht, wovon sie sprachen. Wenn sie 12 × 8 = 96 schrieben, konnte damit 120 × 8 = 960 oder 1200 × 80 = 96 000 oder auch 0,12 × 0,8 = 0,096 gemeint sein. Die Ungenauigkeit brach also schon hier durch, aber das hat die Mesopotamier nicht gestört, sie haben sie sich im Gegenteil zunutze gemacht. Dank dieser Mehrdeutigkeit entdeckten sie eine grundlegende Eigenschaft der Multiplikation, die später von Napier und seinen Nachfolgern weiterentwickelt wurde.

Schon allein der Begriff der Zahl trägt die Unbestimmtheit in sich. Wir sagten ja bereits: Seit die Wissenschaft Zahlen als imaginäre Gebilde betrachtet, die unabhängig von den gezählten Dingen sind, weiß man nicht mehr, wovon in Rechnungen die Rede ist. Wenn wir etwa 2 + 3 = 5 schreiben, wissen wir nicht, ob wir Pralinen, Kilometer, Bücher oder rein gar nichts zusammenzählen. Und doch stimmt die Gleichung.

In der 1942 erschienenen Erzählung *Funes el memorioso (Das unerbittliche Gedächtnis)* des argentinischen Schriftstellers Jorge Luis Borges geht es um die Geschichte eines jungen Mannes mit einem unfehlbaren Gedächtnis, dem es unmöglich ist, die Fülle der Details auszublenden, die für andere unsichtbar oder unwesentlich sind. Dies ist beileibe kein Vorteil: Seine Unfähigkeit, die von ihm wahrgenommenen Einzelheiten zu übergehen, erweist sich als schweres Handicap. Denn er ist nicht in der Lage, verschiedenen Dingen dasselbe Wort zuzuordnen. Selbst ein Hund, den er erst im Profil und kurz darauf von vorn erblickt, kann für ihn nicht denselben Namen haben. «Denken heißt Unterschiede vergessen, heißt verallgemeinern, abstrahieren», schreibt Borges. Der junge Mann mit dem unerbittlichen Gedächtnis ist unfähig zu vergessen und damit unfähig zu denken.

Der Schlüssel zur Unbestimmtheit liegt im Konzept der Invarianz. Dinge, die verschieden sind, haben Gemeinsamkeiten, die erlauben, dass man ihnen denselben Namen gibt. Verschiedenartige Situationen laufen nach demselben Muster ab. Wenn man diese Gemeinsamkeiten und Muster untersucht, meint man tausend Dinge auf einmal und weiß daher nicht, wovon genau man spricht. Und doch ist diese Vorgehensweise alles andere als unangebracht, sie ist im Gegenteil absolut ergiebig und führt uns zu einem umfassenden und tiefen Verständnis der Welt.

Das Phänomen, das wir Unbestimmtheit oder Mehrdeutigkeit nennen, trägt eigentlich einen anderen, uns bekannten Namen: Abstraktion. Schon verrückt, wie sehr uns Worte beeinflussen. Die Abstraktion ist uns nicht in den Sinn gekommen, weil wir sie anders genannt haben. Dabei sollte diese uns innewohnende Fähigkeit uns keine Angst machen. Denn gerade sie begleitet und leitet uns seit dem Beginn unserer Reise hinter die Kulissen des Universums.

Das Ungeheuer der Abstraktion ist mächtiger, als wir bisher angenommen haben. Die Unbestimmtheit war von Anfang an dabei, sie hat nicht im Hintergrund gelauert, sie stand uns mit Beginn des mathematischen Denkens vor Augen. Doch brauchte es lange, bis wir gelernt haben, das Ungeheuer zu sehen und die Größe seines Reichs zu erfassen.

Die Abstraktion ist für die Ideen, was der Obstsalat für Früchte ist: Verschiedenes wird unter einem Wort zusammengefasst. Das französische Wort für Obstsalat ist übrigens *macédoine* und erinnert an das im Nordosten der griechischen Halbinsel gelegene Makedonien – ein Gebiet, das dafür bekannt ist, dass dort seit jeher viele verschiedene Ethnien zusammenleben. Wenig erstaunlich also, dass einer der Wegbereiter des abstrakten Denkens aus ebendieser Region stammt: Aristoteles.

Im 4. Jahrhundert v. Chr. erlebte das Königreich Makedonien, angetrieben von Philipp II., eine erstaunliche Phase des Wohlstands. Philipp II. stößt zahlreiche Reformen an und steigt zum Herrscher Griechenlands auf, als er 338 v. Chr. in der Schlacht von Chaironeia die Allianz um Athen und Theben besiegt. Aristoteles wird 384 v. Chr.

in Stageira geboren, einer am Styrmonischen Golf gelegenen Stadt, die später als eine der ersten eingenommen wird. Philipp II. hat große Sympathie für den Gelehrten und beauftragt ihn mit der Erziehung seines Sohnes, der einmal Alexander der Große werden sollte.

Im Laufe seines Lebens wird Aristoteles ein beeindruckendes Werk schaffen, dessen Einfluss gewaltig ist. Etwas zu gewaltig. Viele seiner Irrtümer werden aufgenommen und über Jahrhunderte gelehrt, ohne sie jemals zu hinterfragen. Das Aristotelische Weltbild mit der Erde im Zentrum des Universums wird die Verbreitung der Ideen von Kopernikus, Kepler und Galileo lange Zeit behindern.

Von den vielen Schriften, die Aristoteles verfasst hat, soll uns an dieser Stelle das *Organon* besonders interessieren. In dieser Textsammlung geht es um die Kunst der Erkenntnis und des logischen Schließens. Man findet darin vor allem eine Aufstellung verschiedener Regeln, anhand derer sich Schlussfolgerungen aus Hypothesen ziehen lassen. Ein berühmtes Beispiel dieser Syllogismen genannten Regeln lautet:

«Alle Menschen sind sterblich.
Griechen sind Menschen.
Also sind Griechen sterblich.»

Sie werden zustimmen, dass diese Folgerung absolut korrekt ist. Davon kann man sich übrigens auch überzeugen, indem man die Menge der Sterblichen, der Menschen und der Griechen bildlich darstellt:

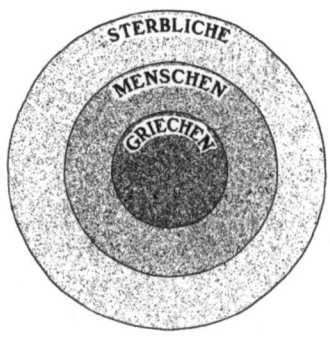

Man sieht, dass die Griechen sich im Kreis der Menschen befinden, die wiederum vom Kreis der Sterblichen umschlossen sind. Die Griechen gehören also zwangsläufig auch zum Kreis der Sterblichen. Um Aristoteles' Vorgehen zu verstehen, muss man die Richtigkeit der Schlussfolgerung von der Richtigkeit der Aussagen unterscheiden. Betrachten wir etwa folgenden Syllogismus:

«Alle Säugetiere haben Schuppen.
Papageien sind Säugetiere.
Also haben Papageien Schuppen.»

Die Aussagen sind falsch, und doch stimmt die Folgerung! Wenn Sie die drei Zeilen noch einmal durchgehen, werden Sie feststellen, dass die letzte sich als logischer Schluss aus den beiden vorangegangenen ergibt. Eine Argumentation ist richtig, wenn sich ihre Folgerung aus den Hypothesen ableiten lässt. Wenn aber die Hypothesen unwahr sind, gilt dies natürlich auch für die Folgerung.

Bei seiner Beschäftigung mit Syllogismen interessiert sich Aristoteles nicht für die Wahrheit der Hypothesen, sondern allein für die Stichhaltigkeit der Schlussfolgerung. Und die hängt nicht davon ab, worum es in den Aussagen geht. Anders gesagt: Wir müssen nicht wissen, wovon wir sprechen, um korrekt zu folgern. Unsere Syllogismen lassen sich auch so formulieren:

«Alle Sachen sind Dingsdabums.
Pipapos sind Sachen.
Also sind Pipapos Dingsdabums.»

Eine absolut korrekte Folgerung. Man muss nicht wissen, was diese «Sachen» sind und was «Pipapos» und «Dingsdabums» heißen soll, all das sind überflüssige Informationen. Ganz gleich, welche Bedeutung Sie den drei Worten geben: Wenn die Hypothesen wahr sind, ist es auch die Schlussfolgerung. Und das gilt nicht nur für diesen einen Syllogismus, sondern für alle logischen Schlüsse.

Stellen wir uns vor, zwei Personen würden obenstehende Argumentation vorgelegt bekommen. Für die erste Person werden Sachen durch «Menschen», Dingsdabums durch «Sterbliche» und Pipapos durch «Griechen» ersetzt. Für die zweite Person sind die Sachen «Rechtecke», Dingsdabums «Vierecke» und Pipapos «Quadrate». Beide Personen würden der Aussage des Syllogismus zustimmen, obwohl sie nicht von denselben Dingen sprechen. Wieder einmal haben wir es mit einer Ersetzung, einem Quidproquo, zu tun.

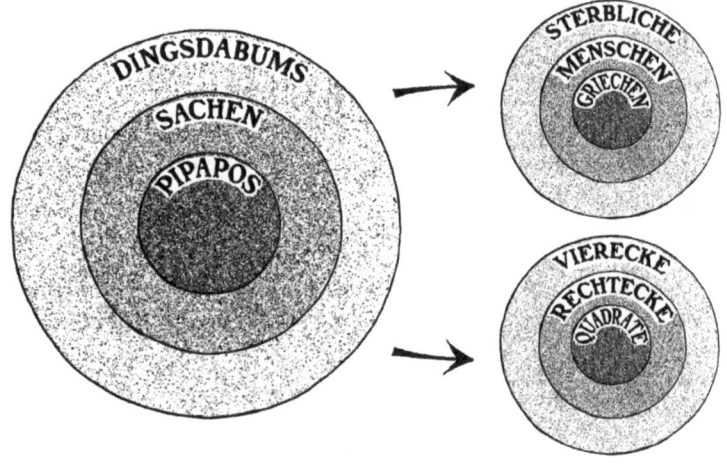

Kommen wir auf ein Beispiel zurück, das wir schon kennen: die *Elemente* des Euklid. In seinen fünf Postulaten ist die Rede von Punkten, Geraden, Kreisen, rechten Winkeln und Parallelen. Stellen wir uns nun vor, jemand würde diesen Begriffen eine andere Bedeutung zuweisen. Würde dieser jemand das merken? Nach dem, was Aristoteles behauptet, hätte die Ersetzung keinen Einfluss auf die Richtigkeit der Folgerungen. Euklids Argumentation ist in sich stimmig, und zwar unabhängig von der Interpretation, die man den verwendeten Begriffen gibt.

Am besten verstehen wir dieses Prinzip, wenn wir die fünf Postulate uneindeutig formulieren:

1. Zwischen zwei Dings einer Soundso lässt sich genau eine Blabla ziehen.
2. Eine begrenzte Blabla lässt sich stetig zu beiden Seiten verlängern.
3. Mit zwei gegebenen Dings lässt sich ein Krams beschreiben, der den ersten Dings zum Mitteldings hat und durch den zweiten verläuft.
4. Alle Kuddelmuddel sind einander gleich.
5. Sind eine Blabla und ein Dings gegeben, so gibt es genau eine Blabla, die durch den Dings läuft und zur gegebenen Blabla papperlapapp ist.

Schön, jetzt wissen wir rein gar nicht mehr, wovon die Rede ist. Stellen wir uns vor, jemand würde den Worten «Dings», «Blabla» und so fort eine andere Bedeutung geben, die Interpretation der fünf Postulate aber bliebe schlüssig und wahr. Man könnte dieser Person nun die gesamten *Elemente* vortragen, ohne dass sie auch nur einmal Einspruch erheben würde. Denn für sie treffen die Ausgangshypothesen zu, und da Euklids Argumentation richtig ist, spielt es keine Rolle, ob man nun über dieselben Dinge spricht, da doch die Folgerungen stimmig sind.

Anders gesagt: Ändert man die Begriffe der fünf Postulate, zieht sich diese Ersetzung in allen nachfolgenden Sätzen und Beispielen fort. Findet man für die Begriffe der *Elemente* eine neue Interpretation, die den fünf Postulaten weiterhin entspricht, so kann man Euklids Folgerungen ohne weiteres auf sie anwenden.

Von diesen möglichen Verwechslungen ist die gesamte Mathematik betroffen. Das Phänomen ist ebenso beängstigend wie bereichernd: Die Perspektiven vervielfältigen sich, es bieten sich neue Blickwinkel. Denn wenn es möglich ist, Euklids Worte anders zu verstehen, könnte es doch sein, dass eine dieser Interpretationen das fünfte Postulat in ganz neuem Licht erscheinen lässt.

Die verformte Geometrie der Piloten

Wenn man sich eine Weltkarte anschaut, auf der die internationalen Flugrouten eingezeichnet sind, fällt sofort etwas auf: Flugzeuge fliegen anscheinend nie in geraden Linien. Die meisten folgen einer zu den Polen gebogenen Bahn. Die Langstreckenflieger, die zwischen Europa und Nordamerika verkehren, machen offenbar immer einen Umweg Richtung Island und Grönland und überqueren manchmal gar den Polarkreis. Selbst wenn Abflug- und Landeort auf demselben Breitengrad liegen, verläuft die Flugbahn nicht parallel dazu, sondern steigt nach Norden auf, um dann Richtung Süden abzufallen.

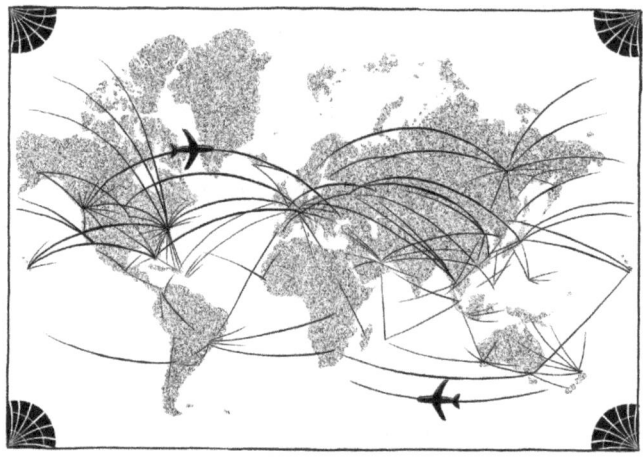

Das erste Mal, als ich eine solche Karte sah, dachte ich, es gäbe für diese Bögen praktische Gründe. Vielleicht ging es da um diplomatische Angelegenheiten oder internationale Abkommen zum Luftraum. Doch dann begriff ich, dass die Erklärung viel grundlegender ist. Denn es handelt sich um eine geometrische Verzerrung, also ein Problem der Darstellung. Auch wenn es anders aussieht, nehmen die Flugzeuge doch den kürzesten Weg zwischen Start und Ziel.

Ein Flächenbild der Erde ist immer verzerrt. Da die Erde rund – beziehungsweise beinahe rund – ist, eine Karte aber eine Ebene darstellt, muss die Darstellung angepasst werden, um von der Kugel zur Fläche zu kommen. Entfernungen, die auf dem Globus gleich sind, erscheinen auf der Karte verschieden. Dasselbe gilt für den umgekehrten Fall. Die obige Flugkarte nutzt eine sogenannte Mercator-Projektion. In dieser Darstellung werden Regionen nahe der Pole im Vergleich zu Regionen nahe dem Äquator größer abgebildet. So erscheint Grönland größer als die Vereinigten Staaten, obgleich es in Wirklichkeit fünfmal kleiner ist.

Aufgrund der daraus entstehenden Verzerrung erscheinen die Flugbahnen gebogen. Wenn man die Strecken auf einen Globus überträgt, wird deutlich, dass die Flugzeuge dennoch den kürzesten Weg nehmen. Im Gegenzug sind Linien, die auf der Karte gerade erscheinen, auf dem Globus gebogen.

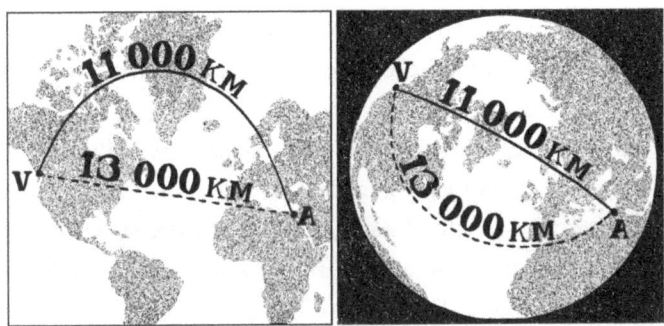

Wenn man sich näher damit beschäftigt, ist diese sphärische Geometrie oder Kugelgeometrie ziemlich verwirrend. Beispielsweise ist es oftmals notwendig, sich nach Norden zu bewegen, um zu einem südlicher gelegenen Punkt zu gelangen! In obiger Darstellung ist etwa die Flugroute zwischen Vancouver und Alexandria eingezeichnet: Alexandria liegt südlicher, doch der kürzeste Weg dorthin macht einen großen Bogen nach Norden.

Die seltsamen Eigenschaften der Kugelgeometrie sind für uns, die wir auf der Suche nach einer neuen Interpretation der Begriffe aus den *Elementen* sind, von besonderem Interesse.

Wenn Ihnen ein Pilot versichert, er fliege in gerader Linie von Vancouver nach Alexandria, ist klar, dass er den Begriff «gerade Linie» nicht im selben Sinne wie Euklid gebraucht. Für den alexandrinischen Mathematiker ist die Gerade, die beide Städte verbindet, eine Linie, die durch das Erdinnere führt. Man müsste einen gigantischen Tunnel graben, um sich entlang dieser Strecke zu bewegen. Die Aussage des Piloten bedeutet hingegen, dass er den kürzesten Weg zwischen den beiden Städten nimmt und dabei der gewölbten Oberfläche der Erdkugel folgt. Seine «gerade Linie» ist in Wahrheit ein Kreisbogen.

Die Unbestimmtheit des Vokabulars bietet uns Gelegenheit, unsere Theorie der Zweideutigkeit zu überprüfen. Die gerade Linie der Flugzeuge hat nicht dieselbe Bedeutung wie jene der *Elemente* und wir könnten nun fragen, was bei dieser Interpretation aus den klassischen Grundsätzen der Geometrie wird. Bestätigen sich die fünf Postulate, wenn man die gewölbten Bahnen der Flugzeuge als «Geraden» bezeichnet?

Fangen wir mit dem ersten an: Zwischen zwei Punkten einer Ebene lässt sich genau eine gerade Linie ziehen. Stimmt diese Behauptung auch für Piloten? Auf den ersten Blick ja. Ein Flugzeug, das von einer Stadt in die andere fliegt, kann dabei der kürzesten geraden Strecke folgen. Doch wenn wir genauer darüber nachdenken, lässt sich ein Gegenbeispiel finden: Falls die beiden Punkte Antipoden sind und sich also auf dem Globus gegenüberliegen, stimmt die Annahme nicht.

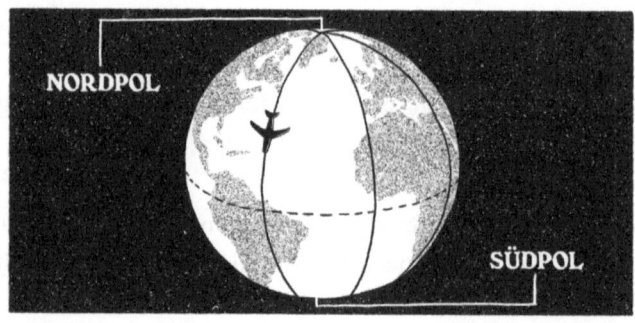

Stellen Sie sich vor, ein Flugzeug startet vom Nordpol und will zum Südpol. Was ist dann der kürzeste Weg? In welche Richtung muss es fliegen? Nun, es kann sich eine aussuchen! Alle Richtungen sind gleichwertig, es kann einem beliebigen Längengrad folgen, die Entfernung ist immer dieselbe.

Es gibt also nicht nur eine gerade Linie, die durch die beiden Pole geht, sondern eine Vielzahl von Routen. Das erste Postulat stimmt damit nicht.

Wenn wir unsere Analyse in der sphärischen Geometrie fortsetzen, werden wir feststellen, dass sich das zweite, dritte und vierte Postulat bewahrheiten, während das fünfte ungültig wird. Damit ist es nicht möglich, Euklids Sätze auf den Luftverkehr anzuwenden, die meisten Folgerungen wären falsch. Die Ersetzung funktioniert nicht.

Besonders verwirrend ist die Tatsache, dass es auf der Erdoberfläche keine Quadrate gibt. Ein Flugzeug kann keiner Route folgen, die vier gleich lange Seiten und vier rechte Winkel hat. Wenn ein Pilot abhebt und vier Mal 5000 km fliegt, wobei er nach jeder Strecke einen rechten Winkel einschlägt, landet er nicht an seinem Ausgangspunkt. Möchte er zum Startpunkt zurückkehren, muss er an den Eckpunkten jeweils einen breiteren Winkel fliegen.

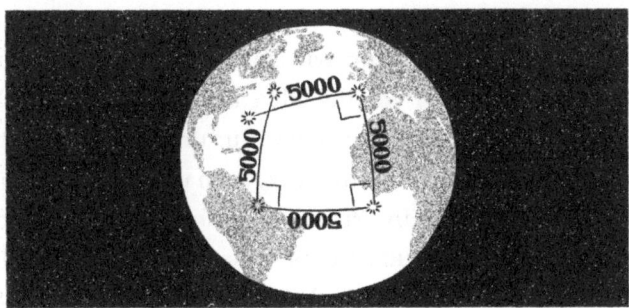

Damit ist erwiesen, dass die sphärische Geometrie nicht die der Euklidischen *Elemente* ist. Nur drei von fünf Postulaten bleiben erhalten. Wenn Sie sich mit jemandem unterhalten, ohne zu wissen, ob die Person den Begriff «Gerade» im euklidischen Sinne oder im sphärischen Sinne verwendet, erkundigen Sie sich ganz einfach, ob es Quadrate gibt, dann sehen Sie klar. Wenn die Antwort Ja lautet, spricht diese Person von Euklid, heißt sie Nein, ist sie ein Pilot.

Ohne gültige Ersetzung erlaubt uns dieses Beispiel nicht, das fünfte Postulat aufzulösen. Doch es kann uns voranbringen. Wir verfügen nun über eine Methode, um neue geometrische Interpretationen hervorzubringen – nämlich die Kartografie. Was geschieht, wenn wir uns verrückte Planeten vorstellen, die eine völlig andere Form als die Erde haben, die wir aber dennoch in der Fläche darstellen möchten? Wir könnten zum Beispiel versuchen, die Form von einem Ei, einer Erdnuss oder einem Donut auf einer Ebene abzubilden.

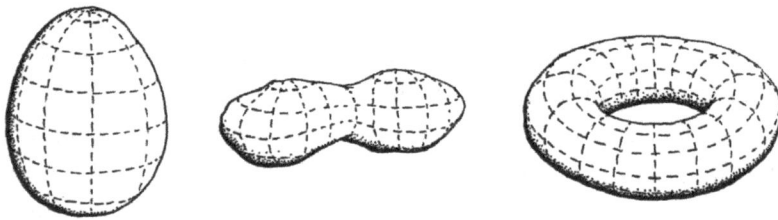

Bei jedem dieser Körper können die Linien als Geraden interpretiert werden, insofern sie die kürzesten Flugbahnen auf den seltsamen Gestirnen darstellen. Wir könnten nun aufs Neue fragen, was aus Euklids Postulaten wird, wenn wir sie nach dieser Auslegung formulieren. Leider würden wir bei allen Beispielen auf dasselbe Ergebnis kommen wie bei der Erdkugel: Nur drei von fünf Postulaten bleiben gültig. Die Geometrie dieser Figuren ist absolut faszinierend und es ist sicher reizvoll, ihr Prinzip zu erforschen – aber über das fünfte Postulat lehren sie uns nichts. Um weiterzukommen, benötigen wir einen zweiten Denkanstoß und müssen erneut einen Schritt in die Abstraktion wagen.

Wie wäre es, wenn wir Karten erfinden, die nur für sich stehen und gar kein dreidimensionales Gestirn mehr abbilden? Denkbar wäre etwa eine Darstellung, in der wir festlegen, dass Objekte je nach Position größer oder kleiner erscheinen. Wir erschaffen eine Art virtuelle Welt, in der die Dinge mit ihrer Bewegung ihre Größe verändern.

1868 veröffentlichte der italienische Mathematiker Eugenio Beltrami seine *Teoria fondamentale degli spazii di curvatura costante (Grundlegende Theorie zu Räumen mit konstanter Krümmung)*. Darin beschäftigt er sich mit verzerrten Flächendarstellungen und untersucht insbesondere das Modell einer Scheibe, auf der die Dinge zum Rand hin immer kleiner erscheinen.

Stellen wir uns vor, diese Scheibe wird von flachen Wesen bewohnt, die alle gleich groß sind und sich frei bewegen können. Wenn wir diesen Wesen eine Weile zuschauen, sehen wir, wie jene, die sich zur Mitte der Scheibe bewegen, größer werden, während jene, die zum Rand wandern, immer weiter schrumpfen. Dabei müssen wir im Kopf behalten, dass diese Deformation nur eine Illusion der Darstellung ist. Die Bewohner der Scheibe haben nicht den Eindruck, ihre Größe zu verändern. Genauso wenig, wie Piloten annehmen, sie wären über Grönland größer.

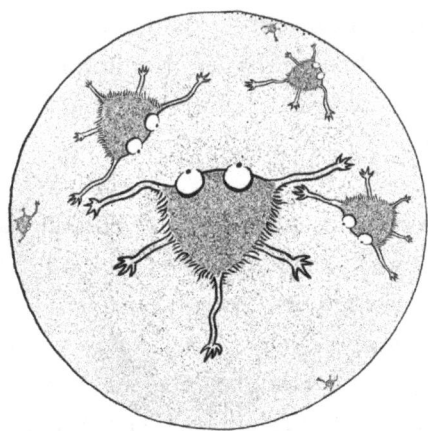

Die obige Karte unterscheidet sich von den bisher gesehenen, da sie keinem dreidimensionalen Körper entsprechen will. Wir haben es hier nicht mit dem verzerrten Flächenbild eines Himmelskörpers zu tun. Die Darstellung steht für sich, sie hat ihre eigenen Regeln der Verzerrung, die wir einfach hinnehmen.

Diese Vorgehensweise mag seltsam erscheinen, in Wahrheit aber ist sie den Überlegungen, die wir bisher angestellt haben, gar nicht fremd. So haben wir bereits akzeptiert, dass Zahlen für sich stehen können, ohne etwas aus der realen Welt zu bezeichnen. Hier ist die Situation ähnlich: Wir wollen die Geometrie der Scheibe für sich betrachten, ohne uns darum zu kümmern, ob sie etwas Reales darstellt oder nicht. Mathematik ist nicht Physik. In der Mathematik können wir imaginäre Welten erschaffen, und genau das tut Beltrami.

Der italienische Mathematiker ist jedoch nicht der Erste, der sich mit dieser Art von Geometrie beschäftigt. Im 19. Jahrhundert ist die Idee geradezu in Mode. Carl Friedrich Gauß, Nicolai Lobatschewski, János Bolyai oder auch Bernhard Riemann sind dem Denkpfad schon gefolgt. Doch durch die Einfachheit ihrer Darstellung setzt die von Beltrami ersonnene Scheibe neue Maßstäbe. Sie wird von vielen Mathematikerinnen und Mathematikern aufgegriffen und erlangt insbesondere durch den Franzosen Henri Poincaré Berühmtheit. Poincaré entwickelt mit ihrer Hilfe derart schöne Theoreme, dass er ihrem Erfinder den Ruhm abspenstig macht: Heute spricht man selbst in Italien von *il disco di Poincaré*, der Poincaré-Scheibe.

Natürlich haben diese Wissenschaftler sich nicht wie wir mit der einfachen Erklärung begnügt, dass die Objekte auf der Scheibe zum Rand hin kleiner erscheinen. Um die Geometrie der Scheibe präzise zu untersuchen, wurden deren Gesetze und vor allem der Faktor der Größenveränderung streng mathematisch formuliert.* So lassen sich die Verzerrungen, Entfernungen, Flächeninhalte und Verschie-

---

* Falls die Formel Sie interessiert: Die Poincaré-Scheibe hat einen Radius von 1. Die scheinbare Größe eines Objekts, das mit dem Abstand r vom Mittelpunkt entfernt liegt, ergibt sich durch die Division $2/(1-r^2)$.

bungen und allgemein alles, was uns an dieser Welt interessieren könnte, genau bestimmen und analysieren.

Die Welt von Beltrami und Poincaré ist absolut erstaunlich und birgt Schätze, von denen ich hier nur einen Bruchteil darlegen kann. Besonders bemerkenswert ist wohl, dass die Scheibe aus Sicht ihrer Bewohner unendlich ist. Die Verzerrung in der Ebene ist so extrem, dass die Sphäre uns wie ein Kreis erscheint, dabei handelt es sich um eine Welt ohne Grenzen.

Wir haben den Eindruck, als wären die Wesen in einem Glas eingeschlossen, doch wenn wir zusehen, wie sie sich dem scheinbaren Rand ihrer Welt nähern, werden sie so schnell so klein, dass sie ihn offenbar niemals erreichen. Für sie existiert dieser Rand nicht. Sie können sich in einem grenzenlosen Universum frei bewegen.

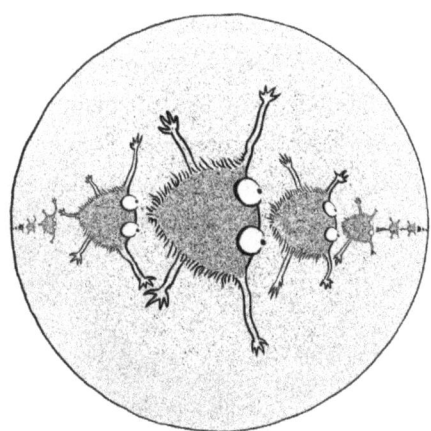

Aber verlieren wir nicht unser Ziel aus den Augen. Wir beschäftigen uns mit Geometrie, also unterhalten wir uns doch einmal mit den Beltramis und Poincarés über die *Elemente* des Euklid. Wie interpretieren sie die Begriffe? Was bedeuten die Worte «Gerade», «Kreis» und «Parallele» für sie?

Für den Anfang könnten wir sie bitten, in ihrer Welt einige Geraden zu ziehen. Sie zücken Stift und Lineal und zeichnen folgende Linien.

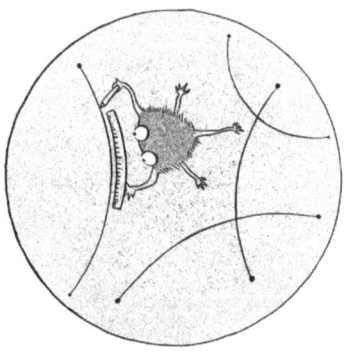

Wir hätten damit rechnen können: Wie auf den Flugkarten erscheinen uns ihre Geraden gebogen. Da Objekte nahe der Mitte größer wirken, ist es normal, dass sich der kürzeste Weg in diese Richtung wölbt – genauso wie sich die Flugrouten auf unserer Weltkarte zu den Polen wölben. Die Wege, die nahe am Mittelpunkt verlaufen, sind kürzer als jene, die am Rand entlangführen.

Wenn wir nun auf der Scheibe Linien zeichnen würden, die uns aus unserer Sicht wie Geraden erscheinen, würden die Beltramis uns versichern, dass diese gebogen sind und es sich nicht um die kürzeste Verbindung zwischen zwei Punkten handeln kann.

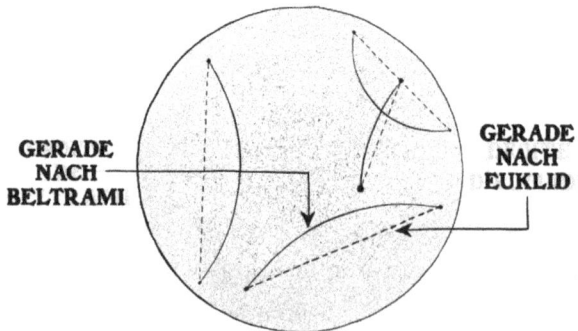

Wir haben es also mit einer Uneindeutigkeit zu tun, denn der Begriff «Gerade» bezeichnet jeweils andere Linien. Wagen wir uns daher einen Schritt weiter und fragen wir die Beltramis, was sie von den fünf Postulaten Euklids halten.

Die verformte Geometrie der Piloten

Dieses Mal beginnt es besser, denn das erste Postulat ist auch in ihrer Interpretation gültig. Durch zwei Punkte der Scheibe führt tatsächlich eine einzige Gerade – das heißt, eine einzige dieser gebogenen Linien, die sie Gerade nennen. Gehen wir die Liste weiter durch, so werden uns die Beltramis mitteilen, dass sie auch mit dem zweiten, dritten und vierten Postulat einverstanden sind.

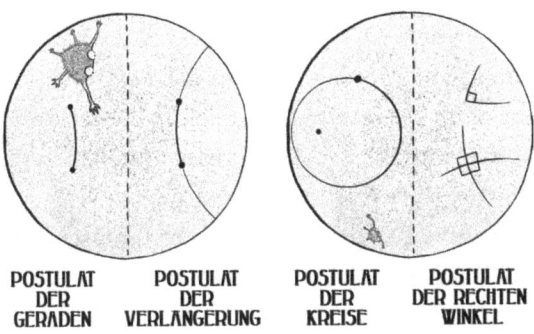

| POSTULAT DER GERADEN | POSTULAT DER VERLÄNGERUNG | POSTULAT DER KREISE | POSTULAT DER RECHTEN WINKEL |

Doch beim fünften Postulat hakt es dann. Sein Wortlaut war ja: «Sind eine gerade Linie und ein Punkt gegeben, so gibt es genau eine gerade Linie, die durch den Punkt läuft und zur gegebenen Linie parallel ist.» Auf diese Feststellung werden die Bewohner der Scheibe leider antworten, dass sie unwahr ist. In ihrer Welt gibt es nicht nur eine Parallele. Sie kennen unendlich viele durch einen Punkt laufende Parallelen zu einer Geraden.

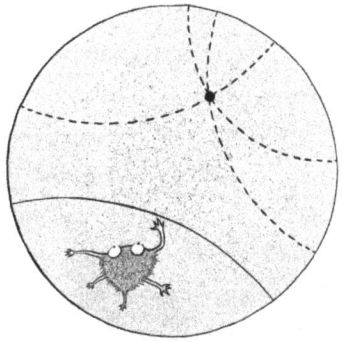

POSTULAT DER PARALLELEN

Alle gestrichelt dargestellten Geraden verlaufen durch den gegebenen Punkt und parallel zur vorhandenen Gerade – das heißt, sie schneiden diese nicht. An dieser Stelle scheitert das Quidproquo also. Doch müssen wir uns davon nicht abschrecken lassen, denn bei näherem Hinsehen kann sich diese Situation als Chance erweisen.

Erinnern wir uns noch mal an unsere Fragestellung: Wir wollen wissen, ob es möglich ist, die euklidische Geometrie auf nur vier Postulaten aufzubauen, indem wir auf das fünfte Postulat verzichten. Das passt doch perfekt, denn genau in dieser Situation befinden sich ja die Konstrukteure der Scheibe! Sie haben nur vier Postulate, das fünfte gilt für sie nicht.

Nehmen wir an, wir würden die *Elemente* neu schreiben und uns dabei ausschließlich auf die ersten vier Postulate stützen. Die Ersetzung wäre damit komplett. Die Neufassung könnten wir nun den Scheibenkonstrukteuren vortragen, ohne dass diese merken, dass wir nicht über dieselben Dinge sprechen. Verhält es sich hingegen so, dass die *Elemente* nicht ohne das fünfte Postulat auskommen, werden die Scheibenkonstrukteure Euklids Folgerungen als unrichtig ablehnen.

Kurz gesagt: Wenn die vier Postulate ausreichen, gilt die Ersetzung. Wenn das fünfte Postulat benötigt wird, gilt sie nicht. Um das Rätsel des fünften Postulats zu lösen, müssen wir uns also nur folgende Frage stellen: Ist die Geometrie der *Elemente* von der Geometrie der Scheibe unterscheidbar? Können wir aus der Unterhaltung mit einer Person, deren geometrische Herkunft wir nicht kennen, schließen, ob sie sich in Euklids oder in Beltramis Welt bewegt? Können wir dieser Person eine Frage stellen, die jeweils eine andere Antwort hat – je nachdem, in welcher geometrischen Welt die Person zu Hause ist?

Na dann! Jetzt tief Luft geholt: Nehmen wir einige Folgerungen der *Elemente* und stellen wir unsere Frage. Die über zweitausend Jahre andauernde Spannung ist kurz davor, sich aufzulösen.

Die Lösung des Problems

Nehmen wir etwa Quadrate. In der euklidischen Geometrie gibt es sie, in der Geometrie der Piloten nicht. Wie sieht es in der Welt von Beltrami aus? Existieren dort Figuren mit vier gleich langen Seiten und vier rechten Winkeln?

Die Scheibenwesen holen Lineal und Winkelmaß hervor und beginnen zu zeichnen. Aber jeder Versuch scheitert. Entweder fehlt ein gerader Winkel, oder aber eine Seite stimmt nicht mit den anderen überein, immer klemmt da etwas. Nach weiteren erfolglosen Versuchen müssen wir uns den Tatsachen beugen: Die Scheibe kennt keine Quadrate. Es gibt also keine Ersetzung. Und damit haben wir unsere Antwort.

Dass es keine Quadrate gibt, bedeutet, dass die Existenz von Quadraten sich nicht allein aus den vier ersten Postulaten herleiten lässt. Das fünfte Postulat ist unverzichtbar. Und so löst sich das größte mathematische Problem aller Zeiten. Die euklidische Geometrie benötigt alle fünf Postulate, ohne das letzte kommen wir nicht aus.

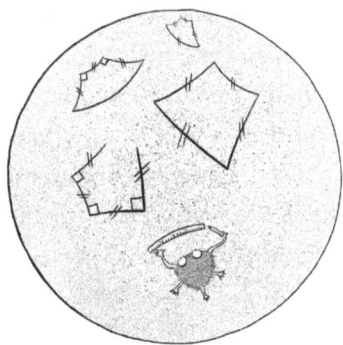

Nehmen Sie sich Zeit, um diese feinsinnige und doch so starke Argumentation noch einmal zu durchdenken. Ist es nicht erstaunlich, dass ein einfacher Perspektivenwechsel ein über zweitausend Jahre ungelöstes Problem in ein ganz neues Licht taucht? Es genügte, eine imaginäre Welt zu erfinden, in der das Wort «Gerade» nicht die uns gewohnte Bedeutung hat. Es waren keine komplizierten Berechnungen nötig, es reichte ein anderer Blick. Dieser Beweis ist an Raffinesse, Kreativität und Entspanntheit nicht zu übertreffen. Er ist ein Wunderwerk des menschlichen Denkens.

Fast könnte man enttäuscht sein, dass sich das Rätsel so plötzlich auflöst. Das Ganze erscheint zu schön, um wahr zu sein. Das fünfte Postulat hinterlässt eine Leere, ein Gefühl der Unsicherheit. Das Schwierige an diesem Beweis ist nicht, ihn zu verstehen, sondern seine Schönheit zu erkennen. Zu wissen, wie man sich an ihm erfreuen kann. Wie man die schlichte und umwerfende Eleganz seiner wenigen Worte genießt.

Der Beweis für die Unverzichtbarkeit des fünften Postulats ist keine dieser Theorien, die sich mit der Zeit abnutzen. Im Gegenteil, die Idee wird immer besser. Jedes Mal, wenn man auf sie zurückkommt, nimmt sie neue Färbungen an. Ich werde ihrer niemals müde, und immer wenn sie mir in den Sinn kommt, packt mich ein Schaudern.

Unser großes Problem ist also gelöst. Wir können das Kapitel an dieser Stelle schließen. Aber wo wir schon einmal hier sind: Was halten Sie davon, unsere Erkundung noch ein wenig fortzusetzen? Die Geometrie des Kreisscheibenmodells von Beltrami und Poincaré ist absolut faszinierend und es wäre schade, wenn wir seine Erforschung auf die Nichtexistenz von Quadraten beschränken würden.

Viele Folgerungen der *Elemente* gelten für die Scheibe nicht. Mit den Quadraten verschwinden auch klassische Sätze wie die des Thales oder Pythagoras in der Versenkung. Im Gegenzug sind aber viele Dinge möglich, die es bei Euklid nicht gibt. Es tauchen neue Prinzipien und neue, nie gekannte Figuren auf.

Etwa regelmäßige Fünfecke mit rechten Winkeln, also Figuren mit fünf gleichen Seiten und fünf 90°-Winkeln! In der euklidischen Geometrie haben regelmäßige Fünfecke zwangsläufig 108°-Winkel. In der Scheibenwelt aber gibt es rechtwinklige Fünfecke, mit denen

Die Lösung des Problems

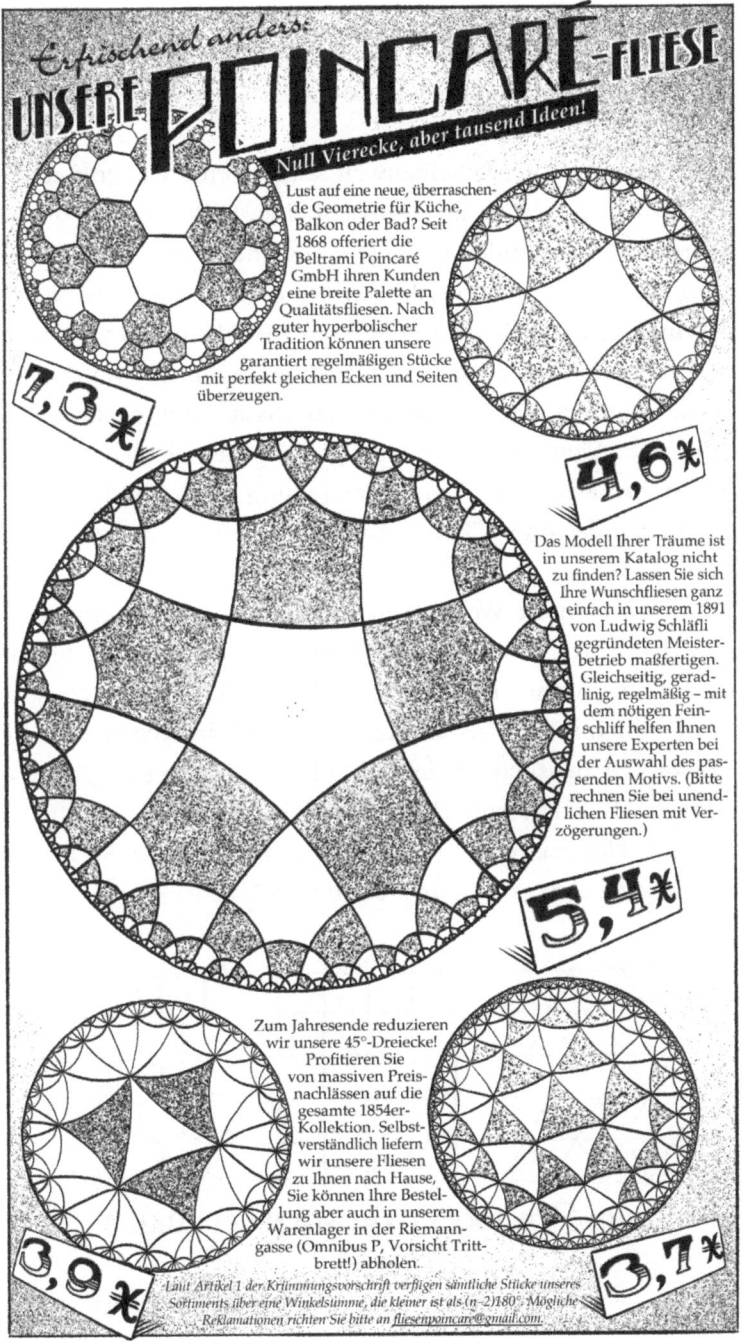

sich sogar Flächen ausfüllen lassen, indem sie aneinandergelegt werden. In unseren Küchen und Bädern haben wir meist quadratische Fliesen, die Bewohner der Scheibe aber können fünfeckig fliesen!

Die Fliesenleger der Scheibenwelt können eine viel größere Produktpalette anbieten als ihre menschlichen Kollegen. Auf der vorhergehenden Seite finden Sie einen Ausschnitt aus ihrem Katalog. Es gibt Fliesen aus rechtwinkligen Fünfecken, aus Vierecken mit 60°-Winkeln, aus Siebenecken mit 120°-Winkeln und zahllose andere Kombinationen, die bei Euklid völlig undenkbar wären.

Wenn man sich die Fliesenmuster anschaut, könnte man meinen, die einzelnen Elemente wären nicht gleich groß – doch das liegt nur an der in der Fläche verzerrten Darstellung. In der Wahrnehmung der Scheibenbewohner haben sämtliche Teile exakt die gleiche Größe und Form.

Je tiefer wir in die Welt von Beltrami und Poincaré eintauchen, desto klarer wird, welche Freiräume uns die Abwesenheit des fünften Postulats gewährt. Die Geometrie der Scheibe ist weniger streng und unendlich reicher als unsere. Das macht das Beispiel der Fliesen besonders deutlich. In der euklidischen Geometrie gibt es nur drei regelmäßige Fliesenflächen oder Parkettierungen,* nämlich aus Quadraten, gleichseitigen Dreiecken oder regelmäßigen Sechsecken, in der Scheibe aber gibt es unendlich viele!

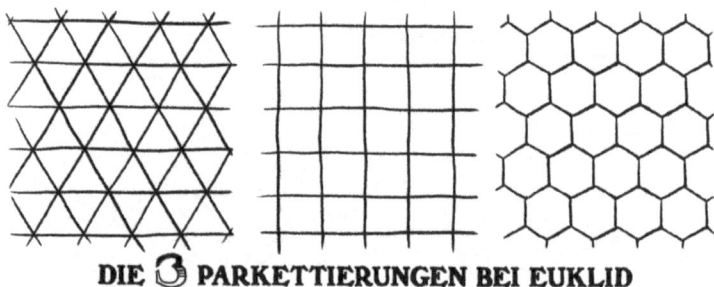

DIE ③ PARKETTIERUNGEN BEI EUKLID

---

* Eine Fläche, deren Elemente identisch sind und jeweils gleich lange Seiten und gleich große Winkel haben.

Die Lösung des Problems

Die Erklärung für die außergewöhnliche Fülle der Scheibengeometrie liefert schon der Wortlaut des fünften Postulat: Dort, wo es bei Euklid nur eine Parallele gab, finden sich nun unendlich viele. Und auch die Vielfalt an Dreiecken ist enorm. Bei Euklid beträgt die Winkelsumme eines jeden Dreiecks 180°, bei Beltrami ist sie immer kleiner als 180° und kann variieren. Damit erhält man eine ganze Palette an Dreiecken, deren Winkelsumme einen beliebigen Wert zwischen 0° und 180° haben kann. So ist die Geometrie der Scheibe in allen Bereichen flexibler und bietet unzählige neue Möglichkeiten, die es bei Euklid nicht gab.

Und doch: Wenn wir genau hinschauen, steckt in der nichteuklidischen Geometrie der Piloten oder der Beltramis immer noch etwas Euklid. Denn im kleinen Maßstab ist der Unterschied kaum erkennbar. Wenn man nur sehr kleine geometrische Figuren zeichnet, sind die Sätze der *Elemente* nahezu wahr.

Schauen wir uns noch einmal die Kugelgeometrie oder sphärische Geometrie an. Unser Planet ist gewölbt, doch in unserem menschlichen Maßstab bleibt dieser Umstand im Grunde unbeachtet. Im Alltag sehen wir unsere Erde als Fläche. Nur Piloten, die mehrere Tausend Kilometer zurücklegen, sind in der Lage, die Auswirkungen dieser Wölbung wahrzunehmen. Hat man es jedoch nur mit kurzen Entfernungen zu tun, ist der Unterschied unsichtbar. In der sphärischen Geometrie gibt es weder Quadrate noch Rechtecke, also dürften theoretisch auch keine Fußballfelder nach Fifa-Richtlinien existieren. Auf unserem Planeten kann es eigentlich kein Geländestück mit vier rechten Winkeln geben. Doch in kleinem Maßstab ist die Abweichung so gering, dass sie absolut nicht wahrnehmbar ist.

Das Gleiche gilt für die Scheibe von Beltrami und Poincaré. Wenn wir sie in ihrer Gesamtheit betrachten, erscheinen uns ihre geraden Linien ganz klar als gewölbt. Doch wenn wir nahe genug heranzoomen, wird die Krümmung immer schwächer. Und je mehr wir uns im Kleinen bewegen, desto mehr gleicht sich dessen Wahrnehmung der unseren an. So lassen sich auch in der Scheibenwelt Figuren zeichnen, die Quadraten extrem ähnlich sind. Ihre Winkel haben nicht genau 90°, sondern 89,9°.

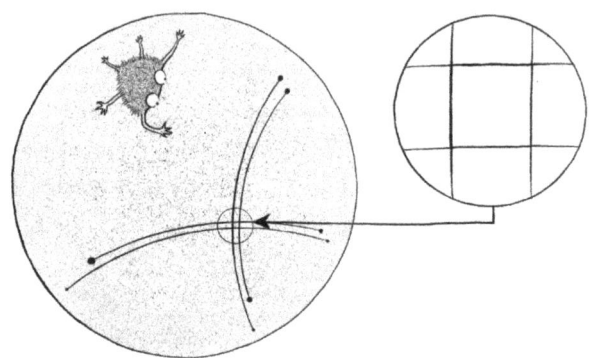

Falls also die Messinstrumente der Scheibenbewohner nicht sehr präzise sind, könnten diese tatsächlich glauben, dass sie in einer euklidischen Welt leben. In kleinem Maßstab bliebe die Krümmung des Raums von ihnen unbemerkt. Sie würden uns versichern, dass es in ihrer Welt sehr wohl Quadrate gibt und dass das fünfte Postulat wahr ist.

Ein unheimlicher Gedanke. Denn wie sollen wir diese Situation nicht auf uns beziehen? Geben wir dem Begriff «Gerade» seinen ursprünglichen Sinn zurück. Betrachten wir ihn weder wie ein Pilot noch wie Beltrami, sondern wie gehabt – so, wie wir ihn vor Beginn dieses Kapitels verinnerlicht hatten. Und? Sind Sie sicher, dass diese Geraden die Postulate Euklids erfüllen?

Und wenn unser Universum eine dreidimensionale Poincaré-Scheibe wäre? Eine gigantische Kugel, in der sich alles, was sich zum Rand bewegt, verkleinert, sodass die Bewohner der Kugel sie als unendlich wahrnehmen? Die euklidische Geometrie würde in dieser Sphäre nicht gelten. Sämtliche Geraden wären gekrümmt.

Und wir winzigen Wesen auf unserem blauen Staubkorn inmitten des Unermesslichen wären unfähig, dies zu erkennen. In unseren Größenordnungen wäre die Krümmung der gigantischen Linien, die wir Geraden nennen, nicht zu erfassen.

Vielleicht leben wir in einem Universum, in dem Euklids Sätze nicht gelten – jedoch mit einer so geringen Abweichung, dass sie unsere besten Messinstrumente nicht anzeigen. Können wir wissen, ob wir wirklich eine Welt bewohnen, in der Euklid das Sagen hat?

Die meisten Mathematiker, die sich mit nichteuklidischer Geometrie befasst haben, scheinen sich um diese Frage keine großen Sorgen gemacht zu haben. Ihre Modelle sahen sie als abstrakte Mathematik ohne Bezug zur Realität an. Es reichte ihnen zum Glück, das Problem des fünften Postulats gelöst und diese wunderbaren imaginären Räume geschaffen zu haben.

Zudem gab es keinen Anlass für Zweifel. Newtons bestens funktionierende Theorie stützte sich ja auf die Geometrie Euklids. Keine astronomische Messung, ganz gleich welchen Ausmaßes, offenbarte irgendein Anzeichen für eine Abweichung zwischen Euklid, Newton und der Realität. Die Geometrie ohne das fünfte Postulat war eine schöne Spielerei und pure Abstraktion. Für die meisten Wissenschaftler des 19. Jahrhunderts bestand kein Grund, an der euklidischen Ordnung unseres Universums zu zweifeln.

Und dann erschien im Jahre 1905 ein dreißigseitiger Artikel in den *Annalen der Physik*. Der Beitrag mit dem Titel *Zur Elektrodynamik bewegter Körper* sollte unsere Sicht auf das Universum, die Zeit und den Raum für immer verändern. Der Autor, ein junger Physiker von sechsundzwanzig Jahren namens Albert Einstein, stellt darin seine Theorie der Relativität vor.

5.

Die Abgründe von Raum und Zeit

Wie schnell sind Sie unterwegs?

Mit welcher Geschwindigkeit bewegen Sie sich? Jetzt, in diesem Moment?

Wenn Sie dieses Buch in einem Schnellzug lesen, sind Sie womöglich mit 200 km/h unterwegs. Wenn Sie sich aber zu Hause auf Ihrem Sofa fläzen, am Strand liegen oder im Park sitzen, zeigt Ihr Tachometer 0 km/h an. Sie rühren sich nicht von der Stelle.

Das sagt sich so, doch ist Ihr Stillstand äußerst relativ, denn in Ihnen bewegt sich so einiges. Ihr Herz schlägt, Ihr Blut strömt durch das Fraktal Ihrer Blutgefäße – mit einer Geschwindigkeit, die nahe der Aorta bis zu 2 km/h beträgt. In jeder einzelnen Körperzelle sind organische Moleküle am Werk, die die nötige Energie für ihr Funktionieren liefern, Proteine aufbauen und die nächste Zellteilung einleiten. Alle diese Moleküle bestehen aus Atomkernen, um die Elektronen kreisen – mit einer Geschwindigkeit von mehreren Millionen Kilometern pro Stunde.

Alles, woraus Sie bestehen, ist also in Bewegung. Da aber in Ihrem Innern etwa ebenso viele Elemente nach links wie nach rechts, nach oben wie nach unten und nach vorn wie nach hinten drängen, halten sich alle diese Materieflüsse im Gleichgewicht. Und so befinden Sie sich insgesamt in Ruhe.

Ohne sich dessen bewusst zu sein, sind Sie zudem ein winzig kleiner Teil eines gewaltigen Raums, in dem Sie sich pausenlos bewegen. Die Erde dreht sich innerhalb von 24 Stunden einmal um sich selbst, und Sie drehen sich mit ihr. Jeden Tag vollführen Sie so eine komplette Drehung um die Erdachse. In unseren Breiten entspricht das einer Reise von etwa 30 000 km in 24 Stunden, womit wir eine Geschwindigkeit von 1250 km/h erreichen. Auf der Höhe des Äquators legt man täglich über 40 000 km zurück, der Gipfel des Chimborasso dreht sich also mit 1670 km/h!

Aber das ist nicht alles, denn die Erde kreist ja zudem um die Sonne: Jahr für Jahr durchläuft sie ihre 940 Millionen km lange Umlaufbahn mit einer Geschwindigkeit von 107 000 km/h, also 30 km/s! Auch das Sonnensystem steht nicht still, sondern kreist mit 850 000 km/h um das Zentrum unserer Galaxie, die Milchstraße. Und die Milchstraße selbst bewegt sich mit 2 000 000 km/h durch die von den fernen Objekten unseres Universums geschaffene Kulisse.

Was dahinter liegt, wissen wir nicht, aber es gibt keine Anzeichen dafür, dass der Tanz hier beendet wäre. Unser gesamtes sichtbares Universum bewegt sich womöglich mit noch größerer Geschwindigkeit durch einen uns unbekannten Kosmos.

Warum wird uns bei diesem schnellen Kreisen nicht schwindelig? Wie können wir seelenruhig im Sessel sitzen, ohne etwas von diesen rasanten Geschwindigkeiten zu spüren, die uns umherschleudern und mitreißen? Warum bekommen wir davon nichts mit?

Die Antwort auf diese Frage lieferte Galileo Galilei in seinem *Dialog über die beiden hauptsächlichsten Weltsysteme* von 1632, woraufhin Newton sie in seinen *Principia* in Mathematik fasste. Sie lässt sich folgendermaßen zusammenfassen: Geschwindigkeit ist von Unbeweglichkeit nicht zu unterscheiden. Der Unterschied zwischen einem Objekt in Bewegung und einem Objekt in Ruhe ist von derselben Art wie der Unterschied zwischen zwei Primärfarben. Es handelt sich um eine subjektive Wahrnehmung, die durch kein Experiment ans Licht gebracht werden kann.

Wenn ich als Kind mit dem Zug fuhr, stellte ich mich manchmal in den Gang und sprang in die Höhe. Ich dachte, wenn ich in der Luft hinge und keinen Kontakt mehr zum Zug hätte, würde mich dieser nicht mehr mitziehen. Er würde unter mir weggleiten, während ich für den Augenblick meines Sprungs in der Luft stehen bliebe. Ich rechnete also damit, nach meinem senkrechten Hüpfer nicht mehr an derselben Stelle zu landen, sondern etwas weiter hinten. Ich wurde jedes Mal enttäuscht. Alle meine Versuche scheiterten und es gelang mir nicht, die Bewegung des Zuges auf diese Weise erfahrbar zu machen.

Zum Glück, muss man sagen! Denn wären die Regeln der Physik so beschaffen, wie ich dachte, wäre ich in dem mit 300 km/h dahinflitzenden Schnellzug ganz gewaltig an die hintere Tür des Waggons geschleudert worden! Schlimmer noch! Da die Erde eben auch ein großer Zug ist, wäre in meiner Sicht der Dinge jeder Mensch, der einmal in seinem Leben einen Luftsprung gewagt hätte, in der interstellaren Leere gelandet – wie abgeworfen von der Erde, die sich ungerührt weitergedreht hätte.

Mein Denkfehler bestand in der Annahme, dass ich während des Sprungs, gleichsam befreit vom Zugriff des Zugs, in eine komplette Unbewegtheit geraten würde. So als würde jeder Körper, der nicht gerade von einem Motor oder einer ähnlichen Kraft in Bewegung gehalten wird, abrupt stehen bleiben und in den Ruhezustand schalten. Dieser Gedanke war gar nicht so absurd, schließlich hatten dies auch Aristoteles und seine Schüler jahrhundertelang angenommen. Aber so ist es eben nicht. Ich konnte so viel springen, wie ich wollte, die Realität widerlegte stur meine Theorie.

Galilei war der Erste, der die Zusammenhänge richtig darstellte: Jeder in Bewegung gebrachte Körper behält seine Geschwindigkeit, solange ihn nichts daran hindert. Wirft man eine Kugel in den interstellaren Raum, fliegt diese immer weiter, ohne sich jemals zu verlangsamen. Auf unserem Planeten werden die Dinge gebremst, da entgegengesetzte Kräfte auf sie wirken. Wenn wir unsere Kugel über die Erde rollen, rauben ihr die Reibung von Boden und Luft die Geschwindigkeit.

Mein Springen konnte mich also nicht daran hindern, meine Geschwindigkeit zu halten. Auch in der Luft bewegte ich mich mit dem Zug weiter und landete stets auf dem Fleck, von dem ich abgesprungen war. Das galileische Relativitätsprinzip besagt aber noch viel mehr. Wären die Zugfenster verdeckt gewesen und hätte ich nicht die Landschaft draußen vorbeiziehen sehen, so hätte ich nicht herausfinden können, ob der Zug in Bewegung war oder stillstand. Natürlich stimmt das in Wahrheit nicht ganz, denn ein rollender Zug wird durch sein Fahrwerk und kleine Unebenheiten der Gleise immer wieder leicht erschüttert. Die Erde aber ruckelt nicht über Schienen und wird nicht von einem brummenden Motor bewegt. Sie schwebt reibungslos und damit vollkommen unmerklich durch den Raum. Die einzige Möglichkeit herauszufinden, ob sich unser Planet bewegt, besteht darin, aus dem Fenster zu schauen, also den Himmel zu beobachten und unsere Position in Bezug zu anderen Gestirnen zu ermitteln.

Zu Beginn seiner *Principia* unterscheidet Newton die relative Geschwindigkeit von der absoluten Geschwindigkeit. Er erklärt, dass die erste die Geschwindigkeit in einem Bezugssystem ist, also etwa unsere Bewegung auf der Erde. Die zweite dagegen ist die objektive Geschwindigkeit in der Leere des Universums. Diese Unterscheidung spielt jedoch im Nachfolgenden keine Rolle, denn alle Phänomene, die Newton in seinem Buch erklärt, gelten sowohl für vollkommen unbewegte Objekte als auch für Objekte, die sich mit gleichbleibender Geschwindigkeit bewegen. Nach Newtons Berechnungen können Experimente jeweils nur eine Veränderung der Geschwindigkeit, also eine Beschleunigung oder Verlangsamung feststellen. Wenn der Zug während meines Sprungs plötzlich gebremst hätte, wäre ich tatsächlich nicht an derselben Stelle gelandet. Das Konzept der Geschwindigkeit ist damit vollkommen subjektiv und damit auch das Konzept des Standorts. Hier kann uns wieder ein Gedankenexperiment weiterhelfen: Schauen Sie sich doch einmal dieses Bärtierchen* an und rufen gleichzeitig «jetzt!».

---

* Bärtierchen sind weniger als 1 mm kleine Lebewesen, die im interstellaren Raum überlebensfähig sind, daher nehmen sie in diesem Experiment keinerlei Schaden.

Die Frage ist nun: An welcher Stelle des Universums befindet sich das Bärtierchen, wenn wir «jetzt!» rufen? Wenn wir uns auf seine Position hier auf der Seite beziehen, hat es sich nicht gerührt. Es hockt immer noch gleich über diesem Absatz. Wenn wir aber die Erdrotation einberechnen, dann hat sich das Tierchen in der kurzen Zeit, in der Sie die drei vorigen Sätze gelesen haben, mit Ihnen zusammen ein Dutzend Kilometer weiter nach Osten bewegt.

Berücksichtigen wir auch den Umlauf unseres Planeten und die Bewegung des Sonnensystems und unserer Galaxie, so befindet sich das Bärtierchen Tausende Kilometer entfernt im interstellaren Raum. Wenn Sie dieses Buch zu Ende gelesen haben, ist es womöglich gerade noch dem schaurigen Saugrüssel eines außerirdischen Wesens entkommen, von dem wir nie etwas wissen werden.

Doch diese Überlegungen beantworten immer noch nicht unsere Frage. Wo befindet sich das Bärtierchen denn nun wirklich? Weder in Bezug zu diesem Buch noch in Bezug zur Erde oder zur Milchstraße, sondern absolut gesehen. Im leeren Raum. Mit Ihrem «jetzt!» haben Sie es fixiert, dann bewegt es sich nicht mehr, nur die Gestirne kreisen um es herum. Können wir die Position des Tierchens aber auch bestimmen, während alles in Bewegung ist und wir keinen ruhenden Bezugspunkt haben, an dem wir uns orientieren?

Glaubt man der galileischen Relativität, so lautet die Antwort Nein. Die absolute Unbewegtheit ist nicht nachweisbar, damit ist auch die absolute Position eines Objekts unbestimmbar. Die Annahme einer absoluten Unbewegtheit würde sich zwar angenehm in unser Denken fügen, da wir gerne Orientierungspunkte haben, sie ist aber offenbar völlig überflüssig für die Gesetze der Natur, die sich darum nicht zu kümmern scheint.

Gibt es wirklich ein Theater des Universums, so wie Newton es annahm, mit festen und immer gültigen Regeln, nach denen die Gestirne ihre Rolle spielen? Oder sind die Bewegungen des Universums nicht stets relativ in Bezug zueinander? Wenn es genauso unmöglich ist, die Ruhe von der Bewegung zu unterscheiden, wie man Blau von Rot unterscheiden kann, dann müssen wir wohl einfach davon absehen, diesen Phänomenen Absolutheit zuzuschreiben. Bewegung ist relativ. Unbewegtheit ist relativ. Standorte sind relativ. Die Vorstellung einer absoluten Geschwindigkeit ergibt keinen Sinn. Genauso wenig wie die Vorstellung einer absoluten Position.

Wo ist unser Bärtierchen jetzt? Beim ersten Lesen erscheint die Frage klar und eindeutig. Und doch ist sie unvollständig. Sie hat keine Antwort. Wenn man in einem bestimmten Moment einen Punkt im Raum festlegt, lässt sich schon im nächsten Augenblick kein Ort im Universum als «derselbe» Punkt bezeichnen. Erinnern Sie sich an unsere unendliche Confiserie? Dort sind wir auch schon Fragen dieser Art begegnet. Fragen, die man für vollständig hält, denen aber eine entscheidende Information fehlt. Nun stehen wir wieder vor einer solchen Situation und können nur antworten: «Kommt darauf an.» Wo ist unser Bärtierchen jetzt? Überall und nirgends zugleich. Die Frage ergibt keinen Sinn, wenn man keinen Bezugsrahmen definiert.

Aber ich greife vor. Warten wir noch etwas ab, denn nach Galilei brauchte es noch etwas Zeit, bis die Wissenschaft davon absah, das Unbewegte orten zu wollen. Das Relativitätsprinzip gilt für alle Versuche, an denen Materie beteiligt ist. Es gibt jedoch Phänomene, deren Beschaffenheit der italienische Astronom bei der Formulierung seines Relativitätsprinzips nicht im Blick hatte.

Licht hat eine ganz andere Eigenschaft als Gestirne und feste Körper. Licht ist eine Welle, die sich in Schwingungen ausbreitet wie die Wellen auf der Oberfläche des Meeres oder Töne in der Luft. Alle Wellen haben ein Medium, in dem sie sich verteilen. Die Welle braucht Wasser. Der Ton braucht Luft, deren Moleküle er in Schwingung bringt. Licht dagegen breitet sich im leeren Raum aus. Wir sehen Sterne am Nachthimmel, deren Leuchten Billionen Kilometer durch die Leere des Alls zu uns gewandert ist.

Im 19. Jahrhundert ließ diese Feststellung in den Köpfen von Physikern eine Idee reifen: Und wenn diese Leere gar nicht so leer ist? Die Luft, die uns umgibt und die Ausbreitung des Schalls ermöglicht, ist ja auch nicht ohne Weiteres nachweisbar. In der Alltagssprache sagen wir, eine Schachtel sei leer, wenn sie nichts anderes als Luft enthält. Und wenn der interstellare Raum nun auch aus einem nicht erkennbaren Stoff bestünde, der als Medium für die Lichtwellen dient? Man nannte diese Substanz fortan «Äther» und machte sich an ihre Erforschung.

Dieser Äther hatte umso größere Bedeutung für die Wissenschaftler, da er als Substanz der Leere eben auch Schauplatz der Unbewegtheit sein musste. Wenn es möglich sein sollte, eine absolute Bewegung zu definieren, musste der Äther als Referenz dienen. Um sich aus den Klauen der Beliebigkeit zu befreien, war es also entscheidend, die Existenz des Äthers aufzudecken und gegebenenfalls seine Unbewegtheit nachzuweisen.

Zwischen 1881 und 1887 begannen die Physiker Albert Michelson und Edward Morley eine Versuchsreihe, mit der sie Veränderungen der Lichtgeschwindigkeit aufspüren wollten – abhängig davon, in welcher Richtung wir uns im Weltraum bewegen. Die Erde dreht sich mit einer Geschwindigkeit von 30 km/s um die Sonne. Doch je nachdem, an welcher Stelle des Orbits sie sich befindet, bewegt sie sich in andere Richtungen. Somit musste sich ihre Geschwindigkeit in Bezug auf den Äther verändern.

Stellen Sie sich vor, Sie würden auf einer Radrennbahn Runden drehen, auf der heftiger Wind weht. Sie fahren 15 km/h, der Wind bläst mit 20 km/h. Auf der Strecke des Parcours, auf der Sie den Wind im Gesicht haben, wirkt seine Geschwindigkeit zusätzlich auf Sie ein und Sie spüren einen Gegenwind von 35 km/h. Wenn Sie den Wind aber im Rücken haben, bewegen Sie sich mit ihm und er zieht mit nur 5 km/h an Ihnen vorbei.

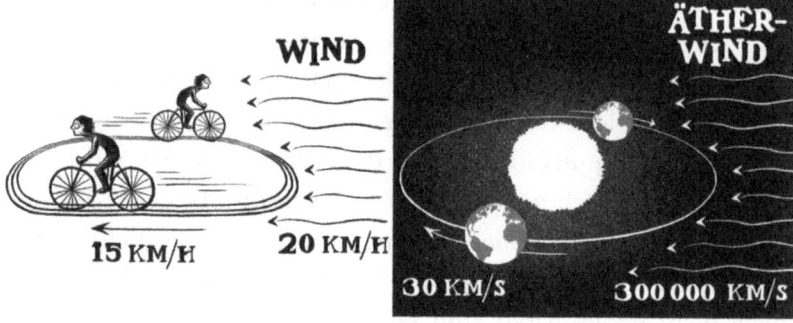

Das Fahrrad ist die Erde, der Wind der Äther. Je nachdem, ob Sommer oder Winter ist, bewegt sich unser Planet nicht in dieselbe Richtung und der Ätherwind dürfte nicht mit derselben Intensität auf ihn einwirken.

Da der Äther als Träger des Lichts galt, müsste also eine Veränderung der Lichtgeschwindigkeit messbar sein. Und eben das versuchten Michelson und Morley nachzuweisen.

Licht bewegt sich im leeren Raum mit einer Geschwindigkeit von etwa 300 000 km/s.* Das ist viel mehr als jede Geschwindigkeit, von der wir bisher gesprochen haben. Die Erde kreist mit 30 km/s um die Sonne. Wenn nun die Lichtgeschwindigkeit auf der Rennbahn des Sonnensystems 300 000 km/s beträgt, müssten wir 300 030 km/s messen, wenn uns der Äther entgegenweht, und eine Geschwindigkeit von 299 970 km/s, wenn wir den Äther im Rücken haben. Michelson und Morley rechneten also mit einer Abweichung von 60 km/s zwischen den beiden Messungen im Abstand von sechs Monaten.

Die ersten Ergebnisse fielen nicht überzeugend aus. Dazu muss man wissen, dass die Messung der Lichtgeschwindigkeit keine leichte Angelegenheit ist und mit hochpräzisen Apparaturen erfolgen muss. Bei den ersten Versuchen ließ die unzulängliche Ausrüs-

---

* Tatsächlich sind es 299 792,458 km/s, doch der Einfachheit halber runde ich diese Zahl. Die Schlussfolgerungen bleiben dieselben.

tung nicht darauf hoffen, eine «kleine» Abweichung von 60 km/s zu erkennen.

Mit den Jahren verfeinerte sich die Vorgehensweise – die Ergebnisse aber blieben gleich. Es ließ sich keine Differenz feststellen. Das Licht traf über das ganze Jahr mit 300 000 km/s auf die Erde.

Diesem Fakt musste man sich beugen. Etwas stimmte da noch nicht in unserem Verständnis des Weltalls, und dieses Etwas war nicht unerheblich. Die Versuche von Michelson und Morley hatten nicht nur keinen Äther entdeckt, sondern ein unerklärliches Phänomen zutage gefördert. Die sichtbare Geschwindigkeit eines beliebigen Körpers muss von dem Blickwinkel abhängen, aus dem man sie beobachtet. Dabei geht es nicht um höhere Physik, es reicht der gesunde Menschenverstand. Wenn ein Zug mit 100 km/h an uns vorbeifährt, während wir mit 15 km/h auf einem Fahrrad strampeln, sehen wir ihn mit 85 km/h vorbeisausen. Wenn wir dagegen mit 80 km/h in einem Auto unterwegs sind, sehen wir ihn mit 20 km/h vorbeigleiten.

Es erscheint vollkommen abwegig, dass das Fahrrad und das Auto den Zug mit derselben Geschwindigkeit wahrnehmen. Und doch ist das beim Licht offenbar genau so der Fall! Seine wahrgenommene

Geschwindigkeit verändert sich nicht mit der Geschwindigkeit der Erde. Diese Feststellung widerspricht dem gesunden Menschenverstand. Sie kommt uns paradox und unerklärlich vor. Man würde gerne glauben, dass Michelsen und Morley sich bei ihren Versuchen geirrt haben, da ihre Ergebnisse mit Newtons Theorie unvereinbar sind und Euklids Geometrie sogar widersprechen. Das Ganze hätte zur Katastrophe ausarten können.

Zum Glück spielten zur selben Zeit einige Mathematiker mit dem fünften Postulat und erfanden dabei eine neue Geometrie – ohne zu ahnen, welche Errungenschaft dies bedeutete.

Die spezielle Relativität

Im September 1905 veröffentlicht Albert Einstein den Artikel *Zur Elektrodynamik bewegter Körper*. Darin entwickelt er eine revolutionäre Theorie, die unsere Vorstellung von Raum und Zeit grundlegend auf den Kopf stellt: die spezielle Relativität.*

Einstein setzt einen radikalen Schlussstrich unter die wackeligen Annahmen der Äthersucher. Zuerst einmal zerstreut er die letzte Hoffnung auf eine Definition der Bewegungslosigkeit. Es gibt keinen Äther. Geschwindigkeiten und Standorte sind relativ. Kein Experiment, selbst unter Einbezug von Wellenphänomenen oder anders gearteten Einflüssen, kann jemals eine Unterscheidung zwischen einer gleichbleibenden Geschwindigkeit und dem Stillstand treffen. Und zudem gilt: Licht ist immer mit 300 000 km/s unterwegs.

Diese zweite Festlegung ist entscheidend, denn sie löst das von Michelsen und Morley aufgeworfene Problem auf vollkommen unerwartete Weise. Während andere Wissenschaftler die Invarianz des Lichts zu erklären versuchten, nimmt Einstein sie einfach als gege-

---

* Warum «speziell»? Das Adjektiv wurde hinzugefügt, als Einstein zehn Jahre später eine neue, weitreichendere Theorie schuf, die als Allgemeine Relativitätstheorie bekannt wurde. Wir kommen noch darauf zurück.

ben hin. Für ihn handelt es sich nicht um ein Phänomen, das begriffen werden will, sondern um eine Eigenschaft der Geometrie unseres Universums. Er fügt die konstante Lichtgeschwindigkeit daher den Postulaten hinzu.

Genauso wie Euklid die Geometrie der Ebene auf seinen fünf Postulaten aufbaute, entwickelt Einstein eine neue Geometrie und ein neues Konzept der Bewegung mit dem Grundprinzip: «Licht bewegt sich offensichtlich immer mit 300 000 km/s, unabhängig von der Geschwindigkeit der messenden Person.» So seltsam und kontraintuitiv es auf uns wirken mag: Die Experimente von Michelson und Morley haben diese Tatsache enthüllt und wir müssen sie als solche akzeptieren. Die Geschwindigkeit des Lichts ist invariant.

Wie nicht anders zu erwarten, sind die Konsequenzen dieses Postulats äußerst verwirrend. Unsere Intuition in Bezug auf Bewegungen, Entfernungen und Zeitspannen wird komplett über den Haufen geworfen. Durch unsere Erfahrungen mit Multiplikationen, Höhen, Fraktalen und Farben sind wir in diesem Spiel inzwischen etwas geübt. Wir sind nicht vollkommen überrumpelt. Doch sollten wir die Herausforderung nicht unterschätzen: Raum und Zeit infrage zu stellen, ist die letzte und größte Hürde auf unserem Weg. Wir haben einen gewaltigen Berg vor uns, einen Chimborasso der Wissenschaft. Aber seien Sie beruhigt: Für seine Besteigung sind wir gut gerüstet. Bleiben Sie jedoch wachsam.

Ausgehend von seinem Postulat entwickelt Einstein zahlreiche Folgerungen und Gedankenexperimente, um die Funktionsweise der neuen Geometrie zu begreifen. Eine erste Konsequenz aus der Invarianz des Lichts ist die Multiplizität dieser Geometrie: Entfernungen und Zeitspannen hängen von der Person ab, die sie misst. Für die unterschiedlichen Ergebnisse ist die Bewegung verantwortlich. Nur wenn zwei Wissenschaftler in Relation zueinander unbewegt sind, nehmen sie dieselbe Geometrie wahr. Sobald sich einer in Relation zum anderen bewegt, liefern ihre Messungen nicht mehr dieselben Ergebnisse.

Stellen wir uns vor, ein Geodät erforscht einen kleinen Asteroiden und misst dessen Länge. Nach seinen Berechnungen kommt er auf 150 Meter. Daraufhin fliegt ein zweiter Geodät in einem Raumschiff an ebendiesem Asteroiden vorbei, misst ihn von der Seite und erhält eine Länge von 120 Metern.

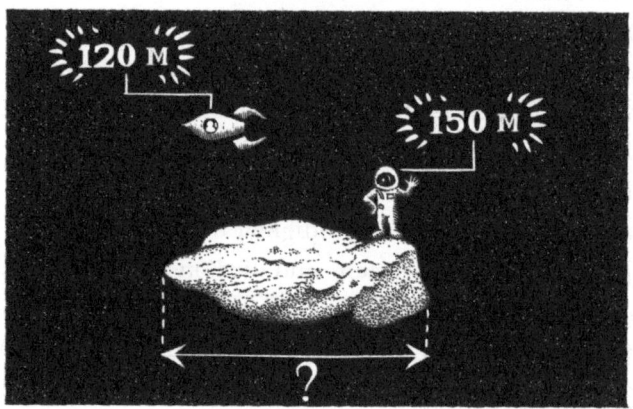

Man könnte nun annehmen, einer der beiden hätte sich in seinen Berechnungen vertan. Vielleicht hatte der Raketenflieger eine Sinnestäuschung oder es ist ihm ein Messfehler unterlaufen. Aber nein! Die beiden Forscher können ihre Apparate so fein einstellen, wie sie wollen, sie werden immer dieselbe Abweichung zwischen ihren Ergebnissen feststellen. Es ist kein Irrtum im Spiel.

Die beiden befinden sich in derselben Lage wie wir, wenn wir mit den Wesen der Poincaré-Scheibenwelt sprechen: Wir haben nicht dieselbe Vorstellung von Entfernungen. Strecken, die uns gleich lang erscheinen, sind für sie verschieden und umgekehrt. Es sind zwei geometrische Systeme vorhanden, zwei verschiedene Maßeinheiten, von denen keine objektiv besser wäre als die andere.

Das Unglaubliche an der speziellen Relativität ist nun, dass es in unserem Universum nicht nur zwei verschiedene Geometrien gibt, sondern unendlich viele! Sobald zwei Personen nicht mit derselben Geschwindigkeit unterwegs sind, haben sie auch nicht dieselbe Geometrie. Flögen an unserem Asteroiden mehrere Raketen mit unterschiedlicher Geschwindigkeit vorbei, würden die Geodäten an Bord jeweils unterschiedliche Ergebnisse angeben – und keiner von ihnen hätte unrecht.

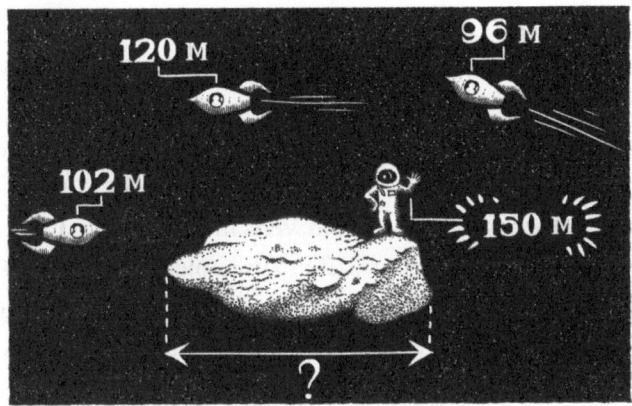

Die spezielle Relativität hat noch in weiterer Hinsicht weitaus größere Auswirkungen als die Poincaré-Scheibe: Denn der Unterschied in der Wahrnehmung beeinflusst nicht nur die Messung von Entfernungen, sondern auch die Zeitmessung. Die Zeitspanne zwischen zwei Ereignissen wird von zwei Personen, die sich relativ zueinander bewegen, nicht gleich wahrgenommen.

Kehren wir zu unserem Asteroiden zurück und nehmen wir an, es käme dort mit wenigen Augenblicken Abstand zu zwei Meteoriteneinschlägen.

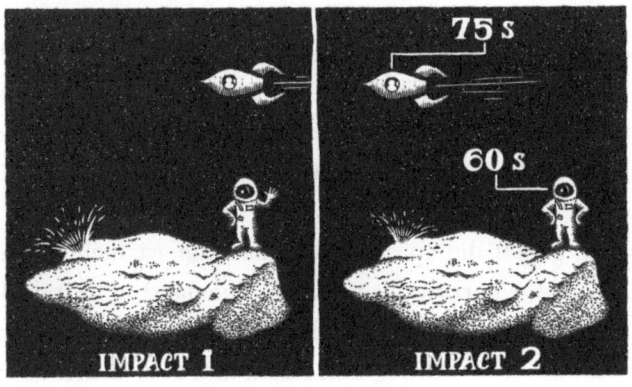

Der Geodät auf dem Asteroiden hat die Einschläge beobachtet und festgestellt, dass zwischen ihnen eine Minute vergangen ist. Der Geodät im Raumschiff hat ebenfalls zugesehen und versichert, dass die Meteoriten mit einer Minute und fünfzehn Sekunden Abstand eingeschlagen sind.

Und wieder haben beide recht, so verblüffend es auch klingen mag. Je schneller ein Raumschiff an dem Asteroiden vorbeigleitet, desto größer wird der an Bord gemessene Abstand zwischen den beiden Einschlägen.

Die von Einstein beschriebenen Verschiebungen von Raum und Zeit lassen sich also folgendermaßen zusammenfassen: Wenn wir in ein Raumschiff steigen und die Außenwelt durch sein Bullauge vorbeiziehen sehen, dann werden uns mit steigender Geschwindigkeit Entfernungen immer kürzer und Zeitspannen immer länger erscheinen.

Die Einstein'schen Folgerungen im Rahmen der Relativität zwingen uns also zu weiteren Zugeständnissen. Wir haben schon auf die Unbewegtheit und den absoluten Standort verzichtet, nun müssen wir auch die Gleichzeitigkeit aufgeben. Wir können nicht objektiv feststellen, dass zwei Ereignisse exakt im selben Moment stattgefunden haben. Je nach Beobachter können Phänomene als gleichzeitig oder aufeinanderfolgend wahrgenommen werden, ohne dass jemand unrecht hätte. Es hat nur jeder seine eigene Geometrie der Zeit.

All das ist äußerst erstaunlich und man könnte es glatt für Hirngespinste aus einem Science-Fiction halten. Einsteins Ideen sind amüsant, seine Theorie ist mathematisch abgesichert, aber wer kann denn glauben, dass die echte Welt, das von uns bewohnte Universum, tatsächlich auf diese Weise funktioniert? Unser intuitiver Widerstand gegen die spezifische Relativität ist mehr als legitim. Nicht nur ist die Theorie verrückt, in den Jahrhunderten der modernen Wissenschaft hat sich zudem bis heute kein Anzeichen für die Stauchung und Dehnung von Raum und Zeit finden können.

Außerdem bewegen wir uns alle ständig – zu Fuß, mit dem Fahrrad, im Auto oder Zug. Jeden Tag bewegen wir uns in Relation zu anderen und beobachten die uns umgebende Welt. Warum bemerken wir diese Verformung dann nicht? Warum ist uns im Gespräch mit Freunden nie aufgefallen, dass wir nicht über dieselbe Geometrie und dieselbe Zeit reden?

Einsteins Antwort ist einfach: Die räumliche und zeitliche Verschiebung nimmt mit der Geschwindigkeit zu. Wenn wir uns langsam bewegen, sind die Unterschiede nicht wahrnehmbar. Wenn wir etwa in einem Zug sitzen, der mit 300 km/h unterwegs ist, und an einem Gebäude vorbeifahren, das für jemanden, der sich nicht bewegt, 100 Meter breit ist, erscheint uns dieses Haus nur 99,999999999996 Meter breit. Damit ist die Abweichung zwischen den beiden Messungen etwa so klein wie ein Atom! Und es ist nichts Erstaunliches daran, dass wir die spezielle Relativität im Alltag nicht bemerken.

Wenn wir nun aber in einen Zug steigen könnten, der sagenhafte 283 000 km/s schafft, also pro Sekunde sieben Mal um die Erde flitzt, so läge der Verzerrungsfaktor bei 3.

Beim Blick aus dem Zugfenster würde uns die Entfernung dreimal so kurz, die Zeit dagegen dreimal so lang vorkommen. Das besagte Gebäude wäre nur noch 33,33 Meter breit. Bei derart hohen Geschwindigkeiten können die Veränderungen der Geometrie also nicht mehr unbemerkt bleiben.

Mit diesen wenigen Erläuterungen haben wir schon die Grundlagen der speziellen Relativität geklärt. Aber es wird noch einige

Zeit dauern, bis wir die Konsequenzen dieses Perspektivenwechsels überschauen und begreifen, was sie für unsere Wahrnehmung der Welt bedeuten.

Wir haben die euklidische Geometrie so verinnerlicht, dass es illusorisch wäre, unseren intuitiven Zugang zur Welt durch die Lektüre einiger Buchseiten umwerfen zu wollen. Wissenschaftler, die Jahre ihres Lebens mit der Erforschung dieses Themas zubringen, gewinnen irgendwann einen intuitiven Zugang zur relativistischen Geometrie. Es gelingt ihnen nach und nach, mit den veränderten Geschwindigkeiten zu jonglieren und den großen Zusammenhang der verschiedenen Blickwinkel zu erfassen. Doch ist dies nicht nur eine Frage des Verständnisses, sondern eine Frage der Gewohnheit.

Wir unternehmen im Folgenden noch einige Gedankenexperimente und entdecken damit weitere Eigenschaften der neuen Geometrie – wenn Sie sich aber mit dem Konzept wirklich vertraut machen möchten, geht das nicht im Handumdrehen: Sie müssen diese neuen Gedanken eine ganze Zeit in Ihnen reifen lassen.

Unter den zahlreichen Folgen, die Einsteins Theorie auf unsere Wahrnehmung von Zeit und Raum hat, sticht der Einfluss auf die Lichtgeschwindigkeit heraus. Laut der Relativität ist diese nicht zu übertreffen. Ganz gleich mit welcher Methode oder welchem Energieaufwand: Es ist nicht möglich, sich in unserem Universum mit mehr als 300 000 km/s zu bewegen. Dabei spielt auch keine Rolle, aus welcher Perspektive diese Geschwindigkeit wahrgenommen wird.

Diese Formulierung ist jedoch irreführend und wird oft falsch verstanden. Wenn man sagt, wir können die Lichtgeschwindigkeit nicht übertreffen, ist das in etwa so, als würden wir behaupten, die Wesen von Poincarés und Beltramis Scheibenwelt könnten diese nicht verlassen. Denn die Begrenzung existiert nur im Auge des Betrachters. Konkret ist es aber so, dass wir jede Geschwindigkeit, mit der wir uns bewegen, weiter beschleunigen können.

Stellen wir uns vor, ein Beltrami-Wesen nähert sich dem Rand der Scheibe. Jeder Schritt, den es tut, erscheint uns kürzer als der vor-

Die spezielle Relativität 221

herige und aus unserem Blickwinkel haben wir den Eindruck, dass eine geometrische Grenze den Scheibenbewohner am Weitergehen hindert. Erinnern wir uns aber, dass der Raum der Scheibe aus der Perspektive ihrer Bewohner unendlich ist und sie sich also beliebig und ohne Einschränkung weiterbewegen können. Das, was wir als unüberwindliche Grenze wahrnehmen, existiert für sie nicht.

Der Aufbau der Geschwindigkeiten in unserem Universum funktioniert ähnlich. Wenn wir ein Raumschiff mit 250 000 km/s an uns vorbeisausen sehen, kann dessen Kapitän immer noch beschließen, seine Geschwindigkeit um 100 000 km/s zu beschleunigen. In der klassischen Geometrie müssten wir ihn dann mit 350 000 km/s vorbeirauschen sehen, in der relativistischen Geometrie aber erreicht er nur 274 000 km/s.* Die Beschleunigung aus seiner Perspektive ist nicht die, die wir aus unserer Sicht wahrnehmen. Als unbewegte Beobachter sehen wir, wie das Raumschiff immer mehr beschleunigt und sich der Lichtgeschwindigkeit annähert, ohne sie jemals zu erreichen. Das Raumschiff selbst aber trifft auf keine Geschwindigkeitsmauer und behält seine technische Beschleunigungskraft. Aus seiner Sicht kann es immer 100 000 km/s schneller werden. Die Geschwindigkeitsbegrenzung existiert nur aus der Sicht eines außenstehenden Betrachters.

Um diesen Zusammenhang richtig zu verstehen, wagen wir ein kleines Experiment. Stellen Sie sich vor, Sie möchten Ihren Freund Sycorax besuchen, der auf einem friedlichen Planeten jenseits der Milchstraße wohnt. Unsere Galaxie hat einen Durchmesser von 100 000 Lichtjahren – das heißt, man braucht hunderttausend Jahre, um sie mit Lichtgeschwindigkeit zu durchqueren. Wenn Sie aber über ein Raumschiff mit genügend Leistung verfügen, hindert

---

* Falls die Formeln Sie interessieren: Wenn ein Raumschiff aus seiner Perspektive mit der Geschwindigkeit v unterwegs ist und um die Geschwindigkeit w beschleunigt, entspricht seine von einem unbewegten Beobachter wahrgenommene Geschwindigkeit $(v + w)/(1 + vw/c^2)$, wobei c die Lichtgeschwindigkeit ist. Bei $v = 250 000$ km/s und $w = 100 000$ km/s kommen wir also auf 274 000 km/s.

Sie nichts daran, in dreißig Minuten zu Ihrem Freund zu reisen, ein bisschen mit ihm zu plaudern und genauso schnell wieder zurückzufliegen. Sie sind dann nur einige Stunden weg, eine Stunde Reisezeit eingeschlossen.

Doch während Sie mit voller Geschwindigkeit unterwegs sind, ist Ihre Zeit nicht dieselbe wie für die auf der Erde zurückgebliebenen Menschen. Diese haben über ihre Teleskope beobachtet, wie Sie hunderttausend Jahre gebraucht haben, um zu Sycorax zu gelangen, und dann weitere hunderttausend Jahre zurückgereist sind! Wenn Sie von Ihrem Ausflug zurückkommen, sind auf der Erde zweihunderttausend Jahre vergangen!

Zum ersten Mal wurde dieses Experiment im Jahre 1911 von Paul Langevin vorgestellt. Man spricht allgemein vom Paradox der Zwillinge. Wenn Zwillinge sich trennen, indem einer der beiden auf der Erde bleibt, während der andere auf Raketenreise geht, wird Letzterer bei seiner Rückkehr jünger sein als sein Bruder. So seltsam diese Erkenntnis erscheinen mag, so ist sie doch in Wahrheit nicht paradox und hält sich genau an die Regeln der Relativität: Wer sich schnell bewegt, hat eine andere Zeit.

Falls Sie also die Lust packt, sich jenseits der Milchstraße auf ein Glas Gemüsesaft zu treffen, sollten Sie nicht vergessen, vorher allen Menschen Lebewohl zu sagen. Falls Sie zufällig weder ein Raumschiff noch einen transgalaktischen Freund vorweisen können, schadet es dennoch nicht, sich noch einmal irdisch zu erfrischen. Denn dieses Buch hält noch einige Überraschungen bereit, und für die wenigen Seiten, die Ihnen noch zu lesen bleiben, benötigen Sie sämtliche blankgeputzten Neuronen.

Die Idee der Raumzeit

Einsteins Theorie ist effizient und schön, die Verformung von Raum und Zeit aber erscheint widersinnig und unverständlich. Bis hierher hat uns die Natur an elegante und einfach zu formulierende Gesetze gewöhnt. «Alles fällt immer aufeinander zu», heißt es bei Newton so klar und einleuchtend. Die geschwindigkeitsabhängige Verformung der Geometrie aber erscheint wie eine aus dem Nichts kommende, absurde Verkomplizierung.

Zwar können wir nicht anders, als Einsteins Ideen zu akzeptieren, da physikalische Experimente wie die von Michelsen und Morley bestätigen, dass die von der Relativität gelieferten Ergebnisse der Wirklichkeit entsprechen. Aber vielleicht haben wir etwas übersehen? Könnte es nicht sein, dass es eine nachvollziehbarere Formel und eine elegantere Sichtweise gibt? Womöglich haben wir nicht den optimalen Weg gefunden, Raum und Zeit in Begriffe zu fassen?

Erinnern wir uns an Kepler. Der Astronom erkannte als Erster, dass die Planeten Ellipsen um die Sonne beschreiben, er brachte das Muster ihrer Bewegungen auf eine mathematische Formel, mit der man fortan die Bahnen der Gestirne sehr genau berechnen und voraussehen konnte. Trotz allem hätte man auch an dieser Stelle fragen können, warum ausgerechnet Ellipsen aus dem Hut gesprungen kamen. Warum waren es nicht einfache Kreise?

Die Antwort darauf lieferte Newton. Seine Gravitationslehre begnügte sich nicht mit der Annahme elliptischer Bahnen, sondern berechnete diese. Für den englischen Naturwissenschaftler und Philosophen sind die Planetenbahnen keine Postulate, sondern Theoreme. Sie sind die mathematische Folgerung aus dem übergeordneten Gesetz der Schwerkraft. Auf diese Weise werden die Ellipsen verständlich. Sie erscheinen nicht mehr willkürlich, sondern sind die Konsequenz aus einem schönen, schlüssigen und universellen Gesetz: Alles fällt immer aufeinander zu.

In der Form, wie sie 1905 formuliert wurde, leidet Einsteins Relativität unter demselben Mangel wie Keplers Ellipsen. Seine Gleichungen erlauben, alles Erdenkliche zu berechnen, und doch erscheinen sie willkürlich. Man hat Mühe zu begreifen, warum die Verzerrung von Raum und Zeit auf diese Weise geschieht. Man möchte die Zusammenhänge begreifen.

Diesen Schritt vollzieht der deutsche Mathematiker Hermann Minkowski. Wie Newton es mit Kepler tat, so reduziert er die Theorie Einsteins auf eine einfachere, allgemeinere und elegantere Sichtweise.

Minkowskis Idee ist genauso einfach wie genial. Anstatt Raum und Zeit als zwei getrennte Gegebenheiten zu betrachten, kommt er im Jahre 1907 auf die Idee, dass sie in Wahrheit zwei Erscheinungen desselben Phänomens, nämlich der Raumzeit, sind.

Die Raumzeit erstreckt sich über vier Dimensionen. Sie erinnern sich bestimmt, dass wir die Position eines Ballons am Himmel mit drei Koordinaten angeben: geografische Länge, Breite und Höhe. Diese drei Informationen sagen uns, *wo* der Ballon ist, sie sagen uns aber nicht, *wann* er wo ist. Um seine Position in der Raumzeit zu klären, müssen wir eine vierte Koordinate hinzufügen: die Zeit.

Ein Punkt in der Raumzeit ist ein bestimmter Ort zu einer bestimmten Zeit.

Es können mehrere Ereignisse an einem Ort, aber zu verschiedenen Zeiten stattfinden. Ebenso können mehrere Ereignisse gleichzeitig, aber an verschiedenen Orten stattfinden. Jedoch kann es niemals zwei verschiedene Ereignisse an einem Punkt der Raumzeit geben. Jedes Ereignis ist einzigartig und endgültig. Sobald wir das Bärtierchen mit unserem «Jetzt!»-Ruf verortet haben, haben wir ihm einen endgültigen Raumzeitpunkt in der Geschichte unseres Universums zugewiesen. Jede Leserin und jeder Leser dieses Buchs hat so einen anderen Punkt festgelegt. Vielleicht haben einige von Ihnen, ohne es zu wissen, das «jetzt!» zur selben Zeit ausgesprochen. Oder aber am selben Ort. Auf jeden Fall aber sind Sie die einzige Person, der das Signal an Ihrem Ort zu Ihrer Zeit über die Lippen kam.

Wie in der nichteuklidischen Geometrie braucht es einige Zeit und Erfahrung, um in der Geometrie der Raumzeit flüssig zu operieren. Mit ein paar kleinen Experimenten können wir uns mit der Denkweise vertraut machen.

Halten Sie Ihre Hände mit 50 cm Abstand vor sich. Jetzt schnippen Sie gleichzeitig mit den Fingern, warten zwei Sekunden und schnippen erneut. Beide Hände haben nun zwei Mal geschnippt, insgesamt gab es also vier Ereignisse. Jeder Schnipp legt einen Punkt in der Raumzeit fest, alle vier Punkte zusammen bilden die Ecken eines raumzeitlichen Rechtecks mit einer Länge von 50 cm und einer Höhe von 2 Sekunden.

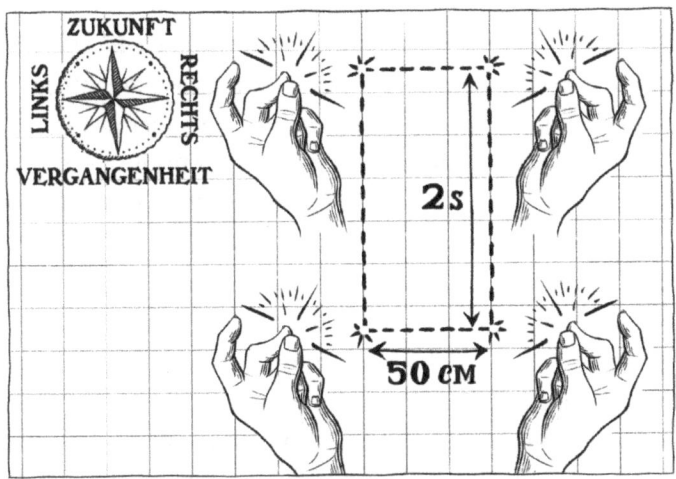

Auf den ersten Blick wirkt die Darstellung ziemlich verwirrend. Es handelt sich um ein sogenanntes Raumzeit-Diagramm, das sich erst bei näherem Hinsehen erschließt. Die untere Hälfte des Diagramms steht für die Vergangenheit, die obere Hälfte für die Zukunft. Die Zeitspanne von zwei Sekunden zwischen den beiden Schnipp-Ereignissen entspricht der Senkrechten des Rechtecks. Jeder Punkt des Diagramms ist ein einzelner Punkt der Raumzeit. Zwei Punkte, die auf derselben Waagerechten liegen, entsprechen zwei Ereignissen, die zur selben Zeit stattgefunden haben. Zwei Punkte auf derselben Senkrechten stehen für Ereignisse, die sich am selben Ort zugetragen haben.

Ein echtes Raumzeit-Diagramm müsste theoretisch vier Ebenen

umfassen, da diese Buchseite aber nur zweidimensional ist, begnügen wir uns mit einer vereinfachten Darstellung, auf der nur die zeitliche und eine der drei räumlichen Dimensionen zu sehen sind.

Und nun kommt wieder eine meiner seltsamen Fragen: Was glauben Sie, wie lang ist die Diagonale dieses Rechtecks?

A priori lässt sich diese Frage offenbar nicht beantworten, denn die Diagonale zieht sich durch Raum und Zeit zugleich. Die Ereignisse an den gegenüberliegenden Ecken des Rechtecks sind zugleich 50 cm und 2 s voneinander entfernt.

Wenn es sich um ein klassisches Rechteck nach Euklid handeln würde, könnte man die Länge seiner Diagonale berechnen, indem man Schlussfolgerungen der *Elemente* wie den Satz des Pythagoras verwendet. In diesem Fall aber steht uns die Mischung der Ebenen im Wege: Wie soll man Längen und Zeiten addieren, und in welcher Einheit misst sich die Diagonale? In Sekunden, in Zentimetern oder in einer anderen Einheit, die wir noch erfinden müssen?

Minkowski begegnet diesem Problem, indem er behauptet, dass Längen und Zeiten zwei Manifestationen desselben Konzepts sind und man das eine in das andere umrechnen kann. Die Formel ist einfach: Eine Sekunde entspricht 300 000 km. Diesen Wert kennen wir, es handelt sich um die Lichtgeschwindigkeit. Minkowski verleiht ihr mithilfe seines Modells einen neuen Status als Wechselkurs zwischen Strecken und Zeitspannen. Wenn Sie mit 300 000 km in die Raumzeit-Wechselstube gehen, kommen Sie mit einer Sekunde heraus – oder umgekehrt.

Diese Entsprechung ist ziemlich verrückt. Wege und Zeiten sind zwei Phänomene, die wir im Alltag völlig unterschiedlich wahrnehmen, und es fällt uns schwer zu glauben, die beiden ließen sich austauschen. Doch sind sie tatsächlich nur zwei Seiten einer Medaille.

Mit Minkowskis Umrechnungsformel können wir die 2 s auf der einen Seite unseres Rechtecks durch 600 000 km ersetzen.

Die Idee der Raumzeit 227

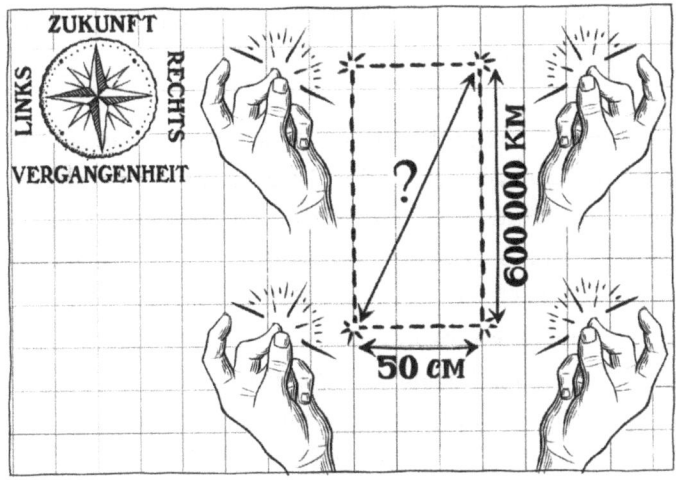

Natürlich ist die Zeichnung nicht maßstabsgetreu. Die Zeitseite ist mehr als anderthalbmal so lang wie die Entfernung zwischen Erde und Mond. Aber das soll uns nicht stören, jedenfalls sind die Seitenlängen nun kompatibel und wir können die Sätze Euklids anwenden. Dabei stellt sich heraus, dass die Diagonale etwa einem Wert von 599 999,9999999999998 entspricht. Das Rechteck ist offenbar so lang gestreckt, dass seine Diagonale fast ebenso lang wie seine längste Seite ist. Bei allen Bewegungen, die wir im Alltag vollführen, übersteigt der zeitliche Aspekt bei weitem den räumlichen. Man müsste unheimlich schnell unterwegs sein, bevor sich dies ändert.

Um ehrlich zu sein, haben wir die Diagonale streng genommen nicht nach einem Satz von Euklid berechnet. In seiner Beschreibung der Raumzeit legt Minkowski nämlich fest, dass die Zeit in Relation zum Weg negativ gezählt werden muss. Das Prinzip ähnelt dem der negativen Höhen unter dem Meeresspiegel. Zeit kann zwar in Weg umgerechnet werden, dennoch ist sie grundsätzlich anders ausgerichtet. Darum ist die Diagonale im obigen Rechteck auch kürzer als seine längste Seite. In der euklidischen Geometrie ist die Diagonale in einem Rechteck immer länger als die Seiten. Abgesehen von diesem Detail funktioniert Minkowskis Geometrie aber auf dieselbe Weise wie Euklids.

Damit haben wir das größte Stück Arbeit hinter uns. Wir wissen nun, was die Raumzeit ist, und es ist alles bereit, damit Einsteins Theorie in eine einfachere und elegantere Form gebracht werden kann. Das Gesetz der Schwerkraft lautet: «Alles fällt immer aufeinander zu», das Gesetz der Relativität heißt nun: «Alles bewegt sich stets mit Lichtgeschwindigkeit.»

Diese Behauptung kommt uns beim ersten Lesen komisch, ja falsch vor. Sie haben momentan bestimmt nicht den Eindruck, sich mit Lichtgeschwindigkeit zu bewegen, oder? Aber waren wir nicht ähnlich verdutzt, als wir von Newton erfuhren, dass sich der Mond im steten Fall befindet? Das Ganze erschien uns vollkommen abwegig, bis wir den Sinn der Gravitationslehre begriffen. Auf ganz ähnliche Weise baut die Relativität auf der einfachen Annahme auf, dass sich alles stets mit Lichtgeschwindigkeit bewegt.

Beginnen wir bei Ihnen. Während Sie diese Zeilen lesen, ändern Sie Ihre Position in der Raumzeit. Sie rühren sich zwar nicht vom Fleck, sind aber dennoch ständig in Bewegung: Sie sind unterwegs in die Zukunft.

Wir können Ihre Geschwindigkeit auch berechnen. Mit jeder Sekunde, die vergeht, begeben Sie sich eine Sekunde in die Zukunft. Das klingt in dieser Form idiotisch, nach Minkowskis Umrechnung aber bedeutet es, dass Sie sich mit 300 000 km/s fortbewegen. Sie sind also tatsächlich mit Lichtgeschwindigkeit unterwegs.

Und das gilt nicht nur für Sie. Sämtliche Materie, aus der das Universum besteht, bewegt sich mit 300 000 km/s. So wie Michelson und Morley zu allen Jahreszeiten gleich schnelles Licht einfingen, so ist alles für alle mit 300 000 km/s unterwegs. Unser Geschwindigkeitsregler ist kaputt, wir können weder beschleunigen noch abbremsen. Und genau aus diesem Grund verformen sich Raum und Zeit.

Um diesen Zusammenhang besser zu verstehen, starten wir einen kleinen Vergleich. Denken wir uns ein Boot auf dem Meer, das sich mit 10 km/h nach Osten bewegt. Stellen wir uns vor, der Motor ist blockiert und es kann weder schneller noch langsamer fahren. Nach einer Stunde hat sich das Boot also 10 km nach Osten bewegt.

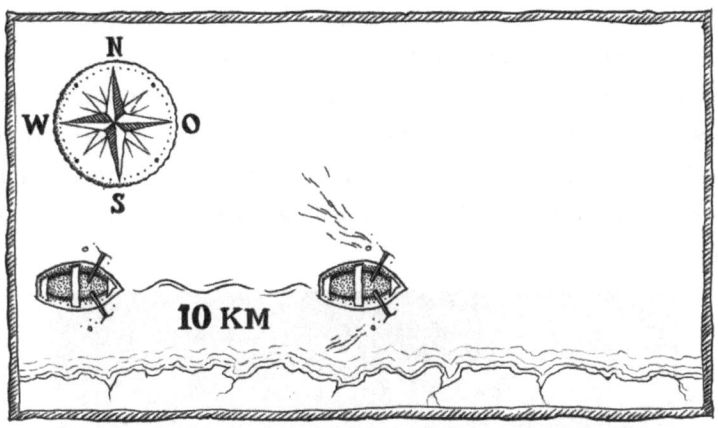

Nehmen wir nun an, der Kapitän legt das Ruder um, sodass sich das Boot leicht nach Norden richtet und eine weitere Stunde in diese Richtung bewegt.

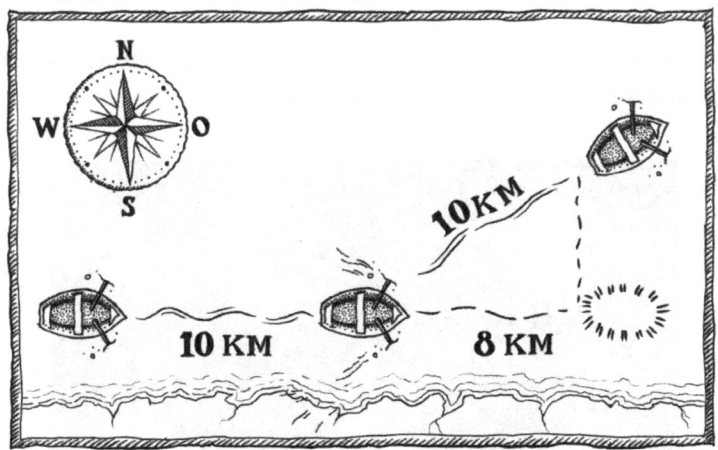

Da die Geschwindigkeit nicht reguliert werden kann, legt das Boot auch in der zweiten Stunde 10 km zurück. Doch dieses Mal hat es sich nicht 10 km, sondern nur 8 km nach Osten bewegt. Die Wegstrecke hat sich durch die Abweichung nach Norden verringert. Ein Teil der zurückgelegten 10 km wurde benötigt, um nach Norden zu fahren, wodurch sich die Bewegung nach Osten verlangsamt hat.

Wenn Sie das begriffen haben, müssen Sie dieses Experiment nur noch in der Raumzeit wiederholen. Was für das Boot Osten ist, nennen wir nun Zukunft. Stellen Sie sich vor, eine Rakete verharrt eine Stunde lang unbeweglich auf einem Planeten. Sie bewegt sich also nur in die Zukunft, und ihr raumzeitliches Diagramm sähe demnach so aus:

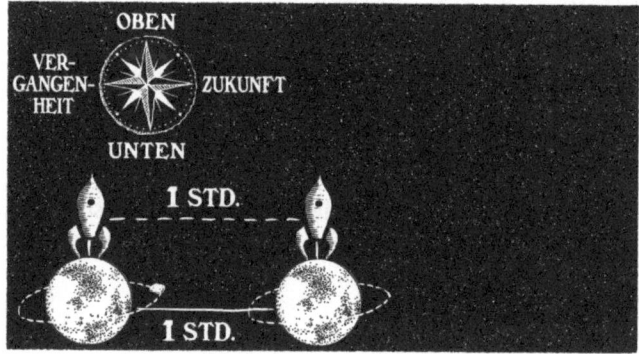

Nehmen wir nun an, die Rakete hebt ab und steigt eine Stunde lang mit konstanter Geschwindigkeit in die Höhe.

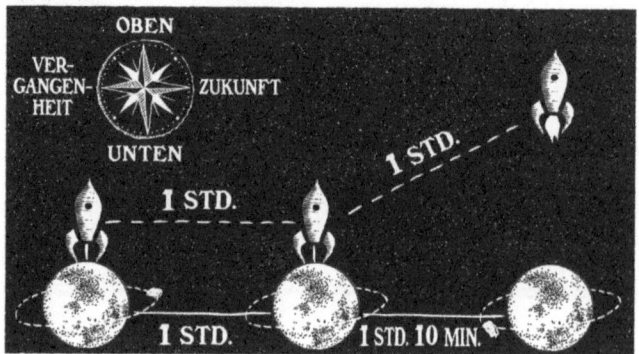

Minkowskis Theorie besagt nun, dass sich die Geschwindigkeit der Rakete nicht ändert. Sie bewegt sich immer noch mit 300 000 km/s. Doch durch ihr Abheben wird ein Teil ihrer raumzeitlichen Geschwindigkeit an die Bewegung im Raum abgegeben. Und dies beeinflusst unweigerlich die Geschwindigkeit, mit der die Rakete in Richtung Zukunft unterwegs ist. Darum erscheint die Zeit der Rakete gedehnt. Darum sind in Einsteins Theorie Zeitspannen nicht für alle dieselben. Indem wir uns bewegen, verändern wir die Geschwindigkeit, mit der wir in die Zukunft unterwegs sind. Und so dauert die Reise aus der Perspektive der Rakete eine Stunde, für die Planetenbewohner, die ihren Weg verfolgen, dauert sie jedoch länger.*

Dieses Phänomen entspricht exakt demjenigen, das durch die Gleichungen der speziellen Relativitätstheorie beschrieben wird. Erinnern wir uns: Sie können die Milchstraße in dreißig Minuten durchqueren, den zurückgebliebenen Erdbewohnern aber scheint Ihre Reise hunderttausend Jahre zu dauern.

Wenn wir also Wege und Zeiten in der Bewegung nicht auf gleiche Weise wahrnehmen, so liegt das daran, dass wir nicht in derselben Richtung in der Raumzeit unterwegs sind. Unsere Geschwindigkeit beträgt konstant 300 000 km/s, und sobald wir beschließen, uns im Raum zu bewegen, verändern wir unsere Richtung. Wir betrachten die Raumzeit dann aus einem anderen Blickwinkel.

Das Prinzip ist dasselbe wie bei unserem falschen, zweidimensional dargestellten Würfel.

Ein Würfel besteht aus sechs quadratischen Flächen, aber schauen Sie mal, welche Form diese Quadrate in zweidimensionaler Perspektive annehmen. Viele Seiten sind abgeflacht und verformt, da wir sie aus einem anderen Blickwinkel betrachten. Abhängig davon, aus welchem Winkel wir uns den Würfel vorstellen, erhält dieselbe Seite

---

* Man könnte meinen, die Reisedauer sei aus dem Blickwinkel des Planeten kürzer – genauso, wie das Boot aus unserem Beispiel bei der zweiten Etappe einen kürzeren Weg Richtung Osten zurücklegt. Erinnern wir uns jedoch, dass die Zeitrichtung in der Geometrie Minkowskis entgegengesetzt ist. Für die Bewohner des Planeten dauert der Weg der Rakete etwas über eine Stunde.

eine andere Form und Größe. Genau das passiert, wenn wir uns in Bewegung setzen: Unsere Perspektive auf die Welt verändert sich. Die Raumzeit zeigt sich uns aus einem anderen Winkel. Wege und Zeiten verzerren sich durch den Wechsel der Perspektive.

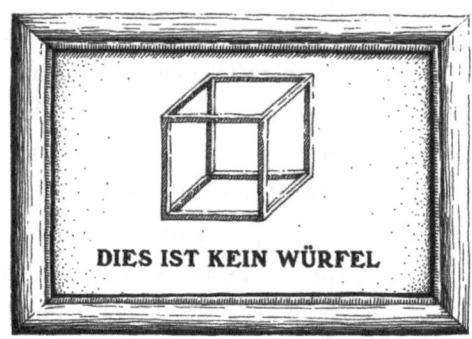

Wenn wir die Dinge jedoch in ihrer Gesamtheit betrachten, kommt es zu keiner Deformation. Betrachten wir die Raumzeit vierdimensional statt perspektivisch, so beruhigt sich die Lage. Genau darin steckt die große Überzeugungskraft von Minkowskis Modell. Die Entfernung zwischen zwei Punkten der Raumzeit bleibt invariant. Sie ist immer dieselbe, unabhängig vom Blickwinkel.

Kehren wir noch einmal zu unserem Asteroiden zurück und stellen uns vor, dass dort zwei Meteoriteneinschläge von mehreren Physikerinnen beobachtet werden, die jeweils in unterschiedlich schnellen Raketen sitzen.

Die Idee der Raumzeit

Wenn Sie nun jede Einzelne fragen, welche Entfernung die beiden Einschläge hatten, wird jede eine andere Antwort geben. Und auch wenn Sie sich erkundigen, wie viel Zeit zwischen den Einschlägen vergangen ist, wird keine dasselbe sagen wie die andere. Wenn Sie die Physikerinnen aber bitten, jeweils anhand ihrer Messergebnisse mit Euklids Sätzen und Minkowskis Umwandlung zu berechnen, welchen Abstand die beiden Einschläge in der Raumzeit haben, verkünden alle dasselbe Ergebnis!

Genau da liegen die Leistung und die Eleganz der speziellen Relativitätstheorie nach Minkowski. Es ist schon verrückt, wie sich anfangs hochkomplex wirkende Theorien auf einmal vereinfachen, sobald man sie aus dem richtigen Blickwinkel betrachtet. Das erfordert natürlich eine Stufe der Abstraktion. Man muss sich Zeit nehmen, um die Raumzeit in vier Dimensionen zu denken. Doch ist dieser Schritt einmal getan, wie groß ist dann die Freude, eine der erstaunlichsten wissenschaftlichen Theorien aller Zeiten in diese wenigen, klaren und schwindelerregenden Worte zu fassen: Alles bewegt sich stets mit Lichtgeschwindigkeit!

Minkowskis Raumzeit ist abstrakt, aber schön! Rufen Sie sich einmal ins Bewusstsein, wie einfach und schlüssig ihr Konzept ist. In der Interpretation Einsteins bewegt sich jeder mit seiner eigenen Geschwindigkeit, jeder betrachtet die Welt mit seiner Geometrie, seinen Längen und Zeiten. Bei Minkowski bewegt sich alles stets mit derselben Geschwindigkeit und alle sehen dieselbe Geometrie, nur die Perspektive ändert sich.

Es braucht Zeit, um diese Ideen zu verinnerlichen und im Geiste mit ihren Darstellungen zu jonglieren. Wenn Sie die Lust packt, Ihr Verständnis zu erweitern, stehen Ihnen viele berauschende Stunden bevor, in denen Sie die Raumzeit in allen Details auseinandernehmen können. Das wirklich Verrückte an der Geschichte ist aber der Gedanke, dass alles, was wir gesagt haben, die wirkliche Welt betrifft. Wir sprechen hier nicht von einer abgehobenen mathematischen Theorie. Die Ergebnisse der speziellen Relativität wurden in zahlreichen Experimenten im Laufe eines ganzen Jahrhunderts überprüft und bewiesen: Die Welt funktioniert tatsächlich so.

Richten Sie doch in einer klaren Nacht einmal den Blick gen Himmel und betrachten die Sterne. Sie scheinen stillzustehen, doch in Relation zueinander bewegen sie sich mit schwindelerregenden Geschwindigkeiten. Falls Planeten diese Sterne umkreisen, sind diese vielleicht von kleinen Astronomen bewohnt, die wie Sie in den Himmel schauen. Alle diese außerirdischen Wissenschaftler haben eine andere Wahrnehmung des Universums. Alle haben sie eine eigene Vorstellung der Zeit. Doch alle ohne Ausnahme bewegen sich mit 300 000 km/s durch die vier Dimensionen der Raumzeit.

$E = mc^2$

Die Verordnung Nr. 1169/2011 des Europäischen Parlaments vom 25. Oktober 2011 regelt die Kennzeichnung von Lebensmitteln. Zu den verpflichtenden Informationen gehört die kleine Nährwerttabelle, die man auf allen verarbeiteten Lebensmitteln findet. Sie gibt Aufschluss über den Gehalt an Energie, Fett, Kohlenhydraten, Ballaststoffen, Eiweiß und Salz. Sie haben eine solche Tabelle sicher schon einmal gesehen – falls nicht, reicht ein Blick in Ihren Kühlschrank oder ins nächste Supermarktregal.*

NÄHRWERTINFORMATIONEN	
ENERGIE	**359 KJ / 85 KCAL**
FETT	**0,8 G**
KOHLENHYDRATE	**11 G**
BALLASTSTOFFE	**5,9 G**
EIWEISS	**5,6 G**
SALZ	**0,42 G**

---

* Sie werden bei dieser Gelegenheit feststellen, dass die Zahlen der Tabelle natürlich der Benfordschen Verteilung folgen.

Sobald sie sich in Ihrem Verdauungsapparat befinden, durchlaufen die aufgelisteten Stoffe eine ganze Reihe chemischer Reaktionen. Sie versorgen Ihren Organismus mit Nährstoffen, die etwa dazu dienen, Ihre Muskeln zu bewegen oder Ihre Körpertemperatur bei 37 °C zu halten. Der Gesamtenergiegehalt von Lebensmitteln lässt sich berechnen und findet sich in der ersten Zeile der Nährwerttabelle. Er wird in Kilokalorien (kcal) oder Kilojoule (kJ) angegeben. Dabei lässt sich eines in das andere umrechnen: 1 kcal entspricht 4,2 kJ. Es handelt sich ganz einfach um zwei verschiedene Einheiten für Energie, so wie es Sekunden und Minuten für die Zeit sind.

Kalorien sind genauer gesagt eine überholte Einheit, die in der Forschung nicht mehr verwendet wird. Inzwischen sind nur noch Joule gebräuchlich. Da bei Diätempfehlungen aber häufig noch von Kalorien die Rede ist, wird auch dieser Wert in den Tabellen aufgeführt. Wahrscheinlich kennen Sie noch andere Energieeinheiten: Kilowattstunden etwa, die auf Ihren Strom- oder Gasrechnungen stehen. Eine Kilowattstunde entspricht 3 600 000 Joule. Und dann ist da noch die gute alte Pferdestärke, auf die wir heute nur noch bei Autos stoßen: 1 PS entspricht etwa 2,6 Millionen Joule.

Die verschiedenen Einheiten sind in unterschiedlichen Kontexten gebräuchlich, sie messen jedoch dieselbe physikalische Größe, nämlich Energie. In der Alltagssprache wird das Wort oft schwammig verwendet, in der Wissenschaft aber handelt es sich um eine präzise Größe, die sich mit mathematischen Formeln berechnen lässt. So können Lebensmittelhersteller auf den Verpackungen die Menge an Stoffwechselenergie angeben, die wir bei der Verdauung ihrer Produkte gewinnen. Und Ihr Stromanbieter kann genau die Energiemenge in Rechnung stellen, die Sie verbraucht haben.

Viele Maschinen, die wir tagtäglich benutzen, haben im Endeffekt keine andere Funktion, als eine Form von Energie in eine andere zu übertragen. Ein Radiator etwa verwandelt elektrische Energie in Wärmeenergie. Und ein Automotor verwandelt die chemische Energie des Treibstoffs in Bewegungsenergie.

Dass Physikerinnen und Physiker gerne mit Energie zu tun haben, liegt vor aber allem daran, dass sie die große Konstante des Universums ist. Was man auch immer mit ihr macht: Die Energiesumme eines geschlossenen Systems bleibt dieselbe.

Die Sonne gibt Energie in Form von Lichtstrahlen ab. Wenn diese Energie die Erde erreicht, wird ein Teil von ihr in thermische Energie umgewandelt und unsere Atmosphäre erwärmt sich. Die Temperaturunterschiede lassen Wind, also Bewegungsenergie, aufkommen. Wenn wir diese Energie mit einem Windrad auffangen, können wir einen Teil in elektrische Energie umwandeln, die wir dann durch eine beliebige Maschine erneut konvertieren. Das Verrückte an der Sache ist aber, dass in dieser Kette der Umwandlungen kein einziges Joule verloren geht oder hinzukommt. Die Gesamtenergiemenge bleibt immer dieselbe. Diese Invarianz der Energie ist eines der nützlichsten und einflussreichsten Konzepte der Physik.

Da sich die spezielle Relativität vor allem um den Begriff der Geschwindigkeit rankt, musste Einstein unbedingt klären, wie es sich in seiner Theorie mit der Bewegungsenergie verhält. Wie viel kinetische[*] Energie besitzt ein sich bewegendes Objekt? Um auf diese Frage eine Antwort geben zu können, machen wir wieder einen kleinen Exkurs.

Als ich etwa zwölf Jahre alt war, verschlang ich die Denksportbücher aus der Stadtbibliothek. Eines Tages entdeckte ich in einem davon ein Rätsel, das mir nicht mehr aus dem Kopf ging. Nie hätte ich geahnt, dass es mir irgendwann helfen würde, die berühmteste Formel aller Zeiten zu begreifen. Sie kennen das Rätsel schon. Haben Sie seit seinem ersten Auftauchen zu Anfang dieses Buches Muße gehabt, darüber nachzudenken?

---

[*] Das Adjektiv kinetisch stammt vom griechischen Wort κινητικός *(kinetikós)* für «Bewegung» ab. Unser «Kino» ist eine Abkürzung für den Kinematographen («Bewegungsaufzeichner») der Brüder Lumière.

$E = mc^2$

Wenn vier Hühner in vier Tagen vier Eier legen, wie viele Eier legen dann acht Hühner an acht Tagen?

Natürlich möchte man spontan antworten: acht. Die Formulierung des Rätsels legt nahe, dass sich die Reihe 4-4-4 logischerweise mit 8-8-8 wiederholt. Aber wie lässt sich diese Eingebung rechtfertigen? Nach einigem Grübeln begriff ich, dass meine Idee nicht stichhaltig war. Ich brauchte aber sehr lange, um den Finger auf den Fehler zu legen und die richtige Herangehensweise an die Frage zu finden. Inzwischen ist es mir gelungen, glaube ich.

Wenn man die Zahl der Hühner verdoppelt, erhält man natürlich doppelt so viele Eier. Dasselbe gilt, wenn man die Legezeit verdoppelt. In dem Rätsel finden die beiden Verdopplungen aber zugleich statt. Wir haben doppelt so viele Hühner *und* doppelt so viele Tage. Die Anzahl der Eier verdoppelt sich also zweifach, es sind vier Mal so viele. Die richtige Antwort lautet 4 × 4 = 16 Eier.

Einige Jahre später machte ich den Führerschein und eine seltsame Beobachtung rief mir die Hühner ins Gedächtnis. Im Theorieunterricht brachte man mir bei, dass sich der Bremsweg eines Autos bei doppelter Geschwindigkeit vervierfacht. Ein Wagen, der 50 km/h fährt, kommt nach 25 Metern zum Stehen, während ein Wagen, der mit 100 km/h unterwegs ist, viermal so lange, also 100 Meter, benötigt. Wenn ein 200 km/h schnelles Auto abbremsen würde, wäre sein Bremsweg noch viermal größer und läge bei 400 Metern.

In meinem Fahrschulheft fand ich Abbildungen wie diese:

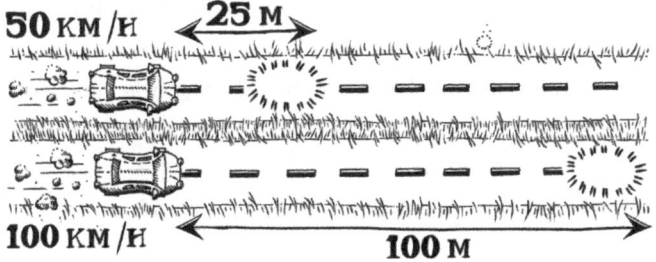

Diese Regel verblüffte mich. Sie widersprach meiner Intuition. Hätte man mir die Frage ohne Antwort präsentiert, wäre mein Ergebnis mit ziemlicher Sicherheit falsch gewesen. Ich hätte einfach gedacht, dass sich der Bremsweg bei doppelter Geschwindigkeit verdoppelt. Doch dann kamen mir die Hühner wieder in den Sinn: Wenn zwei verschiedene Faktoren an einem Ergebnis beteiligt sind, wird dieses vervierfacht, wenn sich die Faktoren verdoppeln.

Die von einem Auto zurückgelegte Distanz hängt von zwei Dingen ab: wie schnell und wie lange es in Bewegung ist. Wenn Sie doppelt so schnell und doppelt so lange fahren, haben Sie am Ende eine viermal so große Strecke zurückgelegt. Genauso verhält es sich mit dem Bremsweg. Wenn ein Auto mit 100 km/h unterwegs ist, braucht es doppelt so viel Zeit zum Stillstand, wie wenn es 50 km/h fahren würde. Innerhalb dieser Bremszeit ist es aber im Mittel auch noch doppelt so schnell. Daher ist es absolut logisch, wenn der Bremsweg sich vervierfacht. Die Geschwindigkeit verdoppelt den Weg auf zweierlei Weise.

Unsere Überlegungen zum Bremsweg sind vor allem interessant, da sie in Bezug zur kinetischen Energie stehen. Denn wenn der Bremsweg viermal so lang ist, so bedeutet das, dass das Auto viermal so viel Energie enthalten hat.

Wir dürfen nicht vergessen, dass der Bremsweg von einem weiteren Faktor abhängt: der Masse. Wenn Sie Ihr Auto so überladen, dass es doppelt so viel Gewicht hat, braucht es wiederum doppelt so lange, um zum Stehen zu kommen. Damit ist die kinetische Energie auch proportional zur Masse. Bei gleichbleibender Geschwindigkeit enthält ein doppelt so schweres Objekt doppelt so viel Energie.

Diese Zusammenhänge lassen sich auf folgende mathematische Formel bringen:

$$\text{Energie} \propto \text{Masse} \times \text{Geschwindigkeit} \times \text{Geschwindigkeit}$$

Das Symbol $\propto$ steht dabei für «ist proportional zu». Beim Blick auf die Formel erkennt man schnell, dass sich die Energie bei doppelter Masse ebenso verdoppelt. Und bei doppelter Geschwindigkeit wird die Energie zweimal verdoppelt, also vervierfacht.*

Um sich noch prägnanter auszudrücken, kann man nun die Energie mit dem Buchstaben E wiedergeben, die Masse mit m und die Geschwindigkeit mit v. Die mit sich selbst multiplizierte Geschwindigkeit lässt sich mich v^2 («v Quadrat») abkürzen. Damit kommen wir auf die Formel:

$$E \propto mv^2$$

Was geschieht, wenn wir diesen Zusammenhang auf die spezielle Relativitätstheorie übertragen? Wir wissen, dass sich in Minkowskis Raumzeit alles mit Lichtgeschwindigkeit bewegt. Diese wird in Formeln meist mit dem Buchstaben c angegeben. Die Energie eines Objekts, das sich mit der Geschwindigkeit c in der Raumzeit bewegt, ist also proportional zu $m \times c \times c$, das heißt mc^2.

$$E \propto mc^2$$

Das erinnert doch an etwas, oder? Wir müssen nur noch ein kleines Detail ändern. Proportionalität ist ja schön und gut, eine glatte Entsprechung aber wäre besser.

Nehmen wir ein Backrezept, für das man 100 g Mehl und 1 Ei benötigt. Möchte man mehr Teig herstellen, darf man das Mischungsverhältnis nicht verändern. Man kann die Menge beispielsweise verdoppeln, indem man 200 g Mehl für zwei Eier nimmt. Die Menge der Eier ist proportional zur Mehlmenge: Eier $\propto$ Mehl.

Um das Verhältnis auf eine Gleichung zu bringen, müssen wir

---

* Bei einer Masse von 10 kg und einer Geschwindigkeit von 50 km/h ergibt die Formel «Masse × Geschwindigkeit × Geschwindigkeit»: $10 \times 50 \times 50 = 25\,000$. Bei einer Geschwindigkeit von 100 km/h erhält man $10 \times 100 \times 100 = 100\,000$, also das Vierfache.

den sogenannten Proportionalitätsfaktor finden. Bei unserem Rezept ist das einfach: Wir benötigen 100 Mal so viel Gramm Mehl, wie wir Eier benötigen. Das ergibt: 100 × Eier = Butter.

EIER	1	2	3
MEHL	100	200	300

×100

Gleichungen dieser Art haben jedoch eine Tücke: Der Proportionalitätsfaktor verändert sich, wenn die Einheit wechselt. Wenn Sie das Mehl lieber in Kilogramm wiegen statt in Gramm, benötigen Sie 0,1 kg Mehl für ein Ei, und die Formal ändert sich zu 0,1 × Eier = Mehl.

Das Gleiche gilt für unsere Formel $E \propto mc^2$. Um sie in eine Gleichung zu verwandeln, müssen wir zuerst die Einheiten wählen. Wenn die Masse in Kilogramm, die Geschwindigkeit in Metern pro Sekunde und die Energie in Kalorien gemessen wird, erhalten wir einen Proportionalitätsfaktor von 4,2 und die Formel lautet:

$$E = 4{,}2 \times mc^2$$

Dieser Faktor ist nicht besonders günstig, da wir keine gerade Zahl haben. Weil sie frei wählen können, bevorzugen Wissenschaftler meist Einheiten, die glatte Entsprechungen ergeben. Aus diesem Grund wurden Kalorien durch Joule ersetzt. Ein Joule entspricht 4,2 Kalorien. Wenn die Energie in Joule gemessen wird, beträgt der Proportionalitätsfaktor 1 und man erhält: $E = 1 \times mc^2$. Oder einfacher:

$$E = mc^2$$

Da ist sie, die sicher berühmteste Formel der Welt! Die fünf kleinen Symbole, aus denen sie gebildet wird, sind zum Sinnbild der Relativität, ja der gesamten Wissenschaft geworden. Man kommt an dieser Formel nicht vorbei. Wenige begreifen sie, alle kennen sie.

Sie steht für Einsteins Genie und das Genie aller Wissenschaftler, die ihm vorangegangen sind. Welcher Weg, welcher Wissensdrang und welche kollektive Intelligenz waren nötig, um auf diese so einfache, so elegante und so mächtige Formel zu kommen! Den Star aller Formeln: $E = mc^2$.

Sie kennen das Prozedere inzwischen: Sobald eine Formel in der Theorie entwickelt wurde, gilt es, sie dem Urteil der Wirklichkeit zu unterwerfen. $E = mc^2$ ist bis hierher nur eine theoretische Formel aus der Welt der Mathematik. Lässt sich ihre tatsächliche Existenz beweisen? Kann man Experimente mit ihr anstellen und sie beispielsweise in eine andere Energieform umwandeln?

Auf den ersten Blick lautet die Antwort Nein, und zwar aus dem einfachen Grund, dass sich die Geschwindigkeit der Raumzeit nicht verändern lässt. Denn Minkowskis goldene Regel lautet ja, dass alles zwangsläufig Lichtgeschwindigkeit beibehält. Daher ist es nicht möglich, die Energie wie bei einem bremsenden Auto auf die eine oder andere Weise darzustellen.

Doch ist nicht alle Hoffnung verloren, denn in der Gleichung $E = mc^2$ hängt die Energie ja von zwei Dingen ab: Geschwindigkeit und Masse. Beim klassischen Ansatz der kinetischen Energie ist die Masse konstant, während die Geschwindigkeit variiert. Und wenn wir die Dinge einfach umdrehen? Die Geschwindigkeit ist konstant, aber könnte nicht die Masse variabel sein? Und wenn wir es nicht mit einer Formel für kinetische Energie zu tun haben, sondern den Blickwinkel ändern und sie als eine Formel der Energiedichte interpretieren? Könnte es sein, dass sich ein Teil der Masse eines Objekts in reine Energie umwandeln lässt?

Die Vorstellung erscheint auf den ersten Blick verrückt, denn bis dahin hatte kein einziges physikalisches Experiment den Verdacht aufkommen lassen, dass ein solches Vorgehen möglich sein könnte. Doch wieder einmal hält das Universum eine Überraschung bereit.

1938 gelingt Lise Meitner und Otto Hahn ein neuartiges Experiment: die Spaltung eines Uranatoms. Uran gehört zu den schwers-

ten Elementen, die in der Natur vorkommen. Indem sie es mit Neutronen beschießen, können Meitner und Hahn seine Atome zerlegen und erhalten auf diese Weise kleinere Atome namens Barium und Krypton. Doch es ergibt sich ein Problem: Das Barium und das Krypton wiegen zusammen weniger als das eingesetzte Uran. Was ist mit der fehlenden Masse geschehen?

Einsteins Formel legt die Antwort nahe: Sie hat sich in Energie verwandelt. Die Überprüfung bestätigt dies. Durch die Formel $E = mc^2$ ergibt sich: Die Menge der fehlenden Energie entspricht der durch die Spaltung freigesetzten Energie. Und so wird die Energiefamilie erweitert und zu den Kalorien Ihres Frühstücks und den Kilowattstunden Ihres Stromzählers kommt die spezifische Energie, die in jedem Objekt enthalten ist.

Diese Energie ist kolossal. Erinnern Sie sich an Minkowskis Weg-Zeit-Umrechnung, bei der eine Sekunde unglaublichen 300 000 000 Metern entspricht? Hier ist es noch ärger. Denn der Wechselkurs zwischen Energie und Masse ist c^2, also 90 000 000 000 000 000. Ein Kilogramm lässt sich also gegen 90 Billiarden Joule eintauschen! Wenn Ihr Verdauungsapparat die Fähigkeit hätte, Masse so zu verdauen, dass diese Energie frei würde, müssten Sie nur einmal drei Milligramm essen und hätten damit alle Energie, die Sie für Ihr ganzes Leben benötigen!

Unsere derzeitige Technologie erlaubt es uns nicht, die spezifische Energie eines Objekts vollständig zu nutzen. Doch durch Verfahren wie die Kernspaltung können wir einen kleinen Teil davon freisetzen – und das ist bereits eine Riesenmenge. Auf diese Weise wird ja auch die Energie in Atomkraftwerken gewonnen. Atomstrom ist eine Masse, die mithilfe von Einsteins Formel umgewandelt wurde.

Für die Entdeckung der Kernspaltung erhielt Otto Hahn 1944 den Nobelpreis – nicht aber Lise Meitner. Wie konnte es dazu kommen? Die Physikerin hatte doch einen entscheidenden Beitrag zur Deutung der Versuchsergebnisse geleistet. Ihr Fall gilt als besonders abschreckendes Beispiel für die Missachtung von Wissenschaftlerinnen in einem mehrheitlich männlichen Milieu. Doch Lise Meitner bleibt der Nachwelt auf andere Weise im Gedächtnis. Durch den Fortschritt der Kernphysik wurden zwei neue Atome entdeckt, die noch größer sind als Uran. Eines der beiden heißt seit 1997 *Meitnerium*.

Die Allgemeine Relativitätstheorie

Ende des 19. Jahrhunderts hat Newtons Gesetz der Schwerkraft eine zweihundert Jahre alte Erfolgsgeschichte hinter sich. Selbst seine offensichtlichen Fehler haben sich in Triumphe verwandelt. Denken wir etwa an Urbain le Verrier: Um die Abweichung zwischen der Theorie und der beobachteten Umlaufbahn des Uranus zu erklären, nahm er an, dass es einen achten Planeten geben könnte, den bisher noch niemand gesichtet hatte. Er berechnete dessen hypothetische Lage und entdeckte auf diese Weise tatsächlich den Planeten Neptun.

Aber Le Verrier blieb nicht dort stehen. In den 1840er Jahren fand der Astronom heraus, dass die Merkurbahn nahe der Sonne ebenfalls eine kleine Abweichung zur Theorie aufweist. Die Verschiebung ist winzig: Wenn man die Umlaufbahn des Planeten auf die Größe eines Fußballfelds bringt, beträgt der Fehler etwa ein Zentimeter pro Jahrhundert! Sooft man es auch unter Einbeziehung aller bekannten Parameter durchrechnete, es blieb eine minimale Diskrepanz, die sich nicht durch eine Ungenauigkeit bei der Messung oder einen Rechenfehler erklären ließ. Irgendetwas entging Le Verrier, und er war fest entschlossen herauszufinden, was das war.

Zur selben Zeit wie er versuchten sich auch andere Wissenschaftler an einer Erklärung des Phänomens. Der Amerikaner Simon Newcomb* etwa schlug vor, Newtons Gleichungen leicht anzupassen, fand aber keine überzeugende Lösung. Urbain Le Verrier dagegen

---

* Erinnern Sie sich an Newcomb? Sechzig Jahre vor Benford berechnete er die theoretische Grundlage für dessen Verteilungsgesetz.

entschied sich für den Ansatz, mit dem er schon einmal Erfolg gehabt hatte: die Suche nach einem neuen Planeten. Er ging davon aus, dass es einen unbekannten Himmelskörper zwischen Sonne und Merkur gebe, dessen Gravitationskraft für die Abweichung verantwortlich sei. Nach der triumphalen Entdeckung des Neptun sorgte diese Hypothese für einen erneuten Begeisterungsschub und eine ganze Horde Astronomen stürzte sich in die Suche nach dem neunten Planeten.

1859 erreicht Le Verrier ein Brief, der seine Hoffnungen bestätigt. Ein Hobbyastronom namens Edmond Lescarbault hat einen Fleck an der Sonne vorbeiziehen sehen, dessen Eigenschaften stark auf das gesuchte Gestirn hindeuten. Am 2. Januar 1860 verkündet Le Verrier die Entdeckung vor der Pariser Akademie der Wissenschaften, Lescarbault erhält das Band der Ehrenlegion und dem nagelneuen Planeten wird der Name Vulkan verliehen.

Le Verrier startet ein Forschungsvorhaben und mobilisiert mehrere Astronomen, die nun so viele Informationen wie möglich über Vulkan sammeln sollen. In den folgenden Jahren wird mehrfach von Beobachtungen berichtet, die jenen von Lescarbault ähneln, ihre Ergebnisse sind jedoch unklar und widersprechen sich zum Teil. Am Ende steht die Frage, ob nicht mehrere kleine Himmelskörper zwischen Sonne und Merkur ihre Bahnen ziehen. Weitere Jahre vergehen, die Nachforschungen stocken und kommen zu keinem klaren Ergebnis. Als Le Verrier 1877 stirbt, ist kein absoluter Beweis für die Existenz von Vulkan erbracht. Da keine neuen Erkenntnisse hinzukommen, verliert die Wissenschaft allmählich das Interesse an der Hypothese.

Anfang des 20. Jahrhunderts weiß man daher noch immer nicht, warum die Merkurbahn nicht den Voraussagen Newtons entspricht. Auch die spezielle Relativitätstheorie von 1905 kann zu der Debatte nichts Neues beisteuern. Doch Einstein hat noch nicht das letzte Wort gesprochen. Ab 1907 widmet er sich der Erarbeitung einer weiteren Theorie, deren endgültige Fassung er 1915 präsentiert. Es handelt sich um ein Gravitationsgesetz, das Newtons Lehre ablösen soll und das Schicksal des Planeten Vulkan besiegeln wird: die Allgemeine Relativitätstheorie.

Einsteins Ideen haben die Tendenz, recht radikal auszufallen. Dem Ausnahmephysiker liegt es nicht, wackelige Theorien zurechtzuflicken. Wenn etwas nicht halten will, wirft er alles um und baut etwas Neues. Wie bei dem Problem der Lichtgeschwindigkeit arbeitet er mit einer veränderten Geometrie, welche die Gravitation neu denkt. Einsteins Hypothese ist einfach, aber revolutionär: Was ist, wenn wir in einer nichteuklidischen Geometrie leben? Einer deformierten Geometrie, in der die Theoreme der *Elemente* und der *Principia* nicht ganz zutreffen? Die Abweichung der Merkurbahn würde sich dann ganz einfach dadurch erklären, dass unsere Berechnungen auf falschen Annahmen fußen.

Für Newton besteht die Gravitation in der gegenseitigen Anziehung von Körpern. Für Einstein geschieht diese Interaktion aber nicht direkt, es gibt ein Medium: die Geometrie. Unser Planet kreist um die Sonne, weil die Sonne sich auf die Geometrie der Raumzeit auswirkt, und ebendiese Geometrie gibt der Erde ihre Umlaufbahn.

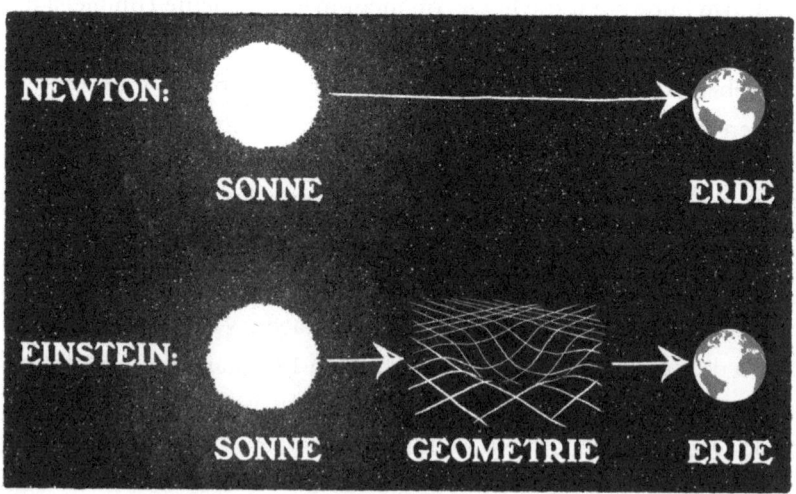

Erinnern wir uns an die Scheibe von Beltrami und Poincaré: Ihre Bewohner scheinen uns immer kleiner zu werden, je näher sie dem Rand der Scheibe kommen. Einstein behauptet nun, dass ebendies geschieht, wenn man sich einem massereichen Körper nähert. Je näher wir ihm sind, desto kleiner werden wir. Und je größer die Masse eines Himmelskörpers, desto größer der Schrumpfeffekt. Natürlich handelt es sich dabei um ein Phänomen der Ebene und von unserem Blickwinkel aus haben wir nicht den Eindruck, unsere Größe zu verändern. Es ergeben sich aber Auswirkungen auf unsere Geometrie.

Nehmen wir etwa zwei Punkte zu beiden Seiten der Sonne. Die gerade Linie, die diese zwei Punkte verbindet, ist in Einsteins Geometrie nicht dieselbe wie in der euklidischen Geometrie. Sie muss sich nach außen wölben.

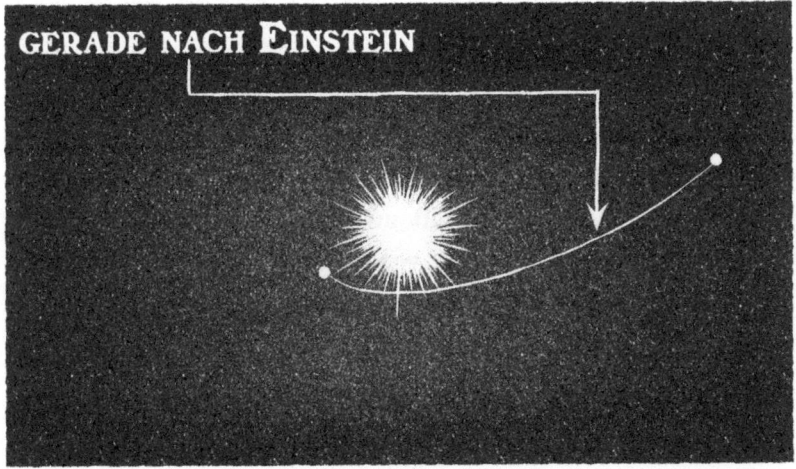

Einsteins Gerade erscheinen ebenso gekrümmt wie die zu den Polen geschwungenen Geraden der Piloten und die zur Mitte hin gebogenen Linien der Beltrami-Scheibenwelt. In Wahrheit handelt es sich um die kürzeste Verbindung zwischen den beiden Punkten der Raumzeit. Wenn wir mehrere dieser geraden Linien ziehen und sie verlängern, ergibt sich folgendes Bild:

Ellipsen! Diese Form entspricht exakt der Bahn, die Himmelskörper um die Erde ziehen. Die erste große Erkenntnis der Allgemeinen Relativitätstheorie lautet also: In Einsteins Geometrie kreisen die Planeten nicht, sondern folgen einer geraden Linie! Diese These ist ebenso genial wie elegant. Für Einstein bewegt sich alles stets in gerader Linie. Körper werden nicht voneinander angezogen, es gibt keinerlei Anziehungskraft zwischen ihnen! Sie alle folgen ihrem Weg und ändern dabei weder ihre Geschwindigkeit noch ihre Richtung. Die Planeten ziehen eine gerade Bahn um die Erde. Der Mond fällt gerade auf die Erde zu. Äpfel fallen in gerader Linie zu Boden.

Die Raumzeit ist eine Art elastische Substanz, deren Geometrie sich verformt, sobald sich eine Masse darin befindet. Und in ebendieser Geometrie folgen die Gestirne ihrer Bahn. Masse ändert die Geometrie, die Geometrie ändert den Weg der Masse. Durch diesen permanenten Austausch zwischen Raumzeit und Materie dreht sich die gigantische Himmelsuhr.

Einsteins Geometrie wird oft auf folgende Weise dargestellt:

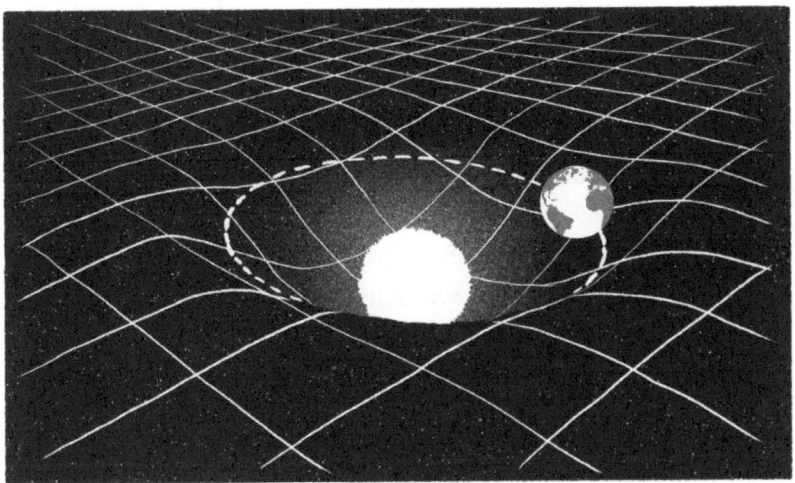

Die Raumzeit ist hier ein zweidimensionales Gitterfeld, in das die Masse der Sonne ein Loch gräbt, als hätte man sie auf ein gespanntes Gummituch gelegt. Das Prinzip ähnelt dem einer Weltkarte: Um die Verzerrung der Kontinente und die gebogene Bahn der Flugzeuge zu verstehen, muss man die Karte auf einen dreidimensionalen Globus übertragen. Die Verformung der Ebene erklärt sich durch die Wölbung unseres Planeten. Auf dieselbe Weise interpretiert obige Darstellung Einsteins Geometrie als eine Krümmung der Raumzeit. So als würden sich die Himmelskörper – je schwerer, desto tiefer – darin eingraben. Um von einer Seite der Sonne auf die andere zu gelangen, ist die Umrundung tatsächlich der kürzere Weg als die Durchquerung der Vertiefung.

Diese Sicht der Dinge ist praktisch und hilft, sich eine Vorstellung von Einsteins Geometrie zu machen. Dennoch muss man sich ihrer Grenzen bewusst sein. Unsere Raumzeit ist nicht zweidimensional, sondern vierdimensional, ihre Krümmung müsste daher in fünf, sechs oder noch mehr Dimensionen gedacht werden! Es gibt keinen Beweis dafür, dass die «Dellen» in der Raumzeit die Realität widerspiegeln. Entspringt die Verzerrung unseres Universums einer tatsächlichen Wölbung wie bei der Geometrie der Piloten oder ist sie genauso abstrakt wie die Scheibenwelt von Beltrami und Poincaré? Bis heute gibt es keine Antwort auf diese Frage, und das wird wahrscheinlich auch noch länger so bleiben, da beide Interpretationen ersetzbar sind. In dem einen wie dem anderen Fall sind die Grundannahmen und die Berechnungen dieselben.

Und nun kommt der Moment, der Angst einflößt – Sie erinnern sich sicher. Dasselbe haben wir schon mit Newton durchgemacht. Die Entdeckung einer so schönen Theorie wirkt anspornend, sie weckt Begeisterung – aber wir dürfen nicht vergessen, dass es sich eben nur um eine Theorie handelt. Eine mathematische und damit imaginäre Welt. So elegant die Allgemeine Relativitätstheorie auch sein mag, so ist sie doch nichts wert, wenn sie nicht den Realitätstest besteht. Man muss also Experimente anstellen und die Theorie an den Beobachtungen messen. Als Prüfstein kommt uns unser kleines Problem mit Merkur auf einmal sehr gelegen.

Einstein nimmt also seine Gleichungen, rechnet nach und das Urteil fällt klar und eindeutig aus: Die Allgemeine Relativitätstheorie sagt die Merkurbahn fehlerfrei voraus. Es gibt nicht die kleinste Abweichung zwischen Theorie und Beobachtung. Euklid und Newton gehen in die Knie.

Natürlich reicht es nicht zum Sieg, bei einem Planeten richtigzuliegen. Einstein zeigt, dass dort, wo die Verformung der Geometrie weniger stark ausfällt, Newtons Theorie als Annäherung an seine Relativitätstheorie verstanden werden kann. So wie die Geometrie der Piloten der Geometrie Euklids ähnelt, solange nur kurze Strecken zurückgelegt werden, so ähneln Einsteins Ergebnisse den Ergebnissen von Newton, solange man sich von massereichen Planeten fernhält. Anders ausgedrückt: Für alle Planeten außer Merkur funktionieren Newtons Gleichungen ebenso gut wie Einsteins.

Die Allgemeine Relativitätstheorie ist auf dem richtigen Weg, aber noch ist nicht alles gewonnen. Es braucht mehr, um eine so bedeutende Theorie zu krönen. Die neue Geometrie Einsteins hat eine kleine Abweichung in der Bahn eines Planeten geklärt. Das ist bemerkenswert, spektakulär kann man es jedoch nicht nennen. Auch wenn sie nicht ganz korrekt war, so hat uns Newtons Theorie doch bedeutende Entdeckungen beschert und unser Verständnis des Universums weit vorangebracht. Ihre Popularität blieb gewaltig und ließ sich nicht so plötzlich wegfegen.

Auf dem Papier war Einsteins Theorie die bessere, aber würde sie je ähnlich erfolgreich sein? War es möglich, durch ihre Formeln neue Dinge, neue Gestirne oder neue, unbekannte Phänomene zu entdecken? War die Relativitätstheorie bereit für einen Knalleffekt, für die große Sensation, die sie in die Köpfe einschreiben und ihre Überlegenheit deutlich machen würde?

Bei der Suche nach einer Legitimation bekommt Einstein Hilfestellung von einem ganz erstaunlichen Engländer namens Arthur Eddington. Der Astronom gehört den Quäkern an, also derselben religiösen Bewegung wie Lewis Fry Richardson, den wir als Wegbereiter der Fraktale kennengelernt haben. Wie Richardson ist Eddington entschiedener Pazifist, wie er verweigert er im Ersten Weltkrieg den Wehrdienst. Ab 1916 – während also der Konflikt zwischen ihren Ländern wütet – ist Richardson einer der Ersten, die den Ideen des deutschen Physikers in der angelsächsischen Welt Gehör verschaffen. Er lädt zu Konferenzen ein und verfasst mehrere Artikel zu dem Thema. Doch Eddington will noch mehr erreichen. Anfang des Jahres 1919 stellt er ein Projekt auf die Beine, das den Triumph der Allgemeinen Relativitätstheorie einläuten wird.

Denn für den 29. Mai des Jahres ist eine totale Sonnenfinsternis angekündigt. Sie soll am Morgen in Südamerika beginnen, dann den Atlantik überqueren und am frühen Nachmittag im südlich der Sahara gelegenen Teil Afrikas zu Ende gehen. Sie ist die ideale Gelegenheit für ein einzigartiges astronomisches Experiment.

Man vergisst es leicht, aber am helllichten Tag sind genauso viele Sterne am Himmel wie bei Nacht. Wir sehen sie nur nicht, weil ihr schwaches Leuchten vom Licht der Sonne überdeckt wird. Und so gibt es nur eine geeignete Möglichkeit, um Sterne bei Tage zu beobachten: eine Sonnenfinsternis.

Eddingtons Idee ist folgende: Wenn es ihm gelingt, einen Stern zu beobachten, der sich nahe der Sonnenfinsternis befindet, so müssen dessen Strahlen die Masse der Sonne gestreift haben, wenn sie zu uns gelangen. Für diese Situation weichen Einsteins und Newtons Theorien voneinander ab. Für Newton werden Lichtstrahlen nicht von der Gravitation beeinflusst, da sie keine Masse haben: Sie müssten also einer euklidischen geraden Linie folgen. Für Einstein dagegen ist alles der Geometrie der Raumzeit unterworfen, und obwohl sie keine Masse besitzen, müssten die Lichtstrahlen sich leicht nach außen wölben.

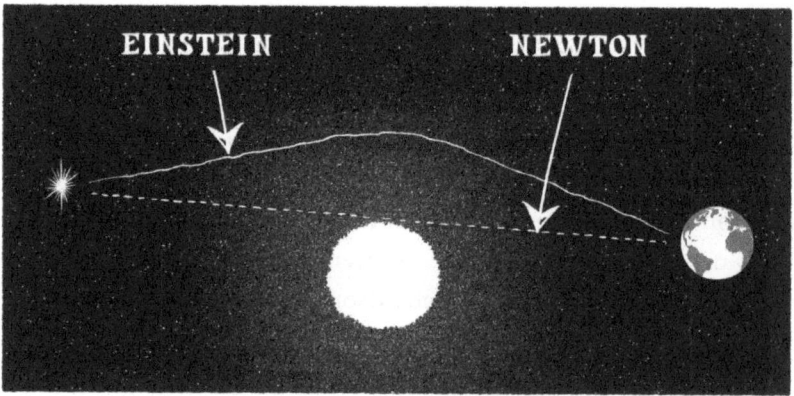

Auf der Erde läuft dies darauf hinaus, dass uns die Lichtstrahlen des fernen Sterns jeweils aus unterschiedlicher Richtung erreichen. Die Position des Sterns würden wir leicht verschoben wahrnehmen.

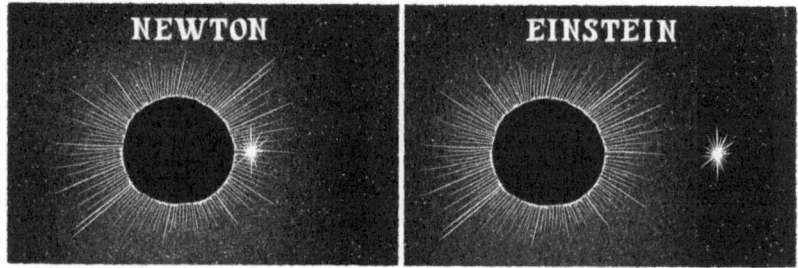

Zusammen mit einigen Kollegen organisiert Arthur Eddington also eine Expedition zur Sonnenfinsternis. Die Beobachtungsstation soll in Sundy auf der Insel Principe vor der Küste Gabuns errichtet werden. Eddington bricht im März dorthin auf, im Gepäck hat er Präzisionsapparate, die er sich vom Observatorium in Oxford geliehen hat. Mitte Mai sind die Instrumente aufgebaut und einsatzbereit. Die Sonnenfinsternis soll zwei Wochen später, am 29. Mai, um 14 Uhr stattfinden.

Doch so sorgfältig man ein Experiment wie dieses planen mag, einige Dinge lassen sich eben nicht beeinflussen. Als der entscheidende Tag endlich gekommen ist, herrschen katastrophale Bedingungen. Am Morgen fegt ein Sturm über die Insel und ein Wolkenbruch ergießt sich über die Expedition. Mittags hört der Regen auf, doch der Himmel hängt weiterhin voller schwerer Wolken. Eddington kann nichts weiter tun als abwarten und hoffen. Um 13 Uhr 30 bricht zaghaft die Sonne durch. Die Bedingungen sind nicht ideal, aber das Team macht sich bereit. Um 14 Uhr tritt die Sonnenfinsternis ein.

Sechs Minuten lang legt der Mond seinen ungewohnten Schatten über die Landschaft. Frischer Wind kommt auf, die Insel Principe ist in eine falsche, faszinierende Nacht getaucht. Stellenweise schieben sich Wolken übereinander, aber jetzt ist nicht der Moment, um zu zaudern. Eddington versucht sein Bestes und macht mehrere Aufnahmen des Phänomens.

Als die Finsternis dem Ende zugeht, nimmt die Anspannung etwas ab, aber noch sind die Ergebnisse abzuwarten. Wir sind nicht im Digitalzeitalter, die Fotografien müssen noch entwickelt werden, erst dann wird ein Urteil fallen.

Am 3. Juni hält Eddington die Abzüge in der Hand. Die meisten Aufnahmen sind misslungen und lassen keine Rückschlüsse zu. Die meisten bis auf eine. Auf diesem Foto weichen die Hyaden, ein 1,5 Billiarden Kilometer entfernter Sternhaufen, offenbar leicht von ihrer gewohnten Position ab. Eddington rechnet nach – und es passt! Die Abweichung entspricht den Vorhersagen der Relativitäts-

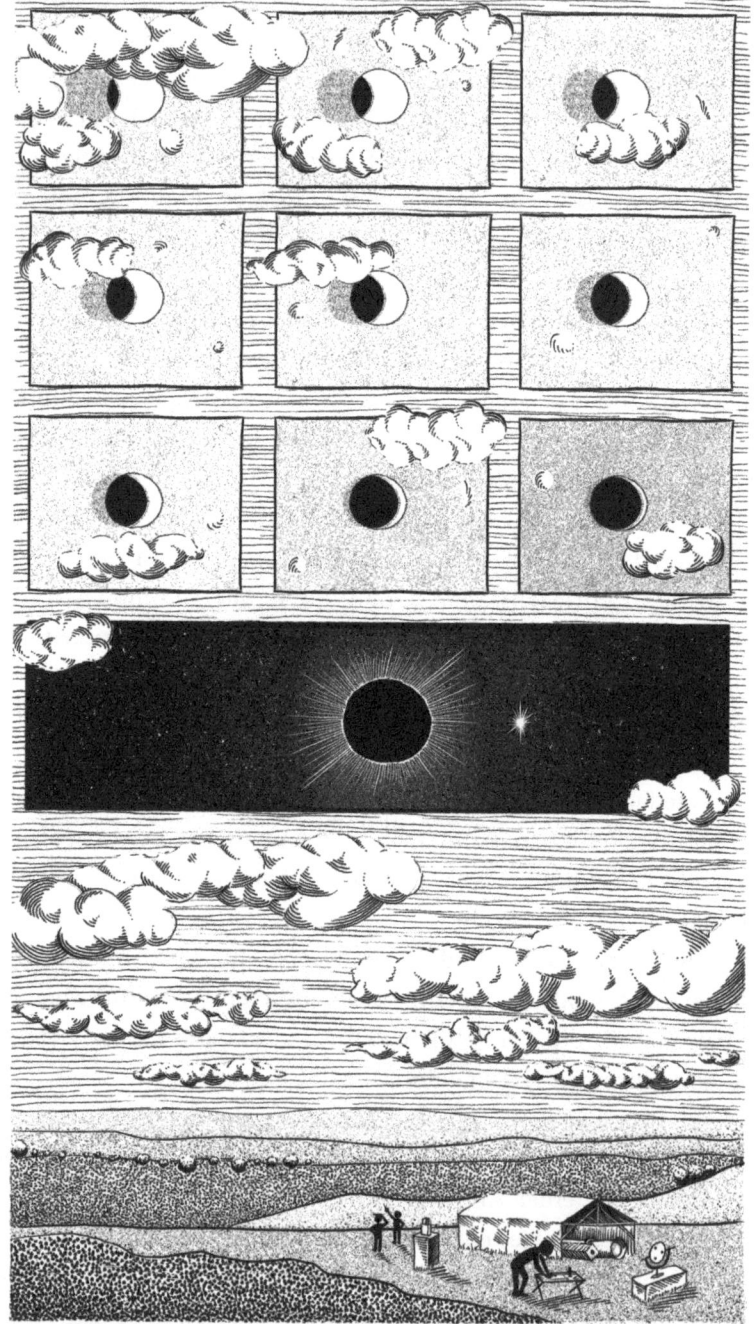

theorie. Mit einem um Millimeter verschobenen, schwachen Lichtpunkt auf einer Fotoplatte wird die grandioseste Theorie von Universum, Raum und Zeit bestätigt!

Die Entdeckung hat sofortige, spektakuläre Auswirkungen. Die Neuigkeit geht um die Welt und verlässt die wissenschaftlichen Kreise. Albert Einstein war bis dahin zwar unter seinen Physikerkollegen bekannt, die meisten Leute aber hatten seinen Namen nie gehört. 1919 ist er mit einem Mal auf allen Titelblättern zu sehen und bald kennt alle Welt sein Gesicht. Und über die wissenschaftliche Meisterleistung hinaus ist das wechselvolle Abenteuer des Engländers, der auszieht, um die Theorie eines Deutschen zu beweisen, kaum ein Jahr nach Ende des Ersten Weltkriegs von hoher Symbolkraft. Einsteins Persönlichkeit weckt Sympathie. Das Image des genialen Exzentrikers, der Newton vom Sockel wirft und auf irgendeine Art (genau weiß man es nicht) Raum und Zeit vermischt, gefällt den Leuten. Von diesem Tag an ist die Legende Einstein ins Rollen gebracht.

Zu diesem Zeitpunkt ahnt niemand, dass Arthur Eddington seine Ergebnisse leicht geschönt hat. Im entscheidenden Moment war die Wetterlage auf der Insel Principe einfach zu schlecht und selbst die am wenigsten missratende Aufnahme gab nur eine vage Vorstellung von der realen Position der abgelichteten Sterne. Es ist zwar eine Abweichung zu erkennen, aber ihre Maße sind unklar und die strenge Wissenschaftsethik hätte eigentlich verlangt, das Ergebnis vorsichtiger zu formulieren. Es hätte keine definitive Schlussfolgerung gezogen werden dürfen. Hat Eddington nun bewusst geschummelt oder wurde er so vom eigenen Enthusiasmus mitgerissen, dass er seine kleine Lüge selbst glaubte? Das werden wir nie erfahren. Doch während alle Welt Einstein feierte, blieben die Astronomen zurückhaltend.

Es kann riskant sein, ein Ergebnis, dessen man sich selbst nicht sicher ist, zu früh zu verkünden. Le Verrier, der mit seiner Entdeckung von Vulkan voranpreschte, könnte uns ein Lied davon singen. Eddington aber hat mehr Glück, und sein Wagemut zahlt sich aus. Einstein hat wirklich recht und alle folgenden Experimente bestätigen seine Theorie. Nach 1919 sind viele weitere Sonnenfinsternisse beobachtet worden, wobei sich stets und eindeutig das erwartete Ergebnis einstellte. Sterne in Sonnennähe erscheinen tatsächlich leicht verschoben.

Damit ist Newton bezwungen. Die Geometrie der Raumzeit ist nicht euklidisch. Welche Ironie aber: Ort und Zeit von Eddingtons Sonnenfinsternis hatte man mit den Gleichungen der *Principia* berechnet.

Auf der Suche nach Schwarzen Löchern

Nach dem Sonnenfinsternis-Triumph erlebt die Relativitätstheorie eine Flaute. Forschung und Wissenschaft sind wie alle menschlichen Tätigkeiten den Launen der jeweiligen Akteure unterworfen. Es gibt bestimmte Trends und Moden, und ein Thema, das jahrelang aktuell war, kann mit einem Schlag in Vergessenheit geraten. Über dreißig Jahre wird die Allgemeine Relativitätstheorie vor sich hindümpeln.

Für dieses vorübergehende Desinteresse gibt es mehrere Gründe. Zuerst einmal herrscht harte Konkurrenz. Der Beginn des 20. Jahrhunderts ist das Goldene Zeitalter der Physik: Die erstaunlichsten Entdeckungen[*] reihen sich aneinander und die Naturwissenschaftler wissen kaum noch, wo ihnen der Kopf steht. Hinzu kommt, dass Einsteins Theorie so präzise ist, dass sie gleichsam unerreichbar wird. Nimmt man Merkur und die Sonnenfinsternis aus, dann sind die interessanten Phänomene der Relativität so selten und so weit entfernt, dass sie nicht im Bereich des Beobachtbaren liegen.

Erst in den 1950er Jahren dreht sich der Wind. Eine neue Generation nimmt das Thema wieder auf und stellt Forschungen an, die

---

[*] Vor allem im Bereich des Allerkleinsten mit dem Voranschreiten der Atomphysik und Quantenmechanik.

einige Zeit zuvor außerhalb des Denkbaren lagen. Die Allgemeine Relativitätstheorie erweist sich als viel ergiebiger als angenommen. Innerhalb weniger Jahrzehnte offenbart sie neue Gestirne und neue Phänomene, die selbst Einstein trotz seines mutigen Verstands nicht für möglich gehalten hätte.

1952 kann die französische Mathematikerin Yvonne Choquet-Bruhat erstmals beweisen, dass Einsteins Gleichungen eine exakte Lösung haben. Das mag seltsam klingen, aber die Allgemeine Relativitätstheorie ist technisch so anspruchsvoll, dass das vor ihr niemandem gelungen ist. Zwar zweifelte niemand am Vorhandensein der Lösungen und sämtliche Forschungen basierten auf der nicht bewiesenen Annahme, dass Einsteins Geometrie wahr sei. Man handelte ein wenig so wie die griechischen Gelehrten der Antike, die einen Haufen Regeln zu Quadraten aufstellten, bevor Euklid hinging und die Existenz von Quadraten bewies.

Auch auf der experimentellen Ebene schreiten die Dinge schnell voran. Die Instrumente werden immer genauer, die Technik entwickelt sich rasant weiter. 1987 gelingt der amerikanischen Astrophysikerin Jacqueline Hewitt mit ihrem Team die Beobachtung eines besonderen Phänomens: Sie sichtet erstmalig einen Einsteinring. Das Prinzip ähnelt dem der Sonnenfinsternis von 1919 – jedoch ins Extreme gesteigert. Stellen Sie sich ein massereiches Gestirn vor, das Lichtstrahlen so stark ablenkt, dass diese uns von beiden Seiten gleichzeitig erreichen.

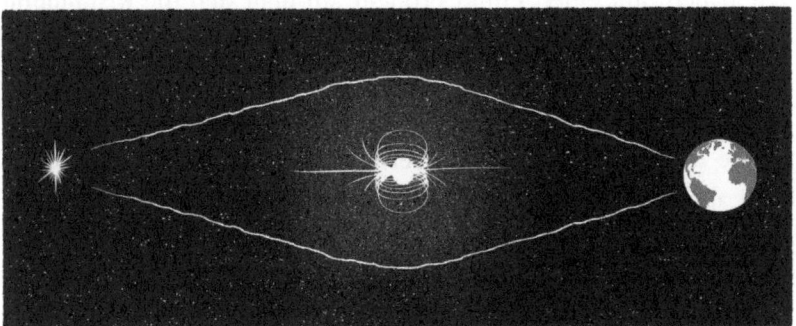

Der nach unten gehende Lichtstrahl wird nach oben, der nach oben gehende nach unten abgelenkt, sodass beide am selben Punkt ankommen. Die Situation ist natürlich noch weitreichender, da die obige Zeichnung dreidimensional gedacht werden muss. Von der Erde aus sehen wir also denselben Stern mehrmals, denn sein Licht erreicht uns von allen Seiten des dazwischenliegenden Gestirns. Als Bild ergibt sich daher ein Ring.

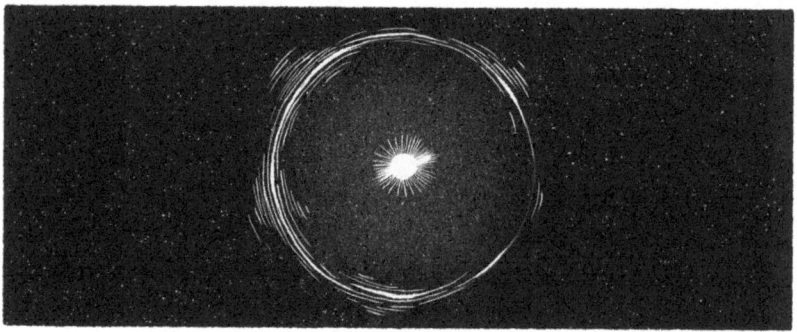

Damit sich das kosmische Trugbild beobachten lässt, muss der dazwischenliegende Himmelskörper eine gigantische Masse besitzen, die jene der Sonne bei weitem übersteigt. Einstein glaubte nicht, dass es eines Tages möglich sein würde, das Phänomen tatsächlich zu beobachten. Er irrte sich. Unsere modernen Teleskope sind in der Lage, die beeindruckenden Lichtringe einzufangen. Ein weiteres Mal bestätigen die Experimente die Theorie.

Wir haben nun einen Punkt erreicht, an dem sich die Krümmung der Raumzeit noch weitertreiben ließe. Könnte es möglich sein, dass massereiche Gestirne sich nicht damit begnügen, das Licht abzulenken, sondern es in ihrer Geometrie gefangen halten? Das Licht würde diese Körper dann umkreisen wie die Planeten die Sonne. Oder aber das Licht fiele auf sie herab wie Äpfel auf die Erde. Kann es Systeme geben, aus denen das Licht nicht entkommt?

Nach den Gleichungen der Relativitätstheorie sind solche Gestirne theoretisch möglich. Viele Physikerinnen und Physiker, darunter Stephen Hawking, haben sich mit den Eigenschaften dieser mathematischen Gebilde beschäftigt. Angesichts ihrer gigantischen Masse kann man sie sich als sehr große, ja unendliche Vertiefungen in der Raumzeit vorstellen. Da kein Licht aus ihnen hervordringt, kann man die Gestirne nicht sehen, sie erscheinen vollkommen schwarz. 1968 bezeichnet die amerikanische Wissenschaftsjournalistin die Gebilde als «black holes» und schnell setzt sich die wörtliche Übersetzung des Begriffs in allen Sprachen durch.

Albert Einstein glaubte nicht an die Existenz von Schwarzen Löchern. Der Vater der Relativität betrachtete sie als theoretische Konstrukte ohne Bezug zur Realität. Anfang der 1960er Jahre aber tauchen Hinweise auf, die das Gegenteil vermuten lassen. Man nimmt an, dass sich im Zentrum fast aller Galaxien und insbesondere der Milchstraße Schwarze Löcher befinden. Auch wenn sie sich nicht direkt beobachten lassen, haben die Objekte doch Auswirkungen auf ihre Umgebung, etwa in Form der Einsteinringe oder anderer Erscheinungen. Anfang der 2000er Jahre ist die Mehrheit der Astrophysiker überzeugt, dass Schwarze Löcher Realität sind, auch wenn bis dahin keine direkte Beobachtung stattfinden konnte.

2006 dann wird ein groß angelegtes Projekt ins Leben gerufen: das Event Horizon Telescope (EHC). Ziel des Netzwerks ist es, die größten und leistungsstärksten Teleskope der Welt zu koordinieren und so gemeinsam Himmelsregionen zu beobachten, in denen Schwarze Löcher vermutet werden. Es dauert einige Jahre, bis ein Erfolg vermeldet werden kann: Am 10. April 2019, genau ein Jahrhundert nach der von Eddington beobachteten Sonnenfinsternis, präsentiert das EHC-Team der Öffentlichkeit das erste Foto eines Schwarzen Lochs.*

Die Aufnahme stammt aus der Galaxie M87 im Sternbild der Jungfrau. Die Maße des Schwarzen Lochs sind absolut riesenhaft und unvorstellbar. Seine Masse entspricht der von sechs Milliarden Son-

---

* Auf Seite 279 finden Sie eine Schwarz-Weiß-Abbildung des sensationellen Fotos, ich empfehle Ihnen aber, im Internet nach einer Aufnahme zu suchen.

nen, sein Durchmesser beträgt 38 Milliarden Kilometer, das ist 250 Mal die Entfernung zwischen Erde und Sonne. Hätte die Erde die Größe eines Grießkorns, dann hätte das Schwarze Loch im Vergleich dazu einen Durchmesser von zwei Kilometern!

Natürlich ist auf der Aufnahme nicht wirklich das Schwarze Loch zu sehen. Man sieht nur den Schatten, den es innerhalb eines Lichtkranzes hinterlässt, eine Art Super-Einsteinring, der durch die Strahlung aller in der Umgebung befindlichen Objekte entsteht. Das vom EHC-Team gelieferte Ergebnis ist absolut atemberaubend. Es entspricht haargenau den Computersimulationen, die anhand von Einsteins Gleichungen angefertigt wurden. Jetzt lässt es sich nicht mehr anzweifeln: Es gibt die kosmischen Massemonster wirklich!

Welches Glück wir doch haben, in einem Zeitalter zu leben, in dem sich die großen naturwissenschaftlichen Entdeckungen in einem solch wahnsinnigen Tempo aneinanderreihen! Denn machen wir uns klar: Unsere Spezies ist mehr als 300 000 Jahre alt, und wir sind die erste Generation, die ein Bild des geheimnisvollsten und größten Gestirns des Universums einfangen kann. Nun gut, die Aufnahme ist verschwommen und bestimmt wird sich in Zukunft die Technik verfeinern und immer mehr Details sichtbar machen. Bald schon werden wir noch bessere, schönere Fotos aufnehmen können. Aber wie dem auch sei: Das Jahr 2019 bleibt der Moment in der Geschichte der Menschheit, in dem zum ersten Mal ein Schwarzes Loch nachgewiesen werden konnte.

Es ließen sich noch Tausende Dinge über Schwarze Löcher sagen, so faszinierend, überwältigend und überraschungsreich sind diese Gebilde des Universums. Ich möchte Ihnen aber vor allem erzählen, wie es in der Umgebung Schwarzer Löcher um die Zeit bestellt ist.

Bisher haben wir uns auf die Krümmung des Raums konzentriert, die eine Ablenkung von Lichtstrahlen mit sich zieht. Wir dürfen aber nicht vergessen, dass die Raumzeit in der Relativität ein elastisches Ganzes ist, das sich insgesamt verformt. Wenn man sich in der

Nähe eines massereichen Gestirns befindet, erscheint man nicht nur kleiner, sondern unterliegt zugleich einer Verlangsamung der Zeit. Natürlich ändert sich dabei für einen selbst nichts, es handelt sich um einen Effekt, der nur aus der Perspektive einen außenstehenden Beobachters wahrnehmbar ist.

Zu dieser Zeitdehnung kommt es in der Nähe aller massereichen Planeten, also auch der Erde. Auf Meereshöhe altern wir weniger schnell als auf einem Berggipfel. Natürlich ist dies für unsere menschlichen Sinne nicht wahrnehmbar, bei unseren hochmodernen Technologien aber muss der Effekt tatsächlich berücksichtigt werden. Unser GPS arbeitet mit Satelliten, die sich auf 20 000 Kilometer Höhe befinden und deren Zeit daher etwas langsamer verstreicht als unsere. Genau gesagt altern wir mit jedem Tag eine achtunddreißigmillionstel Sekunde schneller als diese Satelliten. Das mag verschwindend gering erscheinen, laut Minkowkis Umrechnung aber entspricht diese Verschiebung einer Distanz von elf Kilometern! Wenn das GPS diese zeitliche Relativität nicht berücksichtigen würde, käme es bei der Bestimmung unserer Position also zu Abweichungen von mehreren Kilometern.

Die Dehnung der Zeit wird im Umkreis eines Schwarzen Lochs ins Extreme gesteigert. Denn dessen Masse ist so gewaltig, dass bei der Annäherung eine Grenze erreicht wird, an der die Verlangsamung ins Unendliche geht. Diesen Grenzbereich rund um das Schwarze Loch nennt man den Ereignishorizont. Wenn man sich ihm nähert und ihn irgendwann überschreitet, erscheint einem eine unendliche Zeit endlich.

Das Prinzip ist dasselbe wie am Rand der Scheibe von Beltrami und Poincaré. Wenn wir diese von außen betrachten, sehen wir sie als begrenzten Raum, obgleich sie aus der Perspektive der Scheibenbewohner unendlich ist. Ganz ähnlich ist es beim Ereignishorizont: Wenn wir uns ihm nähern, sehen wir, wie sich die Welt um uns herum immer mehr beschleunigt. Die Galaxien kreisen immer schneller, Sterne entstehen und vergehen in immer rasanterem Tempo. Die Zeit rafft sich immer stärker, bis der Moment erreicht ist, an dem wir den Ereignishorizont überschreiten. Dann haben wir die gesamte Geschichte des Universums gesehen – nach unserem Eindruck innerhalb weniger Minuten.

Denken wir nun an die Scheibenwesen zurück und stellen wir uns vor, wir markieren einen Punkt außerhalb ihrer Welt. Wie würden wir ihnen erklären, wo sich dieser Punkt befindet?

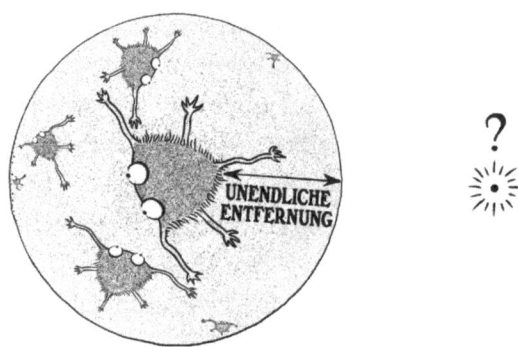

Für die Scheibenbewohner ist die Scheibe unendlich, der Punkt befindet sich also außerhalb ihrer Welt, jenseits des Unendlichen, in einem Bereich, der für sie nicht wahrnehmbar ist.

Ebenso liegt alles, das den Ereignishorizont eines Schwarzen Lochs überschritten hat, jenseits der Zeit unseres Universums. Es existiert irgendwo hinter der Ewigkeit, in einer ihm eigenen Zeit, die für alle Wesen außerhalb des Schwarzen Lochs unerreichbar ist, selbst wenn sie ewig leben würden.

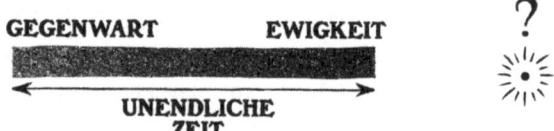

Nun könnte man sich fragen, was passieren würde, wenn man den Ereignishorizont in eine Richtung überschritten hat und dann über den umgekehrten Weg in unser Universum zurückkehrt. Wo würden wir uns befinden, wenn die Ewigkeit bereits vergangen wäre? Die Antwort ist einfach: Eine solche Rückkehr ist nicht möglich. Sobald der Ereignishorizont überschritten ist, gibt es kein Zurück. Nichts, auch kein Licht, kann aus einem Schwarzen Loch wieder herausgelangen. Diese Antwort mag frustrierend sein, doch wahrt sie die Kohärenz von Einsteins Theorie. Hinter dem Ereignishorizont begeben wir uns in eine Zone der Raumzeit, aus der es keine Rückkehr gibt. Eine Zone, die vom Rest des Universums abgeschlossen ist und in der die Dinge auf ganz andere Weise vor sich gehen. Die unendliche Verzerrung der Zeit ist eine, aber bei weitem nicht die einzige Besonderheit von Schwarzen Löchern.

Gravitationswellen sind für die Raumzeit, was Wellen für den Ozean sind. Stellen Sie sich vor, die Sonne hätte einen Schluckauf und würde in regelmäßigen Abständen kleine Hüpfer machen. Da die Sonnenmasse die Raumzeit verformt, würde dieser Schluckauf geometrische Wellen schlagen, die ringförmig von der Sonne ausgehen. Dies kann man sich ein bisschen so vorstellen wie die kreisförmigen Kräuselungen auf einer Wasseroberfläche. Euklids Lehrsätze würden nun im Rhythmus der Sonnenhüpfer schwanken. Wenn wir versuchen würden, ein Quadrat zu zeichnen, würde uns das je nach Wellenphase mehr oder weniger schlecht gelingen.

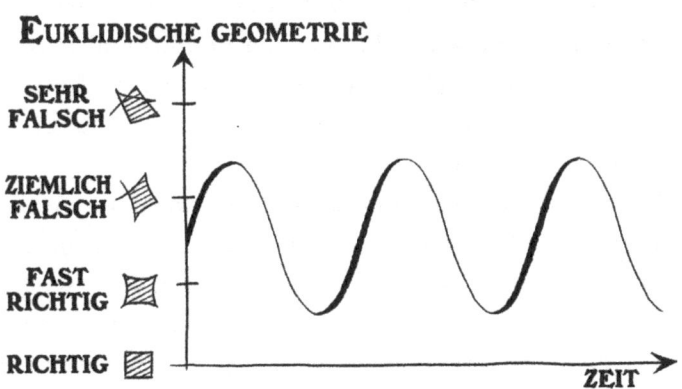

Es ist wenig wahrscheinlich, dass die Sonne irgendwann von einem Schluckauf erwischt wird, doch kommen im Universum zyklische Phänomene vor, die ähnliche Wellen hervorrufen können – nämlich, wenn zwei massereiche Körper umeinander kreisen. In unserer Galaxie gibt es viele Doppelsterne, die eine Einheit bilden, indem sie sich ständig umkreisen. Leider sind die meisten der uns bekannten Doppelsternsysteme zu weit entfernt, als dass man ihre Wellen auf der Erde nachweisen könnte. Wie Kreise auf dem Wasser ebben die Gravitationswellen ab, je weiter sie sich entfernen.

Nehmen wir an, wir könnten zwei gigantische Schwarze Löcher finden, die umeinander kreisen. Laut der Allgemeinen Relativitätstheorie würden sich diese in immer schnellerer Drehung annähern und schließlich in einem gewaltigen Zusammenstoß verschmelzen. Eine solche Kollision müsste phänomenale Wellen in der Raumzeit auslösen! Und bei so großen Wellen bestünde die berechtigte Hoffnung, dass man sie auch nachweisen kann.

Mit seiner Theorie sagte Einstein die Existenz von Gravitationswellen schon 1916 voraus, doch wieder musste man ein ganzes Jahrhundert warten, bis die Technik nachzog. In den 2000er Jahren wurden die Observatorien Ligo und Virgo errichtet, ihre Gravitationswellendetektoren stehen in den US-amerikanischen Staaten Washington und Louisiana sowie in der Nähe von Pisa, der Geburtsstadt Galileos. Diese Detektoren haben nicht etwa eine neue Funktionsweise, sie arbeiten nach demselben Prinzip wie die Geräte, mit denen Michelsen und Morley im 19. Jahrhundert eine veränderte Lichtgeschwindigkeit nachweisen wollten. Der Unterschied besteht nur in der Größe: Die neuen Detektoren sind gut drei Kilometer lang und ebenso breit!

Anders als man meinen könnte, sind die Apparaturen nicht in den Himmel gerichtet. Es handelt sich ganz einfach um eine in Tunnel eingeschlossene Vorrichtung aus Spiegeln, die Laserstrahlen reflektieren: Auf diese Weise lassen sich Distanzen superpräzise messen. Wenn eine Gravitationswelle eintrifft, kann die hochsensible Apparatur die veränderte Geometrie wahrnehmen. Sobald die

Detektoren funktionsbereit waren, konnte man nur noch warten und hoffen.

Am 14. September 2015 um 9 Uhr 50 und 45 Sekunden endlich die Gewissheit: Eine Fünfzigstelsekunde, also kaum einen Wimpernschlag, lang registrierte die Apparatur eine winzige Vibration der Raumzeit. Wieder einmal lieferte das Experiment ein mit Einsteins Vorhersagen perfekt übereinstimmendes Ergebnis.

Aus den gesammelten Daten ließ sich rekonstruieren, dass sich zwei zehn Trillionen Kilometer von der Erde entfernte Schwarze Löcher irgendwo in Richtung der sogenannten Magellanschen Wolken verschmolzen haben mussten. Tatsächlich musste die Kollision vor ewig langer Zeit stattgefunden haben. Gravitationswellen verbreiten sich mit Lichtgeschwindigkeit: Die Wellen dieses gewaltigen Ereignisses benötigten daher mehr als eine Milliarde Jahre, um zu uns zu gelangen. Anhand von Ausschlag und Form der Wellen ließ sich berechnen, dass die beiden Schwarzen Löcher jeweils 36 und 29 Sonnenmassen hatten, bevor sie verschmolzen. Das aus der Fusion entstandene Schwarze Loch hatte dann eine Masse von 62 Sonnen. Sie haben sicher bemerkt: 36 + 29 ergeben nicht 62. Wo sind die drei Sonnenmassen geblieben? Sie haben sich nach der Formel $E = mc^2$ in Energie umgewandelt! Und diese Energie hat so gewaltige Gravitationswellen ausgelöst, dass diese eine Milliarde Jahre bis zur Erde gereist sind – wo wir sie am Ende nachweisen konnten.

Man macht sich oftmals nicht klar, welchen außergewöhnlichen Fortschritt unsere Technologien im Laufe der letzten Jahre genommen haben. Erinnern Sie sich an das Meisterstück von Bouguer und La Condamine in Peru, die einen Meridianbogen mit einer Genauigkeit von 0,02 % messen konnten? Knapp drei Jahrhunderte später entspricht die von Ligo erkannte Längenabweichung einem milliardenmilliardstel Millimeter auf einer Distanz von vier Kilometern – damit wird eine Präzision von 0,00000000000000000003 % erreicht. Im Verhältnis ist das so, als könnten wir die Größe der Milchstraße auf drei Zentimeter genau berechnen! Hätten wir gigantische geometrische Figuren mit den Ausmaßen unserer Galaxie gezeichnet und dabei die euklidische Geometrie angewandt, so hätten die Gravitationswellen unsere Ergebnisse um etwa drei Zentimeter schwanken lassen. Eine absolut winzige Größe – und doch ist es uns gelungen, sie nachzuweisen.

Neben der erneuten Bestätigung der Allgemeinen Relativitätstheorie markiert der Nachweis der Gravitationswellen einen absoluten Wendepunkt der Wissenschaftsgeschichte. Denn die Menschen haben eine neue Art der Weltwahrnehmung entdeckt. Gravitationswellen sind keine Bilder, die wir sehen; keine Klänge, die wir hören; keine Geschmäcke, die wir kosten. Kein Tier hat die Fähigkeit, sie wahrzunehmen. Sie sind ein neuer Sinn.

Bis zum 14. September 2015 haben wir alles, was wir über das Universum wissen, vom Licht abgeleitet. Wir haben unsere Sehkraft durch Apparate gesteigert, die für uns unsichtbare Farben erkennen. Aber alle diese Instrumente taten nichts anderes, als Lichtstrahlen einzufangen. Dann aber haben wir zum ersten Mal Schwarze Löcher auf eine radikal andere Weise wahrgenommen. Da, wo Newtons Mathematik uns einen Planeten entdecken ließ, ließ uns Einsteins Mathematik einen Sinn entdecken, dessen Existenz vor wenigen Generationen unvorstellbar gewesen wäre. Gegen diese Erfahrung sind die Schwarzen Löcher beinahe Nebensache! Das Wesentliche liegt woanders. An diesem Tag wurde eine neue Wissenschaft ins Leben gerufen: die Gravitationsastronomie. Wer weiß, was wir durch sie kennenlernen werden?

Es wird einem schwindlig, wenn man zurückschaut und feststellt, welche enormen Fortschritte die Naturwissenschaft innerhalb von wenigen Jahrhunderten gemacht hat. Die Masse an Wissen, die wir als Homo sapiens ansammeln konnten, ist absolut beeindruckend. Noch überwältigender aber ist der Gedanke an all das, was wir noch nicht wissen. Wie viele Dinge gibt es, die wir nicht sehen? Newton, Euklid, Peano, Bouguer, Napier, die Schriftgelehrten Nippurs und alle unsere Vorfahren sind im Laufe ihres Lebens mit Gravitationswellen in Berührung gekommen, ohne auch nur einen Augenblick zu vermuten, dass es ein solches Phänomen geben könnte. Wie viele, ob nah oder fern vorkommende Ereignisse sind uns unbekannt, weil wir nicht in der Lage sind, sie zu erkennen oder zu begreifen? Welche Fragestellungen erwarten die Menschheit noch? Wie viele Tatsachen haben wir vor Augen, ohne sie sehen zu können?

Bleiben wir geduldig und neugierig. Genießen wir die Freude des Nichtwissens. Nutzen wir vorbehaltlos unsere Sinne, die uns täuschen, unseren Verstand, der uns belügt, und die wenigen Funken, die ab und an Licht ins Dunkel werfen. Die Zeit − wenn sie denn existiert − wird womöglich eine Antwort auf Fragen finden, die wir uns niemals gestellt haben.

Zur Vertiefung

Zu den Dingen, die wir auf den vorangegangenen Seiten behandelt haben, ließe sich noch so viel sagen. Vom Logarithmus über die Schwerkraft und das Unendliche bis zur Relativitätstheorie: Jedes dieser Themen ist so umfangreich und vielschichtig, dass man ihnen ganze Bücher gewidmet hat und sich einzelne Wissenschaftler ihr ganzes Leben mit ihnen beschäftigt haben. Um Ihnen die Geschichten dieses Buchs erzählen zu können, musste ich eine Auswahl treffen und Dinge ausklammern, die nicht weniger spannend gewesen wären. Ich musste bestimmte Details aus dem Blick lassen, um geradliniger ans Ziel zu kommen.

Es liegt mir jedoch daran, einen wichtigen Punkt zu klären. Erzählt man die Geschichte der Naturwissenschaft, so hält man sich oft an die Abenteuer einer Handvoll charismatischer und brillanter Persönlichkeiten, die ihre Zeit und ihr Forschungsgebiet geprägt haben. Helden à la Euklid, Newton und Einstein sind fesselnde Gestalten. Die Realität aber ist vielschichtiger und komplexer als die Geschichten, die wir aus ihr weben. Wissenschaft und Forschung sind vor allem ein kollektives Abenteuer, und der Mythos vom einzelnen Genie, das etwas vollbringt, was niemand anderem gelingen würde, kann nur eine grobe Übertreibung sein.

Nehmen wir Albert Einstein. Wenn wir uns fragen, wo unsere Wissenschaft heute wäre, wenn es ihn nicht gegeben hätte, so kann die Antwort eigentlich nur lauten: wahrscheinlich nicht weniger weit. Natürlich war Einsteins Rolle entscheidend, und es geht nicht darum, dem Erfinder der Relativitätstheorie den ihm zustehenden Ruhm abzusprechen. Er hat die in der Wissenschaft seiner Epoche im

Keim vorhandenen Ideen auf wunderbare Weise geordnet und durch eigene Erkenntnisse ergänzt. Wenn es ihn jedoch nicht gegeben hätte, so wäre dies über kurz oder lang auch anderen gelungen. Vielleicht auf etwas andere Art, vielleicht auf genau demselben Weg. Es gibt keinen Grund, daran zu zweifeln, dass wir zu Beginn des 21. Jahrhunderts dennoch mit der Relativitätstheorie vertraut wären.

Die Formel $E = mc^2$ tauchte bereits um 1900 in einem Text von Henri Poincaré auf, fünf Jahre also vor der Veröffentlichung der speziellen Relativitätstheorie, wenn auch beschränkt auf einen Einzelfall. Die Formeln zur Verzerrung von Raum und Zeit wurden 1892 von Hendrik Lorentz im Rahmen der Elektrodynamik aufgestellt. Und die Idee, dass die Geometrie des Universums nicht euklidisch sein könnte, ging ab dem Ende des 19. Jahrhunderts mehreren Wissenschaftlern durch den Kopf. Als Einstein auf den Plan trat, lag die Relativität also gleichsam in der Luft.

Eine ähnliche Feststellung lässt sich für alle in diesem Buch behandelten Themen treffen. Viele griechische Gelehrte, darunter Hippokrates, begannen schon vor Euklid mit der Ausarbeitung der *Elemente*. Und zu Zeiten von Napier war die Mathematik reif für die Einführung von Logarithmen – mehrere andere Mathematiker wie Jost Bürgi oder Henry Briggs hatten ihren Durchbruch vorbereitet. Die von Newton in seinen *Principia* vorgestellten mathematischen Werkzeuge wurden zeitgleich von Leibniz entwickelt, sodass es sogar zu einer Auseinandersetzung über die Urheberschaft kam. Mandelbrot spielte eine tragende Rolle bei der Erforschung der Fraktale, doch vor ihm hatten Dutzende andere, darunter Giuseppe Peano oder Wacław Sierpiński, Breschen in ebendiese Richtung geschlagen. Die erste Aufnahme eines Schwarzen Lochs und der Nachweis von Gravitationswellen wurden durch internationale Gemeinschaftsprojekte ermöglicht, an denen Hunderte hochrangige Wissenschaftler beteiligt waren. Die Liste ließe sich weiter verlängern. Generationen von Menschen mit großer Neugier für unsere Welt haben auf verschiedene Weise zum Fortschritt der Wissenschaft beigetragen. Wenn Sie Lust haben, die mit diesem Buch begonnene Reise fortzusetzen, warten noch viele geniale und faszinierende Persönlichkeiten auf eine Begegnung: Es gibt in unserem Universum noch so viele Wunder zu entdecken!

Auf den folgenden Seiten finden Sie Wege und Nebenpfade, die Sie bei Ihren Erkundungen interessieren könnten.

Teil 1: Das Supermarkt-Gesetz

BENFORDSCHES GESETZ

$$F = LOG_{10}\left(1 + \frac{1}{D}\right)$$

Wer einen Weg durch die Masse der Zahlen finden möchte, die unsere Epoche überfluten, ohne dass man wirklich weiß, wie man diese interpretieren oder analysieren soll, dem empfehle ich die Lektüre von *How Not To Be Wrong* von Jordan Ellenberg (2014). Das Buch versammelt Beispiele aus den verschiedensten Bereichen und zeigt, wie unsere Intuition uns manchmal täuscht – und durch welche Methoden die Mathematik hier Abhilfe schaffen kann.

Wenn Sie an einem Blick in unser Gehirn interessiert sind und verstehen möchten, wie dieses Zahlen wahrnimmt, dann ist *Der Zahlensinn* von Stanislas Dehaene (1999, Neuauflage 2012) ein kompetenter Klassiker. Das verständliche Buch gibt einen kompletten und spannenden Überblick über die Antworten der Neurowissenschaft auf die Frage, wie Mathematik in unserem Gehirn gedacht und gebildet wird.

Und falls Sie über Floh- oder Trödelmärkte flanieren, können Sie bei dieser Gelegenheit nach alten Logarithmentafeln Ausschau halten. Nicht selten findet man noch Ausgaben aus der ersten Hälfte des 20. Jahrhunderts. Die Hefte werden Ihnen zwar nicht mehr beim Rechnen helfen, aber es hat doch etwas Bewegendes, durch die eng bedruckten Seiten mit Napiers Zahlen zu blättern, die unsere Wissenschaft so enorm vorangebracht haben.

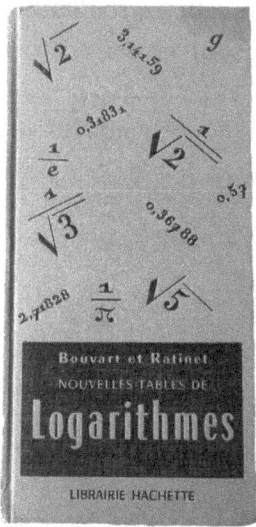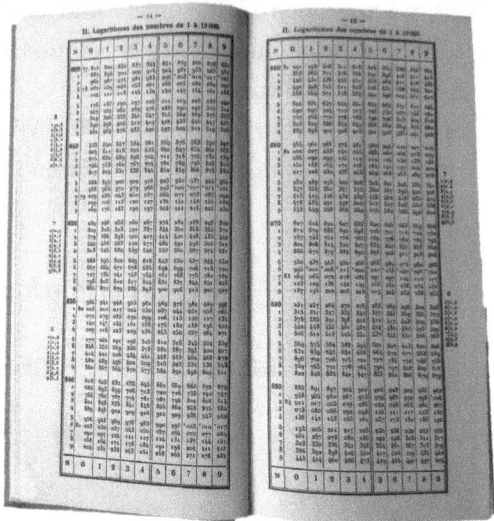

Apropos Napier: Sein Name hatte im Laufe der Zeit verschiedene Schreibweisen. Im 17. Jahrhundert waren Familiennamen noch nicht so festgeschrieben wie heute. Je nach Quelle findet man Napair, Napeir, Nepair, Nepeir, Neper, Napare, Napar oder Naipper. Die Schreibweise «Napier» ist dabei offenbar die einzige, die der schottische Mathematiker nie selbst zu Gesicht bekam.

Kleine ergänzende Bibliografie

Benford, Frank, «The Law of Anomalous Numbers», in: *Proceedings* of the American Philosophical Society 78, Nr. 4 (März 1938).

Church, Russell M., und Marvin Z. Deluty, «Bisection of Temporal Intervals», in: *Journal of Experimental Psychology: Animal Behavior Processes* 3, Nr. 3 (Juli 1977), S. 216–228.

Dehaene, Stanislas, Véronique Izard, Elizabeth Spelke und Pierre Pica, «Log or Linear? Distinct Intuitions of the Number Scale in Western and Amazonian Indigene Cultures», in: *Science* 320 (Mai 2008).

Laplace, Pierre-Simon, *Exposition du système du monde*, Imprimerie du Cercle Social, 1796.

Napier, John, *A Description of the Admirable Table of Logarithmes (Mirifici*

Logarithmorum canonis Descriptio), von Edward Wright aus dem Lateinischen ins Englische übersetzt, Simon Waterson 1616.

Napier, Mark, *Memoirs of John Napier of Merchiston, his Lineage, Life and Times, with a History of the Invention of Logarithms*, William Blackwood/Thomas Cadell 1834.

Newcomb, Simon, «Note on the Frequency of Use of the Different Digits in Natural Numbers», in: *American Journal of Mathematics* 4, Nr. 1 (Dezember 1881).

Platt John R., und Eric R. Davis, «Bisection of Temporal Intervals by Pigeons», in: *Journal of Experimental Psychology: Animal Behavior Processes* 9, Nr. 2 (April 1983), S. 160–170.

Siegler, Robert S., und Julie L. Booth., «Development of Numerical Estimation in Young Children», in: *Child Development* 75, Nr. 2 (März/April 2004).

Und wenn Sie das nächste Mal im Supermarkt einkaufen, werfen Sie ruhig noch einmal einen Blick auf die ersten Ziffern der Preise. Wenn man schon über das Phänomen gelesen hat, ist es noch viel eindrücklicher, es vor Augen zu haben.

Teil 2: Äpfel und Monde

GESETZ DER SCHWERKRAFT

$$F = G \, \frac{M_1 \, M_2}{D^2}$$

Der Prozess gegen die Sterne von Florence Trystam (1981) erzählt von der Expedition nach Peru, auf die sich Bouguer und La Condamine mit ihren Gefährten begaben, um dort einen Meridianbogen zu vermessen. Das fesselnde Buch lässt uns die Reise Tag für Tag miterleben – samt frustrierenden Rückschlägen, menschlichem Miteinander und wissenschaftlichem Ehrgeiz. Es liest sich wie ein Roman und geht technisch nicht ins Detail, daher ist es für alle Lesergruppen verständlich.

Newtons *Principia* dagegen sind sehr technisch und schwer verständlich – selbst für einen mathematisch gebildeten Leser, der den Stil der Zeit nicht kennt. Am besten hält man sich daher an eine aktuelle, mit Anmerkungen versehene Übersetzung. Übrigens fertigte die französische Mathematikerin, Physikerin, Philosophin und Übersetzerin Émilie du Châtelet (1706–1749) eine französische Fassung der *Principia* an, die sie an die leibnizsche Schreibweise anpasste und ausführlich kommentierte – eine enorme Leistung, die Newton auf dem Kontinent für weite Kreise verständlich machte.

Émilie du Châtelet kann sich in ihrem Text einen kleinen Seitenhieb in Richtung Weltformel-Wahn nicht verkneifen. Zu Kepler und seinem Modell der platonischen Körper, über das auch wir weiter oben gesprochen haben, schreibt sie: «Kepler, der doch so schöne und bedeutende Entdeckungen machte, solange er dem Rat der Geometrie folgte, liefert ein besonders treffendes Beispiel für die geistige Verwirrung, in welche die größten Geister verfallen können, wenn sie diese Wege verlassen und rein zum Vergnügen Systeme erfinden.»

Kleine ergänzende Bibliografie

Baliukin, I. I., J.-L. Bertaux, E. Quémerais, V. V. Izmodenov und W. Schmidt, «SWAN/SOHO Lyman-α mapping: the Hydrogen Geocorona Extends Well Beyond The Moon», in: *JGR Space Physics* 124 (Februar 2019), S. 861–885.

Barton, Bill, «The Language of Mathematics», in: *Telling Mathematical Tales*, 2008.

Bouguer, Pierre, *La Figure de la Terre*, 1749.

Calais, Éric, *Cours de géodynamique*, Kap. 4: «Pesanteur et géoïde», 2016.

Celsius, Anders, «Observationer om twänne beständiga grader på en thermometer», in: *Kungliga Svenska Vetenskapsakademiens* Handlingar 3 (1742), S. 171–180.

Kepler, Johannes, *Mysterium Cosmographicum*, 1596.

Kepler, Johannes, *Astronomia Nova*, 1609.

Newton, Isaac, *Philosophiae naturalis principia mathematica*, 1687.

William, John Thoms, John Doran, Henry Frederick Turle, Joseph Knight, Vernon Horace Rendall und Florence Hayllar, *Notes and Queries: Umbrellas*, 1950 (Neuaufl. 2006), S. 25.

Die in diesem Teil vorgestellte Metapher des Regenschirms wird verwendet, um einen Prozess in drei Etappen darzustellen: Öffnen, Gehen, Schließen. Der Begriff «Regenschirm-Formel» ist nicht allgemein gebräuchlich, ich habe ihn erfunden. Dabei handelt es sich streng genommen nicht um ein Theorem oder Prinzip, man sehe mir diese Übertreibung nach, aber mir gefiel das Wort einfach. In der Mathematik spricht man je nach Kontext von einem Basiswechsel oder inneren Automorphismus.

Teil 3: Die verschlungenen Pfade des Unendlichen

FRAKTALE DIMENSION

$$\text{DIM} = \lim_{\varepsilon \to 0} \frac{\log(N(\varepsilon))}{\log(1/\varepsilon)}$$

Benoît Mandelbrot hat mehrere Werke über Fraktale verfasst, die einem breiten Publikum zugänglich sind – dazu gehören auch seine bekannteste Veröffentlichung *Die fraktale Geometrie der Natur* (1987) sowie *Fraktale und Finanzen* (2005) über die Unberechenbarkeit der Finanzmärkte. Um sich Fraktale besser vorstellen zu können, lohnt ein Blick auf die im Internet verfügbaren Bilder oder auch Videos, die an unendlich feine Details heranzoomen.

Das Buch *Mathematics and the Imagination* von Edward Kasner und James Newman (1940), in dem Googol und Googolplex ihren Auftritt haben, ist ein Bestseller, der zahlreiche Beispiele vorstellt und ein Panorama der verschiedenen klassischen Auffassungen von Mathematik bietet.

Kleine ergänzende Bibliografie

Archimedes, *Die Sandrechnung*, 3. Jhd. v. Chr.

Autorenkollektiv, *Guinness World Records*, 2010.

Autorenkollektiv, *Lalitavistara Sūtra*, 3. Jhd.

Cantor, Georg, *On a Property of the Collection of All Real Algebraic Numbers*, 1874.

Euklid, *Die Elemente*, 3. Jhd. v. Chr.

Hausdorff, Felix, «Dimension und äußeres Maß», in: *Mathematische Annalen* 79 (1919), S. 157–179.

Ifrah, Georges, *Universalgeschichte der Zahlen*, 1986.

Mandelbrot, Benoît, «How Long Is the Coast of Britain? Statistical Self-Similarity and Fractional Dimension», in: *Science* (Mai 1967).

Peano, Giuseppe, «Sur une courbe, qui remplit toute une aire plane», in: *Mathematische Annalen* 36 (1890), S. 157–160.

Richardson, Lewis Fry, «The Problem of Contiguity: an Appendix to Statistics of Deadly Quarrels», in: *General System Yearbook*, Society for General Systems Research 1961.

Sierpinski, Waclaw, «Sur une courbe dont tout point est un point de ramification», in: *Comptes Rendus*, Paris 1915, S. 302–305.

Vergil, *Aeneis*, Buch I, 29–19 v. Chr.

Ich habe mich entschieden, die Mengenlehre in diesem Kapitel nicht zu vertiefen, sondern mich auf deren Ergebnisse zu konzentrieren, die für die Fraktale wichtig sind. Durch diese Auswahl ist uns Cantors schönster Satz entgangen, der da heißt: Es gibt mehrere Unendlichkeiten! Es gibt unendliche Mengen, deren Elemente sich nicht paarweise zusammenfassen lassen wie bei den ganzen und ungeraden Zahlen. Das Beweisverfahren namens Cantor-Diagonalisierung ist ausgesprochen elegant – falls es Ihr Interesse weckt, kann ich Ihnen nur nahelegen, eigene Recherchen zu diesem Thema anzustellen.

Teil 4: Die Kunst der Uneindeutigkeit

POINCARÉSCHE METRIK

$$D(U,V) = \operatorname{arcosh}\left(1 + 2\,\frac{\|U-V\|^2}{(1-\|U\|^2)(1-\|V\|^2)}\right)$$

Mit *La Science et l'Hypothèse* (1902, dt.: *Wissenschaft und Hypothese*, 1904) liefert Henri Poincaré eine Reflexion über die Naturwissenschaften und den Weltbezug der Mathematik. Er stellt darin vor allem das Scheibenmodell vor, das seinen Namen trägt, außerdem erläutert er die vierte Dimension und führt Ideen aus, die den Keim der Relativität in sich tragen. Sein Buch wurde 1902, also drei Jahre vor Einsteins spezieller Relativitätstheorie, veröffentlicht. Dies ist Anlass für Auseinandersetzungen, da manche Wissenschaftler der Ansicht sind, dass Einstein zu viel und Poincaré zu wenig Anerkennung für die Entdeckung gezollt wird.

Zur Erkundung der Dimensionen lege ich Ihnen den Film *Dimensions* von Jos Leys, Étienne Ghys und Aurélien Alvarez ans Herz, der im Internet frei verfügbar ist. Die beeindruckenden Animationen lassen den Betrachter in die vierte Dimension und ihre verschiedenen Darstellungen abtauchen.

Kleine ergänzende Bibliografie

Aristoteles, *Meteorologie*, 4. Jhd. v. Chr.

Aristoteles, *Organon*, 4. Jhd. v. Chr.

Beltrami, Eugenio, «Teoria fondamentale degli spazii di curvatura constante», in: *Annali di Matematica* II, Nr. 2 (1868), S. 232–255.

Borges, Jorge Luis, «Funes el memorioso», in: *La Nación* (1942).

Davidoff, Jules, Ian Davies und Debi Roberson, «Colour categories in a stoneage tribe», in: *Nature* 398 (März 1999).

Euklid, *Die Elemente*, 3. Jhd. v. Chr.

Molière, *L'Avare* (dt. *Der Geizige*), 1668.

Proklos, *Kommentar zum ersten Buch von Euklids Elementen*, 5. Jhd.

Russell, Bertrand, «Recent Work on the Principles of Mathematics», in: *International Monthly* 4 (1901).

Whitehead, Alfred North und Bertrand Russell, *Principia Mathematica*, Cambridge University Press 1910.

Teil 5: Die Abgründe von Raum und Zeit

AUSDEHNUNGSKOEFFIZIENT

$$\gamma = \frac{1}{\sqrt{1 - \frac{v^2}{c^2}}}$$

Über die Relativität sind zahlreiche Arbeiten verfasst worden, sie haben also die Qual der Wahl. Die ab den 1940er Jahren erschienenen *Mr-Tompkins*-Abenteuer aus der Feder des Atomphysikers George Gamow illustrieren das Thema besonders amüsant und eingängig. Um Mr Tompkins die Relativität entdecken zu lassen, versetzt ihn Gatow in eine Welt, in der die Lichtgeschwindigkeit 30 km/h beträgt, und zeigt so an Alltagsdingen, wie sich Raum und Zeit dehnen. Die Gedankenspiele helfen, sich mit der Geometrie Einsteins bekannt zu machen.

Albert Einstein selbst hat mit *Über die spezielle und die allgemeine Relativitätstheorie* (1916, 24. Aufl. 2012) ein populärwissenschaftliches Buch verfasst – doch ist dessen Verständlichkeit etwa so relativ wie seine Theorie. Natürlich ist der Text einfacher zu verstehen als Einsteins wissenschaftliche Beiträge, er kommt aber nicht ohne Gleichungen aus und man benötigt mehr als ein mathematisches Grundwissen, um den Ausführungen vollends folgen zu können.

Von Jean-Pierre Luminet, der 1978 eine erste Simulation eines Schwarzen Lochs präsentierte, gibt es ebenfalls lesenswerte allgemeinverständliche Bücher. Dazu gehört *Schwarze Löcher – was dahinter steckt* (1997), ein Klassiker zum Thema, der gut geschrieben

Zur Vertiefung

und reich an spannenden Informationen ist. Zu den Klassikern gehört natürlich auch Stephen Hawkings Bestseller *Eine kurze Geschichte der Zeit* (32. Aufl. 2011). Die in neuerer Zeit erschienenen Bücher von Christophe Galfard, einem Studenten Hawkings, sind ebenfalls exzellente populärwissenschaftliche Beiträge: *Das Universum in deiner Hand* (C.H.Beck 2018) bietet einen fesselnden Blick auf unser Universum und den aktuellen Wissensstand, das kleine Buch $E = mc^2$ (2017) zeichnet ein klares und verständliches Bild der berühmten Gleichung.

Schwarze Löcher und die Krümmung der Raumzeit hören nicht auf, uns zu faszinieren. Eine letzte Geschichte habe ich noch, dann ist Schluss, versprochen. Haben Sie schon mal davon gehört, dass man supermassereiche Gestirne wie kosmische Spiegel benutzen könnte?

Stellen Sie sich vor, das von der Erde ausgehende Licht verteilt sich im Universum und streift irgendwann ein Schwarzes Loch in genau dem richtigen Abstand, um so abgelenkt zu werden, dass es eine Kehrtwendung macht. Die Lichtstrahlen würden also zu uns zurückkehren, wir könnten sie einfangen und uns selbst anschauen. Befindet sich das Schwarze Loch in 50 Millionen Lichtjahren Entfernung, so wie das 2019 fotografierte M87*, so benötigt das Licht 100 Millionen Jahre für Hin- und Rückweg. Wir könnten also in die Vergangenheit der Erde blicken! Fotos von Dinosauriern oder Neandertalern wandern derzeit durch das All, und die Krümmung der Raumzeit lässt zweifellos einige davon zu uns zurückkehren.

Unsere technischen Möglichkeiten sind noch weit entfernt von derart präzisen astronomischen Beobachtungen. Aber wer weiß, eines Tages ...

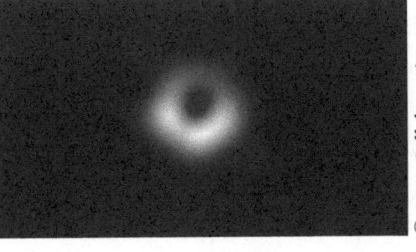

Kleine ergänzende Bibliografie

Autorenkollektiv, «The Event Horizon Telescope Collaboration – First M87 Event Horizon Telescope Results. I. The Shadow of the Supermassive Black Hole», in: *The Astrophysical Journal* 875, Nr. 1 (2019).

Einstein, Albert, «Zur Elektrodynamik bewegter Körper», in: *Annalen der Physik* 322, Nr. 10 (September 1905), S. 891–921.

Einstein, Albert, «Ist die Trägheit eines Körpers von seinem Energieinhalt abhängig?», in: *Annalen der Physik* 323, Nr. 13 (November 1905), S. 639–641.

Galilei, Galileo, *Dialogo sopra i due massimi sistemi del mondo*, 1632.

Gamov, George, *M. Tompkins*, 1965.

Luminet, Jean-Pierre, Schwarze Löcher – was dahinter steckt, 1997.

Minkowski, Hermann, «Raum und Zeit», in: *Physikalische Zeitschrift*, 10 (1909), S. 75–88.

Bevor ich zum Schluss komme, möchte ich allen danken, die durch ihre Unterstützung, Ermutigung und Beteiligung zum Entstehen dieses Buches beigetragen haben. Für ihren klugen und scharfsinnigen Rat schulde ich insbesondere Christophe Absi, Chloé Bouchaour und Eva Bouts sowie Manu Houdart und Roger Mansuy großen Dank.

Keine Theorie der Welt ist endgültig. So schön mathematische Formeln auch sein mögen, sie sind doch den Launen der Wirklichkeit unterworfen. Newton ist ihnen zum Opfer gefallen. Wie lange wird sich Einstein wohl halten können?

Schon sind kleinere Unstimmigkeiten bei der Beobachtung unseres Universums aufgetaucht. Umfangreiche astronomische Messungen haben ergeben, dass die Bewegung der Galaxien nicht ganz den Aussagen der Relativitätstheorie entspricht. Um diesen Umstand zu erklären, laufen derzeit Forschungen, welche die Existenz einer neuartigen Materie annehmen. Von dieser unsichtbaren Dunklen Materie ist uns nichts bekannt, sie ist eine der offenen Fragen der Astrophysik. Ist die Abweichung von der Theorie ein Neptun oder ein Vulkan? Führt sie uns zu neuen Entdeckungen, welche die Erfolgsgeschichte der Relativität fortsetzen, oder läutet sie vielmehr deren Ende ein? Die Suche geht weiter und die aufgeworfenen Fragen eröffnen ungeheure, spannende Perspektiven.

Werden wir die großen Räder in den Kulissen der Welt irgendwann komplett begriffen haben oder aber rücken sie immer ein Stück weiter von uns fort, so wie der Horizont auf dem Meer? Wissenschaftlern ist viel daran gelegen, dass Theorien funktionieren. Aber vielen ist vor allem auch daran gelegen, ihre Schwachpunkte aufzudecken. Denn in ebendiesen Lücken lassen sich Entdeckerfreude, Abenteuerlust und die hartnäckige Faszination für das Unbekannte ausleben.

Der Weg zur Erkenntnis ist so spannend und schön, dass man eigentlich gar nicht an sein Ende gelangen möchte.

Es ist ein Glück, dass wir in einer Epoche leben, in der die Wissenschaft schneller denn je voranschreitet. Keine Generation vor uns hat derartige Fortschritte innerhalb eines Menschenlebens gekannt. Nutzen wir unsere Chancen, bestaunen wir das Theater der Welt und freuen wir uns an seinem Feuerwerk. Haben wir keine Angst vor dem, was wir nicht kennen – das Unbekannte ist unser spannendstes Projekt. Wenn sich unsere Regenschirme nicht mehr öffnen, bleiben wir trotzdem nicht stehen. Wir gehen staunend weiter und tanzen im Regen.

Das Schauspiel geht weiter.

256 Seiten | zahlreiche Abbildungen | Broschur | ISBN 978-3-406-73955-2

«Mickaël Launay führt vor, wie man seinem Publikum Mathematik spielerisch unterjubelt.»
Sibylle Anderl, Frankfurter Allgemeine Zeitung

«Es macht Spaß, ihm auf seinen Streifzügen zu folgen.»
Gerrit Stratmann, Deutschlandfunk Kultur

«Launay zeigt, dass die überraschenden Entdeckungen und genialen Einfälle von Pythagoras über Descartes bis Gödel, Hilbert und Mandelbrot uns helfen, die Welt zu verstehen.»
Tobias Beck, bild der wissenschaft

C.H.BECK
WWW.CHBECK.DE

Mathematik bei C.H.Beck

Albrecht Beutelspacher

Null, unendlich und die wilde 13
Die wichtigsten Zahlen und ihre Geschichten
3. Auflage. 2020. 208 Seiten mit 24 Abbildungen und 8 Tabellen
Gebunden

Stefan Buijsman

Espresso mit Archimedes
Unglaubliche Geschichten aus der Welt der Mathematik
Aus dem Niederländischen von Bärbel Jänicke
2. Auflage. 2019. 219 Seiten mit 40 Abbildungen. Gebunden

Hanna Fry

Hello World
Was Algorithmen können und wie sie unser Leben verändern
Aus dem Englischen von Sigrid Schmid
3. Auflage. 2019. 272 Seiten mit 9 Abbildungen. Gebunden

Christian Hesse

Mathe to go
Magische Tricks für schnelles Kopfrechnen
3. Auflage. 2019. 189 Seiten mit 10 Zeichnungen von Alex Balko
Broschiert

Mickaël Launay

Der große Roman der Mathematik
Von den Anfängen bis heute
Aus dem Französischen von Jens Hagestedt und Ursula Held
2019. 256 Seiten mit zahlreichen Abbildungen. Paperback

C.H.Beck

Naturwissenschaft bei C.H.Beck

Christophe Galfard
Das Universum in deiner Hand
Die unglaubliche Reise durch die Welten von Raum und Zeit
und zu den Dingen dahinter
Aus dem Englischen von Jens Hagestedt und Ursula Held
2. Auflage. 2020. 400 Seiten. Paperback

Karin Mölling
Viren
Supermacht des Lebens
2020. 352 Seiten mit 26 Abbildungen. Paperback

Carl Safina
Die Intelligenz der Tiere
Wie Tiere fühlen und denken
Aus dem Englischen von Sigrid Schmid und Gabriele Würdinger
2. Auflage. 2020. 526 Seiten mit 23 Abbildungen und 4 Karten. Paperback

Guido Tonelli
Genesis
Die Geschichte des Universums in sieben Tagen
Aus dem Italienischen von Enrico Heinemann
2020. 219 Seiten. Gebunden

Geoffrey West
Scale
Die universalen Gesetze des Lebens von Organismen,
Städten und Unternehmen
Aus dem Englischen von Jens Hagestedt
2019. 478 Seiten mit zahlreichen Abbildungen. Gebunden

C.H.Beck